Daniel Lingenhöhl

# Vogelwelt im Wandel

***Beachten Sie bitte auch weitere interessante Titel zu diesem Thema***

Gottschalk, G.

**Welt der Bakterien**

**Die unsichtbaren Beherrscher unseres Planeten**

2009
ISBN: 978-3-527-32520-7

Heschl, A.

**Darwins Traum**

**Die Entstehung des menschlichen Bewusstseins**

2009
ISBN: 978-3-527-32433-0

Daniel Lingenhöhl

# Vogelwelt im Wandel

Trends und Perspektiven

WILEY-VCH Verlag GmbH & Co. KGaA

**Autor**

***Dr. Daniel Lingenhöhl***
Habichtsweg 10
69123 Heidelberg

**Titelbild mit freundlicher Genehmigung der Royal Society for the Protection of Birds, Großbritannien: David Norton (rspb-images.com)**



**Bibliografische Information der Deutschen Nationalbibliothek**
Die Deutsche Nationalbibliothek verzeichnet diese Publikation in der Deutschen Nationalbibliografie; detaillierte bibliografische Daten sind im Internet über http://dnb.d-nb.de abrufbar.



Printed in the Federal Republic of Germany
Gedruckt auf säurefreiem Papier

**Satz** TypoDesign Hecker GmbH, Leimen
**Druck und Bindung** betz-druck GmbH, Darmstadt
**Umschlaggestaltung** Bluesea Design, Simone Benjamin

**ISBN:** 978-3-527-32712-6

# Inhaltsverzeichnis

**Vorwort** *VII*

**Danksagung** *XI*

1. **Von Ortstreuen und Fernreisenden**
Unsere Vögel: Was sie unterscheidet und was sie eint *1*

2. **Keine Heimat – nirgendwo**
Die industrialisierte Landwirtschaft drängt Vögel an den Rand, Biolandbau und Extensivierung helfen ihnen *19*

3. **Leise rieselt das Gift**
Blei und Pestizide machen den Vögeln immer noch zu schaffen, dabei gibt es unschädliche Alternativen *69*

4. **Inseln in der Ödnis**
Forstwirtschaft, Infrastruktur und Freizeitindustrie engen die Natur ein – mehr Wildnis nützt seltenen Arten *91*

5. **Reisende soll man nicht aufhalten**
Jagd tötet immer noch Millionen Zugvögel, doch Widerstand lohnt *141*

6. **Im Schwitzkasten**
Der Klimawandel bringt den Rhythmus der Natur durcheinander und verschiebt Verbreitungsgebiete. Können sich alle Vögel anpassen? *163*

7. **Künstliche Auslese**
Scheinwerfer, Glaswände und Bauwerke als neue tödliche Fallen, Abhilfe wäre nicht schwer *187*

8. **Schleichender Tod**
Auch Katzen und Füchse fressen ihren Anteil, Verluste können aber verringert werden *209*

9. **Damit der Frühling kein stummer wird**
Von Städten und Naturreservaten – Vogelschutz im 21. Jahrhundert *225*

# Vorwort

Caceres, Extremadura (Spanien), im April 2009: Tausende Mauersegler und Schwalben schwirren im Himmel über der Altstadt. Immer wieder schiebt sich ein Weißstorch einem A-380 gleich durch die Menge, um eines der zahlreichen Nester auf den Türmen der alten Kirchen und Klöster anzusteuern. Draußen vor der Stadt ziehen Großtrappen durch die Steppenlandschaft, in der überall Lerchen singen. Nur wenige Kilometer weiter nisten Mönchs-, Gänse- und Schmutzgeier in den Felsen von Monfragüe – auch Schwarzstörche und Adler sind ein gängiger Anblick. Und aus den Steineichenwäldern hallt es vom Gesang der Vögel.

Heidelberg, im Mai wenige Wochen später: Über dem Schloss kreisen einige wenige Mauersegler, dann und wann schaut ein Weißstorch aus dem Zoo auf den Neckarwiesen nach Fröschen und Insekten. Großtrappen, Geier und Adler gibt es hier nicht, und Lerchen singen auch kaum welche. Immerhin flöten einige Grasmücken und Singdrosseln aus dem Auwald in der Flussmitte.

Vielleicht darf man die Vogelwelt der eher dünn besiedelten, mediterranen Extremadura nicht mit dem dicht bevölkerten mitteleuropäischen Rhein-Neckar-Raum vergleichen – oder aber man muss gerade das tun. Denn es zeigt, wie viel Vogelleben eigentlich schon aus unserer Kulturlandschaft verschwunden ist. Ich kann mich noch gut erinnern, wie ich als Kind mit meinem Vater (der selbst passionierter Vogelbeobachter ist) und dem Fahrrad rund um meine Heimatstadt in der mittleren Oberpfalz unterwegs war: Lerchen und Kiebitze waren damals ein gängiger Anblick, ihre Balzflüge ein sehenswertes Spektakel.

Heute sind die Lerchen seltener geworden, und die letzten Kiebitze verschwanden vor ein paar Jahren aus der Region. Leider ist das kein lokales Phänomen: Es ist ein beängstigender Trend in ganz Nordwest- und Mitteleuropa von den britischen Inseln und Frankreich bis nach Österreich und von Dänemark in die Schweiz. In den Roten Listen ballen sich heute vor allem Vögel des Kulturlandes, die früher als Allerweltsarten galten wie der Kiebitz, die Feldlerche oder der Feldsperling. Und noch schlimmer ist ihre Situation, wenn sie gleichzeitig auf dem Boden brüten. Sie alle sind ein Opfer der industrialisierten Landwirtschaft, die den bäuerlichen Raum immer eintöniger und langweiliger macht: Mit den Vögeln verschwinden auch die Wildkräuter und Insekten.

Kein Wunder ist es deshalb auch, dass die zweite große Gruppe der gefährdeten Vogelarten all jene umfasst, die von Kerbtieren abhängig sind: Der Verlust der Heuschrecken, Schmetterlinge und Käfer ließ den Rotkopfwürger oder die Blauracke aussterben und verdrängt Baumfalken oder Ziegenmelker. Besonders hart trifft es schließlich unsere Zugvögel, die in Afrika überwintern. Ihnen macht ein ganzes Bündel an Problemen zu schaffen: Jagd, Lebensraumzerstörung, Klimawandel.

Umso erschreckender ist der Blick in das vor rund 25 Jahren erschienene Buch „Rettet die Vögel... wir brauchen sie“ von Horst Stern und seinen Kollegen. Viele Arten, die in diesem Buch hier erwähnt werden, tauchten schon damals auf: „Bekassine – ehemals ein Allerweltsvogel“, „Rotschenkel – im Binnenland erheblich zurückgegangen“, „Wachtel – oft nur noch von der Speisekarte bekannt“, lauteten einige der Überschriften. Wenig hat sich an ihrer Situation gebessert – im Gegenteil, für viele Arten ging es seitdem weiter bergab. Erwähnten die Herausgeber damals „nur“ 86 Vogelarten auf der Roten Liste, sind es in der aktuellsten Fassung schon 110. Davon sind 16 bereits ausgestorben und 30 weitere stehen unmittelbar davor. Ein Anblick, der verzagen lässt. Viele Probleme von damals sind auch heute noch akut oder haben sich verschärft: die Industrialisierung der Landwirtschaft, der Freizeitdruck, die Jagd, der Verlust an wilden Lebensräumen. Andere sind neu hinzugekommen wie der Klimawandel oder die Windkraft. Einige haben sich aber auch glücklicherweise abgeschwächt wie der Einfluss bestimmter Umweltgifte oder die Verschmutzung von Seen und Flüssen.

Daher besteht auch mehr als berechtigter Anlass zur Hoffnung: Weiß- und Schwarzstorch, Fischadler, Blaukehlchen, Eisvogel, Uhu, Kolkrabe – ihnen allen wurde damals eine düstere Zukunft prophezeit. Das Aussterben schien nur eine Frage der Zeit. Heute erfreuen sie sich teils beachtlicher Bestandszuwächse, sie konnten die Roten Listen verlassen oder stehen kurz davor. Konsequente Schutzmaßnahmen – teilweise in enger Zusammenarbeit mit Jägern, Anglern oder Landwirten – haben diesen Umschwung bewirkt. Geholfen hat diesen prächtigen Vögeln vielfach auch die öffentliche Meinung, die für die Probleme der Tiere sensibilisiert wurde: Weißstorch (der in diesem Buch allerdings nur am Rande vorkommt), Eisvogel, Seeadler oder Uhu schlägt heute unverhohlene Sympathie entgegen, gar Tausende reisen an, um den Kranichzug zu bestaunen. Vogelbeobachtung allgemein erfreut sich zunehmender Beliebtheit, wie neue Magazine auf dem Zeitschriftenmarkt oder Naturmessen belegen. Und auch die Erforschung der Vogelwelt hat in den letzten Jahrzehnten weitere große Fortschritte gemacht, wie die Flut an Veröffentlichungen zeigt.

Das Wissen und die Lösungen sind also da. Sie müssen „nur“ in die Tat umgesetzt werden. Wo dies schon geschieht, stellen sich rasch Erfolge ein. Heute sieht man um das kleine Städtchen in der Oberpfalz, aus dem ich stamme, leichter einen Schwarzstorch als einen brütenden Kiebitz. Was unsere Sorgenkinder in der Vogelwelt benötigen, ist deshalb vor allem mehr Aufmerksamkeit für ihr Schicksal, einen Wandel für ihr Wohl. Dieses Buch soll seinen kleinen Beitrag dazu leisten – damit auch in Zukunft noch Lerchen und Kiebitze über den Feldern vom Frühling künden.

Heidelberg, im Januar 2010

# Danksagung

Zu den erfreulichsten Aspekten in der Arbeit eines Wissenschaftsjournalisten gehört der Zugang zu einer Fülle an Forschungsarbeiten aus erster Hand und der Kontakt zu zahlreichen Fachleuten. Eine nahezu unerschöpfliche Quelle an Daten, Fakten und auch Erlebnisberichten, die es lohnt, angezapft zu werden. Ich beschäftige mich nun schon seit Jahren privat und beruflich mit der Vogelwelt, der Natur allgemein und ihrem Schutz. Und doch habe ich in den letzten Wochen und Monaten, in denen dieses Buch entstand, so viel Neues und Interessantes aus dem Bereich der Ornithologie kennengelernt, dass allein dies schon das Schreiben wert war.

Auf diesem Weg habe ich mit vielen Menschen gesprochen, die sich überaus engagiert und tatkräftig für den Schutz unserer Vögel und ihrer Erforschung einsetzen. Ihnen möchte ich deshalb ganz besonders danken, denn ohne ihr Engagement wäre unser Wissen und unsere Welt bedeutend ärmer. Viele von ihnen werden im Buch zitiert (wobei manche Zitate nicht aus persönlichen Interviews stammen, sondern von offiziellen Presserklärungen dieser Personen), andere finden als Autoren wichtiger Studien Erwähnung. Angesichts der Fülle an Fachpublikationen ist es wahrscheinlich vorgekommen, dass ich eine wichtige Veröffentlichung übersehen habe – wer seine Arbeit hier vermisst, bei dem möchte ich mich an dieser Stelle entschuldigen: Für Anregungen und sachliche Kritik habe ich ein offenes Ohr. Ich habe all dies in bestem Wissen und Gewissen niedergeschrieben, jeder Fehler ist deshalb auch ganz allein mein Fehler.

Besonderen Dank schulde ich den Mitarbeitern bei EuroNatur in Radolfzell, namentlich Martin Schneider-Jacoby, Gabriel Schwaderer und Katharina Grund: Sie haben mich nicht nur umfangreich mit Daten und Bildern versorgt, sondern mir auch vor Ort auf dem Balkan die Möglichkeit gegeben, die Probleme und Erfolge des Vogelschutzes in Ländern wie Albanien oder Montenegro mit eigenen Augen zu sehen.

Teils unter schwierigsten Bedingungen versuchen Axel Hirschfeld und Alexander Heyd vom Bonner Komitee gegen Vogelmord mit ihren Helfern dem massenhaften Abschuss von Zugvögeln am Mittelmeer Einhalt zu gebieten. Auch sie haben mir dankenswerterweise in großem Umfang Zahlen, Fotos und Informationen übermittelt.

Eine der weltweit wichtigsten Einrichtungen zur Erforschung des Vogelzugs befindet sich ebenfalls in Radolfzell: das Max-Planck-Institut für Ornithologie, das hier einen von zwei Standorten in Deutschland hat. Hier geht mein Dank an Peter Berthold, Wolfgang Fiedler und Hans-Günther Bauer für die vielen Informationen zum Vogelzug an sich und welche Rolle die Jagd und der Klimawandel dabei spielen.

Auf der anderen Seite der Republik befindet sich das Institut für Vogelforschung (Vogelwarte Helgoland), an dem ich Franz Bairlein und Ommo Hüppop für weiterführende Literatur und Fakten zu unseren Zug- und Seevögeln danken möchte.

Steffen Hahn, Hans Schmid und Sylvia Hürlimann von der Schweizerischen Vogelwarte Sempach danke ich ebenfalls für ihre Informationen und die Bilder zum Vogeltod durch Glasscheiben.

Über die europäische Agrarpolitik hat mich Claus Mayr vom NABU aufgeklärt. Ihm und seinem Kollegen Markus Nipkow danke ich außerdem für viele weitere kleine und große Informationen zu unseren Vögeln, die ich im Laufe der Zeit von ihnen bekommen habe.

Von Doug Gilbert, Mitarbeiter bei Birdlife International, erfuhr ich einiges über das Schicksal der europäischen Seevögel und die komplizierten Probleme, mit denen sie zu kämpfen haben. Seinem Kollegen Konstantin Kreiser wiederum verdanke ich wertvolle Kontakte zu Ansprechpartnern.

Wolfgang Scherzinger, nun pensionierter ehemaliger Mitarbeiter des Nationalparks Bayerischer Wald, erzählte mir viel über die lebhafte Geschichte der entstehenden Waldwildnis auf Europas „Grünem Dach". Und der Biologe Johannes Fritz vom Waldrappteam berichtete mir ausführlich von seinem ambitionierten Projekt, den Waldrapp wieder in Deutschland heimisch zu machen.

Von Richard Zinken, meinem Chefredakteur bei spektrumdirekt, stammen einige der Bilder in diesem Buch. Dafür danke ich ihm herzlich.

Ein besonders großes Dankeschön gebührt Dieter Haas vom NABU-Zentrum für Vögel gefährdeter Arten: Er hat mich nicht nur ebenfalls mit zahlreichen Bildern versorgt und mir wertvolle Informationen zu den Themenbereichen Geier, Bleivergiftung und Stromtod übermittelt, sondern auch das Manuskript kritisch durchgesehen.

Seit mehr als 25 Jahren bin ich Mitglied beim Landesbund für Vogelschutz (LBV) und nehme gerne an den Treffen der Kreisgruppe Amberg-Sulzbach teil: Die inspirierenden Vorträge, Gespräche und Exkursionen ihrer Mitglieder – inklusive meines Vaters Paul – haben über die ganze Zeit dazu beigetragen, mein Interesse an der heimischen Vogelwelt zu mehren und zu vertiefen.

Dieses Buch wäre nicht möglich gewesen, wenn es nicht auf das Wohlwollen der Mitarbeiter von Wiley-VCH gestoßen wäre – allen voran Gregor

Cicchetti, Andreas Sendtko und Sabine Bischoff. Sie standen mir mit Rat und Tat zur Seite und gewährleisteten eine perfekte redaktionelle Betreuung: Vielen Dank!

Und zu guter Letzt möchte ich mich noch bei meiner Lebensgefährtin Iris Hiesinger bedanken: Sie hielt mir geduldig den Rücken frei, las als Erste meine Texte, gab kritische Anmerkungen – und war stets da, um mit mir Frust und Freude zu teilen. Dir danke ich ganz besonders, Iris.

*Für Iris*

*„Im Grunde genommen könnten die Vögel sehr gut ohne uns leben, aber viele – vielleicht sogar alle – Menschen fänden das Leben wohl unvollständig oder gar unerträglich ohne die Vögel."*

(Roger Tory Peterson)

*„Vögel haben etwas Besonderes an sich; ihrer Schönheit und Freiheit wohnt etwas inne, das für die Seele eines Menschen wie Balsam ist."*

(Nicholas Drayson, Kleine Vogelkunde Ostafrikas)

# Von Ortstreuen und Fernreisenden

## Unsere Vögel: Was sie unterscheidet und was sie eint

Wattenmeer, Ostfriesland: Unzählige Ringel- und Weißwangengänse grasen auf den Wiesen. Im Schlick suchen Knutts, Alpenstrandläufer, Austernfischer und Kiebitzregenpfeifer nach Muscheln und Würmern. An den Stränden wuseln kleine Seeregenpfeifer und Sanderlinge. Und immer wieder landen aufs Neue Gänsetrupps oder ziehen Schwärme an Singvögeln über den Himmel. Insgesamt zehn bis zwölf Millionen Vögel machen hier Pause auf dem Weg nach Süden oder bleiben gleich ganz für den Winter da.

Linum, Brandenburg: Kraniche, so weit das Auge reicht. Jedes Jahr im Herbst versammeln sich im Rhin-Havelluch Zehntausende der majestätischen Vögel, um sich für den Zug ins Winterquartier zu stärken. An manchen Tagen stehen bis zu 80.000 Kraniche in den flachen Teichen der Region, die ihnen nachts Schutz vor Feinden bieten.

Lödersdorf, Österreich, im Winter 2008 auf 2009: Vier Millionen Bergfinken fallen in einem Wald bei der Stadt ein – zeitweise zugezogen aus ihren Brutgebieten in der sibirischen Taiga und Skandinavien fressen sie nun das überaus reichhaltige Angebot an Bucheckern. Die Gunst der Stunde nutzen Sperber, Wanderfalken, Mäusebussarde und Eulen, die Jagd auf die Singvögel machen. Ein Naturschauspiel, das – wie an den beiden anderen Orten – Beobachter aus Nah und Fern anzieht.

All diese Beispiele sind Teil eines Phänomens, das der Ornithologe Peter Berthold von der Vogelwarte Radolfzell zurecht als „Faszination Vogelzug" bezeichnet und über das der führende deutsche Zugvogelforscher in einem Standardwerk hervorragend Auskunft gibt [1][1)]. Jedes Jahr machen sich weltweit unzählige Vögel von ihren Brutgebieten in arktischen, subantarktischen und gemäßigten Breiten auf, um den Winter in den Tropen und Subtropen zu verbringen: Enten und Gänse, Seeschwalben, Kraniche, Störche, Greif-, Wat- und Hühnervögel, Rallen, Spechte und Racken, Segler, Tauben und natürlich unzählige Singvögel von den Schwalben und Lerchen bis zu den Grasmücken und Ammern. Praktisch jede größere Vogelfamilie hat Mitglieder, die zweimal im Jahr diese beschwerliche Reise machen. Allein

1) Auf das Buch „Vogelzug. Eine aktuelle Gesamtübersicht" sei an dieser Stelle auch verwiesen – das Thema ist so breit, dass hier wirklich nur ein kurzer Überblick gegeben werden kann.

Zu den klassischen Zugvögeln gehören die Rauchschwalben, die alljährlich tausende Kilometer zwischen Afrika und dem europäischen Brutgebiet pendeln.

aus Europa und Sibirien fliegen mehr als 200 Arten und geschätzte fünf Milliarden Individuen nach Süden – zumeist nach Afrika, in Einzelfällen aber auch nach Asien [2][2)]. Dazu kommen weitere Tiere, die nur mittlere Distanzen zurücklegen und am Mittelmeer oder an der Nordsee überwintern.

Lange Zeit hatten die Menschen gerätselt, wo diese Vögel herkommen und wohin sie verschwinden, obwohl sich schon Aristoteles (384–322 vor Christus) mit dieser Frage beschäftigte. Wiewohl er bereits wertvolle und für seine Zeit erstaunlich fachliche Kenntnisse zur Ornithologie niederschrieb, stammt aus seiner Feder auch eine der am längsten andauernden Legenden der Vogelforschung: Der griechische Gelehrte ging davon aus, dass Schwalben Winterschlaf halten und wie Amphibien am Grunde von Sümpfen im Schlamm versinken und im Frühling daraus wieder auftauchen – eine Mär, die sich bis zu Carl von Linné ins 18. Jahrhundert hielt.

Erste Hinweise auf die tatsächliche Natur des Vogelzuges gibt dagegen schon der deutsche Kaiser Friedrich II. (1194–1250), der die Wanderung der Tiere auf Nahrungsmangel und Kälte zurückführte. Er beobachtete, dass Kraniche während ihres Flugs immer die Führung wechseln und die Zugvögel im Frühling der zunehmenden Wärme nach Norden folgen. Als die Ent-

2) Diese Zahl ist nicht unumstritten, da sie einzig auf Populationsschätzungen in Finnland zurückgeht. Siehe dazu auch das Kapitel zur Jagd (5).

decker- und Kolonialzeit begann und vor allem auch britische Vogelbeobachter nach Afrika und Asien gingen, bemerkten sie, dass viele Vögel, die sie im Sommer aus der Heimat kannten, den Winter im Süden verbrachten. Der Deutsche Ferdinand Adam von Pernau (1660–1731) wiederum erkannte, dass eine Art innere Unruhe die Tiere antreibt, die sie schon außer Landes reisen lässt, bevor widrige Umstände ihnen Probleme bereiten. Und Johann Andreas Naumann (1780–1857) fiel auf, dass diese „Zugunruhe" selbst Individuen erfasst, die im Käfig gehalten werden, und die Jahreszeit ihnen den Takt vorgibt.

Einen richtigen Aufschwung erlebte die Zugvogelforschung ab dem Beginn des 20. Jahrhunderts, als Ornithologen begannen, Störche, Gänse und Singvögel zu beringen – etwa in der Vogelwarte Rossitten auf der Kurischen Nehrung, die 1901 auf Initiative von Johannes Thienemann als weltweit erste ornithologische Forschungsstation gegründet wurde [3]. In diese Ringe hatten die Forscher Nummern und ihre Adresse eingestanzt, in der Hoffnung, dass sie nach dem Ableben der Vögel ihnen wieder zugeschickt wurden. Sie erhofften sich dadurch Hinweise, wohin es die Tiere auf ihren Reisen verschlug und zu welchen Zeiten. Seitdem statteten Forscher weltweit Millionen Vögel mit diesem Erkennungszeichen aus, und die Rückmeldungen ermöglichten es ihnen bald, erste Zugvogelatlanten zu verfassen, in denen die Wanderwege aufgezeichnet sind [4].

Kurze Zeit darauf begannen erste Experimente mit in Gefangenschaft gehaltenen Vögeln, in denen die Tiere unterschiedlichen Lichtverhältnissen, künstlichen Sternenhimmeln, künstlichen Magnetfeldern und ähnlichen Einflüssen ausgesetzt wurden. Mit den Simulationen wollten die Forscher herausfinden, wie und woran sich die Zugvögel orientieren oder was den Zugtrieb auslöst. Kreuzungsversuche und genetische Untersuchungen sollten schließlich ergründen, welche Rolle das Erbgut spielt, wie schnell sich Vögel anpassen können und welchen Einfluss erlerntes Verhalten spielt.

## Gewinn durch Technik

Seit dem Aufschwung der Vogelzugforschung haben Wissenschaftler unter anderem herausgefunden, dass sich die Tiere mit einem eigenen Magnetkompass am Erdmagnetfeld orientieren können, Sternenbilder und den Sonnenstand nutzen können, genaue Karten ihrer Heimat im Kopf speichern und sich womöglich selbst von Düften leiten lassen können [5][3]. Sie

3) Diese so genannte olfaktorische Navigation wird noch sehr stark diskutiert. Immerhin haben Forscher jetzt nachgewiesen, dass der Geruchssinn der Vögel zumindest potenziell ebenso gut ausgeprägt sein kann wie jener der Säugetiere – zumindest ist die genetische Basis hierfür vorhanden [6].

wissen nun, dass selbst stark vom Kurs abgekommene Zugvögel die Abweichungen korrigieren können [7] und das die Tageslichtlänge den Zugreflex auslöst [8]. Mit Hilfe von Satellitensendern wiesen sie nach, dass Pfuhlschnepfen neun Tage lang ohne Unterbrechung über den Pazifik von Alaska nach Neuseeland fliegen [9], wo Schwarze Milane den Winter in Afrika verbringen und welche Zugrouten Eleonorenfalken vom Mittelmeer nach Madagaskar einschlagen [10].

Mit einer richtigen Detektivarbeit gelang es, das Überwinterungsrevier der hoch gefährdeten Seggenrohrsänger (siehe Kapitel 4) herauszufinden [11]: Nach fünfjährigen Nachforschungen entdeckten Wissenschaftler um Martin Flade vom Landesumweltamt Brandenburg und Lars Lachmann von der britischen Royal Society for the Protection of Birds eine stattliche Population im Djoudj-Nationalpark im nordwestlichen Senegal. Nach vorläufigen Schätzungen gehen sie davon aus, dass sich etwa 5000 bis 10.000 Tiere innerhalb des Schutzgebiets einfinden – etwa ein Drittel des Weltbestandes.

Das Gefieder der kleinen Singvögel brachte die Forscher letztlich auf die Spur: Sie verglichen in den Federn eingelagerte Isotope aus der Nahrung mit einer Isotopenkarte Westafrikas und konnten über diese chemischen Merkmale ihr Suchgebiet auf umgrenzte Regionen südlich der Sahara einschränken. Ein Computermodell, in das die bislang bekannten, wenigen Nachweise der Art in Afrika sowie Klimadaten einflossen, führte das Team schließlich zu potenziell geeigneten Lebensräumen entlang des Senegal-Flusses – eines erwies sich als Volltreffer. Da die Seggenrohrsänger weltweit

Stare: Im Herbst sammeln sich viele Vogelarten in großen Schwärmen, die auf der Suche nach Nahrung durch das Land ziehen.

vom Aussterben bedroht sind, aber lange nichts über ihre Winterquartiere bekannt war, konnten in Afrika keine Schutzmaßnahmen ergriffen werden. Das soll sich nun ändern.

Dieses Wissen bildet bei vielen Zugvogelarten jedoch noch die Ausnahme, denn es existieren weiterhin viele Lücken bezüglich exakter Flugrouten und Zielgebiete in Afrika – etwa beim Waldlaubsänger und beim Ortolan [12]. Beide gehen im Bestand zurück, und die Ursachen könnten auch im Süden liegen (Waldlaubsänger: siehe auch Kapitel 4, Ortolan: siehe Kapitel 2 und 5). Manche Teilbestände ziehen in verschiedene Regionen, wo sie unterschiedlichen Risiken unterliegen, wie dies beim Fitis vermutet wird: Er schwindet in Südengland dahin, hält sich aber im Norden des Landes weiterhin gut. Studien legen nahe, dass für den Rückgang weniger mangelhafter Bruterfolg den Ausschlag gibt als vielmehr erhöhte Sterblichkeit außerhalb der Brutzeit. Die südlichen Populationen könnten also vielleicht unter zerstörten Habitaten in Westafrika leiden, während die nördlichen Bestände noch ein gutes Auskommen in Zentralafrika finden – doch das ist spekulativ.

## Gefährliche Reise

Ohnehin lebt es sich auf dem Zug gefährlich – nicht nur, weil Jäger ihnen fast überall auf der Strecke nachstellen (siehe Kapitel 5). In Südeuropa lauern auch natürliche Fressfeinde auf ihre Opfer – neben dem Eleonorenfalken, der seine Brutzeit extra in die Zugsaison legt, zum Beispiel der Riesenabendsegler [13]: Die größte Fledermaus Europas erbeutet tatsächlich nachts ziehende Gartenrotschwänze, Rotkehlchen oder Zilpzalpe und frisst sie. Damit hat sie sich eine einzigartige Nahrungsquelle erschlossen, denn außer ihr macht nachts keine Tierart gezielt Jagd auf fliegende Zugvögel[4)]. Und das erklärt, warum die Fledermaus nur an wenigen Stellen am Mittelmeer lebt: dort, wo sich die Zugbahnen konzentrieren.

Haben die Vögel dieses „Hindernis" passiert, müssen sie das Mittelmeer und anschließend die Sahara überqueren: Lange Distanzen über offenes Wasser und die Wüste, wo sie nur wenige Rastplätze zum Energie- und Wassertanken aufsuchen können und stets in Gefahr geraten, dass Stürme sie vom rechten Weg abbringen. Entgegen früheren Vermutungen legen viele Tiere, die direkt über die zentrale Sahara fliegen müssen, jedoch Pause ein und reisen nur nachts [14]: Statt knapp zwei Tage benötigen sie drei bis fünf Nachtetappen, zeigten Ornithologen um Heiko Schmaljohann von der Schweizerischen Vogelwarte Sempach anhand der von ihnen überwachten Radardaten aus Mauretanien.

4) Außerhalb der Zugzeiten jagt der Riesenabendsegler wie die anderen europäischen Fledermäuse vorwiegend Insekten.

Dies gilt vor allem für den herbstlichen Weg nach Süden, da die Tiere dann in geringen Flughöhen von teilweise nur hundert Metern ziehen, um den Rückenwind durch die aus Nordost wehenden Passate – eine relativ flache Luftströmung – auszunutzen. Sie sind jedoch trocken und warm, weshalb die Vögel während der ohnehin heißen Tagesstunden lieber rasten, um Wasser zu sparen – selbst wenn sie dabei auf reinem Sand warten müssen. Durch die Hitze verwirbelt außerdem die Luft, und diese Turbulenzen erhöhen den Energieverbrauch. Trotz der Verzögerung – und obwohl die Tiere während der Pausen meist weder Nahrung noch Flüssigkeit aufnehmen können – ist Rasten für sie günstiger, als ununterbrochen und schnell ans Ziel zu fliegen.

Im Frühjahr reist ein guter Teil der Vögel auch tagsüber. Sie versuchen nun dem Gegenwinden zu entgehen, indem sie in Höhen zwischen zwei und vier Kilometern ausweichen, wo der Passat nicht mehr bläst. Gleichzeitig sind diese Bereiche kühler und feuchter, was ihren Flüssigkeitsverlust mindert – überlebensnotwendig, um über das Mittelmeer und einigermaßen fit ins Brutgebiet zurückzukehren.

Um diese Reise hin und zurück, überhaupt zu schaffen, müssen sich die Zugvögel Fettpolster anfressen, die sie während des Flugs aufbrauchen – teilweise verzehren sie sogar ihre Organe [15]: Wenn die Energie aus den Reserven um Brust und Bauch nicht ausreicht, „zapfen" sie ihr Verdauungssystem, Herz und Brustmuskeln an, um genug Treibstoff zu gewinnen. Damit sie während des Höchstleistungsflugs das Fett nutzen können, kurbeln sie

Kiebitzschwarm: Zu den Zugvögeln gehört auch der Kiebitz, der in großen Trupps unterwegs ist.

extra die Produktion bestimmter Proteine und Enzyme in ihrem Körper an. Sie sollen die Fettsäuren in die Muskelzellen schaffen und sie dort effektiv in Energie umwandeln [16].

Trotz dieser Anpassungen sterben unterwegs auf natürliche Weise Millionen. Eine Studie aus den USA kalkuliert, dass Zugvögel während des Zugs ein 15 Mal so hohes Risiko haben zu sterben als zur Brut- oder Überwinterungszeit [17]. Alles zusammen genommen überlebt womöglich nur die Hälfte aller erwachsenen Individuen, die im Herbst aufgebrochen sind, bis zur Rückkehr im nächsten Frühling – bei Jungvögeln kann die Sterblichkeit sogar 80 Prozent betragen [2, 18].

## Der Nahrung hinterher

Warum aber nehmen die Zugvögel dann überhaupt diese Strapazen auf sich, die nur zu oft ihren Tod herbeiführen? Die Antwort laut ganz einfach: Futter. Für viele Arten – vornehmlich die Insektenfresser, aber auch jene, die auf Amphibien, Schnecken, Würmer oder Vögel selbst spezialisiert sind – herrscht im Winter eine fatale Nahrungsknappheit, da ihre Beute nicht unterwegs oder der Boden gefroren ist und größtenteils Winterruhe herrscht. Auch das Angebot an Samen, Früchten oder anderer pflanzlicher Kost ist eingeschränkt. Um nicht zu verhungern, müssen deshalb Schwalben, Schnäpper, viele Drosseln oder Segler in die Tropen abwandern, die ganzjährig ausreichend Nahrung bieten.

Umgekehrt herrscht in den höheren Breiten im Frühling und Sommer ein Überfluss, den beispielsweise die Massenvermehrung von Insekten auslöst: Raupen- oder Mücken"plagen" bezeugen dies. Und diesen Überschuss schöpfen die Rückkehrer ab, die verglichen mit der ungeheuren Artenvielfalt der Tropen mit weniger Mitbewerbern konkurrieren müssen. Zudem ist die Zahl der Fressfeinde im Norden reduziert, weshalb die Aufzucht der Jungen etwas weniger gefährlich ist. Viel spricht sogar dafür, dass die Zugvögel ursprünglich aus den Tropen stammen und sich die nördlichen Gefilde zu ihren Gunsten erobert haben [19].

Auf der Suche nach Nahrung legen manche Arten enorme Distanzen zurück – etwa Rauchschwalben, Steinschmätzer oder Weiß- und Schwarzstörche, die bis ins südliche Afrika wandern und für Hin- und Rückweg 20.000 bis 30.000 Kilometer überwinden. Die meisten unserer Langstreckenzieher verschlägt es allerdings „nur" bis nach Westafrika und die Gebiete südlich der Sahara: die Sahelzone. Um dorthin zu gelangen, konzentriert sich der Vogelzug auf drei eng umgrenzte Korridore: einen westlichen, der über Spanien und die Straße von Gibraltar führt, einen zentralen über Italien und Malta sowie einen östlichen entlang des Balkans und der Adria beziehungsweise den Bosporus, die Levante hinab nach Ägypten – Regionen, die für den Erhalt unserer Zugvögel also eine besondere Bedeutung haben (siehe Kapitel 5 und 9).

Das Wattenmeer oder die Bergfinkenschwärme deuten an, dass Zugvögel auch zu uns kommen, um den Winter zu überstehen. Es handelt sich vor allem um Limikolen (Watvögel), Gänse und Enten, verschiedene Eulen und Greifvögel wie den Raufußbussard sowie einzelne Singvogelarten, die sich von Nüssen und Beeren ernähren, die in der kalten Jahreszeit zur Verfügung stehen. Neben dem Bergfinken fliegt in manchen Jahren der Seidenschwanz invasionsartig aus Nordeuropa bis in unsere Gärten, um Äpfel, Misteln oder Hagebutten zu fressen[5)]. Zumindest unter Vogelfreunden haben die alljährlichen Gänseversammlungen am Niederrhein Berühmtheit erlangt, wo sich zigtausende nordische Bläss-, Saat- und Weißwangengänse von November bis Februar einfinden, um Grünzeug zu fressen.

## Überwinterer, flexible Strategen und Neubürger

Sie gesellen sich zu den Vogelarten, die das ganze Jahr über in Deutschland ausharren wie Meisen, Amseln, Finken, Rabenvögel, viele Enten, Eisvogel, Reiher, Greifvögel und Spechte, deren Nahrungsgrundlagen auch noch im Winter gegeben sind: Sie bilden die Gruppe der Standvögel. Ihre Nahrung setzt sich vor allem aus Grünpflanzen, Beeren, Samen und Nüssen zusammen beziehungsweise besteht aus Nagetieren, die keine Winterruhe halten. Spechte schließlich meißeln die Rinde von Bäumen ab und gelangen so an Insektenlarven, die darunter und im Holz versteckt sind. Standvögel und Teilzieher wie Lerchen, Ammern und Finken, die in der Agrarlandschaft nach Futter suchen, hatten es in den letzten Jahrzehnten zunehmend schwerer, weil die intensivierte Landwirtschaft ihr Nahrungsangebot einschränkte (siehe Kapitel 2).

Die Kälte stellt dagegen ein geringeres Problem dar: Das Federkleid isoliert die Tiere, zumal wenn sie sich aufplustern, entsteht ein hoch wirksames Luftpolster, das die Wärme im Körper hält und den Austausch mit der Außenwelt nachhaltig reduziert – ein Effekt, den uns die Daunenjacke beschert. Auf diese Weise gelingt es den Vögeln, ihre hohe Körpertemperatur von etwa 40 Grad Celsius aufrecht zu erhalten. Manche Arten wie der Zaunkönig oder das Wintergoldhähnchen bilden regelrechte Schlafgemeinschaften, die sich in Spechthöhlen oder Nistkästen zusammenfinden, um sich gegenseitig wärmend die Nacht zu überstehen. Über die nackten Füßen ver-

5) Sein plötzliches massenhaftes Auftauchen bescherte dem Seidenschwanz im Mittelalter den Ruf, ein Unglücksbote zu sein. In den Niederlanden heißt er deshalb auch Pestvogel, in der Schweiz Sterbevögeli.

In Deutschland als Brutvogel fast ausgestorben und europaweit im Niedergang begriffen, werden Moorenten immer noch intensiv auf dem Zug bejagt.

lieren sie dagegen kaum Wärme, sie können die Temperatur darin sogar auf Null Grad Celsius absenken, indem sie Durchblutung verringern – übrigens auch der Grund, warum Enten auf dem Eis nicht festfrieren: Durch die kalten Füße taut das Eis nicht an und gefriert bei fallenden Temperaturen wieder.

Die Übergänge zwischen den Gruppen sind allerdings fließend, denn ein Standvogel am Niederrhein, kann ein Teilzieher in Brandenburg sein, der vor harschen Bedingungen nach Westen ausweicht. Wie groß der Anteil an Zug- und Standvögeln ausfällt, ist daher regional höchst unterschiedlich [20]: Der Prozentsatz und die Anzahl von Zugvogelarten an den jeweiligen Vogelgemeinschaften wächst in Europa von West nach Ost, denn Spezies, die im wintermilden Irland bestehen können, sind im kontinental-kalten Rumänien zur Flucht in den Süden gezwungen. Auch die Zugaktivität nimmt von Westeuropa nach Nordosteuropa hin zu und erreicht dort Werte von über 90 Prozent: Das heißt, nur jeder zehnte Vogel bleibt vor Ort. Auch in Deutschland wandern im Osten der Republik mehr Vögel im Winter ab, als im gemäßigteren Rheinland: So ziehen zwischen 70 und 80 Spezies aus Brandenburg weg, aber nur etwa halb so viele am Oberrhein oder der Kölner Bucht.

Dieses Verhalten ist ohnehin nicht statisch, wie Peter Berthold mit seinen Kollegen am Beispiel der Mönchgrasmücke gezeigt hat. Ein Teil dieser weit verbreiteten kleinen Singvögel muss lange und ein Teil kurze Strecken ziehen, um dem Winter zu entkommen, während eine dritte Gruppe in Gunstgebieten ganzjährig vor Ort bleibt. Die verschiedenen Populationen schlagen zudem unterschiedliche Zugrichtungen ein und überwintern an räumlich getrennten Orten. Mit ihren Zuchtexperimenten konnten die Max-Planck-Forscher nicht nur belegen, dass dem Vogelzug eine genetische Festlegung zugrunde liegt. Innerhalb weniger Generationen gelang es ihnen auch, aus einer gemischten Population von Stand- und Zugvögeln, reine Zieher oder Überwinterer zu machen. Und das zeigt, dass die Natur sehr flexibel auf sich wandelnde Bedingungen – etwa beim Klima – reagieren kann (mehr zu veränderten Zugstrategien bei Mönchsgrasmücken: siehe Kapitel 6).

Generell ist unsere Tierwelt in stetem Wandel: In den letzten Jahrzehnten hat sich beispielsweise aus Südeuropa der Girlitz zu uns ausgebreitet, aus Südosten wanderte die Türkentaube ein, aus dem Südwesten der Orpheusspötter, und aus dem Osten versucht es mehr oder weniger erfolgreich der Karmingimpel. Sie folgen klimatischen oder ökologischen Trends wie steigenden Temperaturen oder veränderter Landbewirtschaftung und nutzen die ihnen sich bietende neue Gunst. Andere versuchen dies, es gelingt ihnen jedoch nicht wie dem Grünschenkel oder der Zitronenstelze, die einzelne Brutversuche starteten, sich in der Folge aber nicht etablieren konnten [21].

Zu den erfolgreichen Einwanderern gesellt sich eine ganze Reihe so genannter Neozoen – Arten, die durch das aktive Zutun der Menschen hier heimisch wurden. Entlang des Rheins und Neckars gehören die aus Indien und Afrika stammenden Halsbandsittiche heute schon zum alltäglichen Anblick in Städten wie Düsseldorf, Köln, Wiesbaden oder Heidelberg. Ihre Ansiedlung geht auf entflogene oder freigelassene Käfigvögel zurück, die dank milder Winter und ausreichendem Futter in den Metropolen den Winter überlebten und sich fest etabliert haben: Mehrere tausend der grünen Papageien bevölkern mittlerweile Parks, Friedhöfe und Gärten.

Zu den regelmäßig in Deutschland brütenden Neubürgern gehören auch verschiedene Wasservögel wie Kanada-, Nil- und Schwanengänse, wobei die beiden ersteren bereits recht flächendeckend die Bundesrepublik besiedeln. Lokalen Charakter haben dagegen die Brutkolonie von Flamingos im nordrhein-westfälischen Zwillbrocker Venn und die Nandus – ein südamerikanischer Verwandter des Strauß – in Mecklenburg-Vorpommern[6].

6) Die meisten Vogelneozoen Deutschlands gelten bislang als eher unproblematisch, da sie zwar mitunter mit einheimischen Arten konkurrieren, aber noch keine gravierende Belastung für diese darstellen. Beim Nandu scheiden sich allerdings die Geister: Zum einen kann der große Laufvogel durchaus Menschen gefährlich werden, zum anderen haben Naturschützer bereits gemahnt, dass die Nandus seltene Großinsekten auf den von ihnen bevorzugten Trockenrasen fressen. Bestandsaufnahmen in der Wakenitzniederung deuten an, dass Brachpieper und Heidelerchen Flächen meiden, die von den Nandus besiedelt werden [22].

Halsbandsittiche sind heute ein gängiger Anblick in vielen Städten am Rhein und Neckar. Ursprünglich stammen sie aus Südasien und Afrika.

Insgesamt brüten 20 Neozoenarten regelmäßig und neun unregelmäßig in der Bundesrepublik – Tendenz steigend [23].

Überhaupt die Artenzahl: Laut der aktuellen Roten Liste der Brutvögel Deutschlands – die trotzdem auch Arten erfasst, die nicht gefährdet sind – lebten im Bezugsjahr 2005 insgesamt 260 Brutvogelarten auf dem Gebiet der Bundesrepublik (so genannte Status-I-Arten); weitere 25 fallen in die Kategorie Vermehrungsgäste, die nur unregelmäßig hier nisten. Zusammen mit den Neozoen ergibt das einen Gesamtbestand von 314 Arten, die hierzulande als Brutvögel gerechnet werden – die höchste Zahl, die bislang in Deutschland derart erfasst wurde [23]: Im Jahr 2002 waren es elf und 1996 sogar 17 Arten weniger. Ein Teil des Zuwachses geht auf taxonomische Änderungen zurück: Mittlerweile haben Biologen die Trauerbachstelze und die Gelbkopf-Schafstelze in den Rang eigenständiger Arten erhoben, und die Aaskrähe teilte man auf in die Semispezies Nebel- und Rabenkrähe, die getrennt bewertet werden[7)].

7) Nebel- und Rabenkrähe entwickeln sich evolutionär auseinander, können aber noch fruchtbaren Nachwuchs zeugen, was dem biologischen Artkonzept eigentlich widerspricht. Vielfach werden sie deshalb als die Art Aaskrähe geführt, die sich unter anderem in die Unterarten Raben- und Nebelkrähe aufteilt. Die Rabenkrähe kommt westlich der Elbe vor und hat ein rein schwarzes Gefieder, die Nebelkrähe schließt sich ostwärts an und hat ein grau-schwarzes Federkleid.

## Ausgestorbene und Rückkehrer

Zu dieser Vielfalt gehören allerdings auch 15 Arten, die in Deutschland heimisch waren, aber mittlerweile ausgestorben sind[8]. Darunter sind so exotisch anmutende Vertreter wie der Waldrapp, der schon vor 1700 ausgerottet wurde und den aktuell wieder ein paar enthusiastische Vogelschützer im Alpenvorland anzusiedeln versuchen. Zur gleichen Zeit verschwand ebenso der Gänsegeier, der auf der Schwäbischen Alb, in den Alpen oder im Südschwarzwald brütete. In den letzten Jahren flog er zumindest zeitweise zurück in sein altes Verbreitungsgebiet, ohne sich allerdings längere Zeit aufzuhalten (siehe jeweils Kapitel 9). Verluste gehen aber nicht nur auf frühere Jahrhunderte zurück, gerade auch in der jüngeren Vergangenheit erloschen Brutbestände: Vor allem der Intensivierung der Landwirtschaft fielen beispielsweise Zwergtrappe, Triel, Schwarzstirnwürger und Blauracke zum Opfer, verschlechterte Lebensraumbedingungen vertrieben den Schlangenadler oder die Weißflügel-Seeschwalbe.

Verbessern sich die Lebensbedingungen wieder, kehren Arten nach langen Jahren im Exil unter Umständen wieder zurück. Der Bienenfresser galt lange Zeit als regelmäßiger Brutvogel ausgestorben, der Deutschland nur als Gast besucht und allenfalls in Ausnahmefällen brütet. Seit 1990 hat sich das geändert: Am badischen Kaiserstuhl und im Saalekreis gehören sie fast schon zum alltäglichen Anblick und breiten sich von dort weiter aus – etwa nach Rheinland-Pfalz. In Bayern hat sich der Steinrötel in den Alpen nach jahrelanger Abwesenheit wieder niedergelassen und in Niedersachsen der Bruchwasserläufer.

Auf der anderen Seite stehen 54 Arten auf der Kippe, die früher teils weit verbreitet und sehr zahlreich in Deutschland waren und heute entweder nur mehr in sehr kleinen Restbeständen vorkommen oder drastische Rückgänge in den letzten Jahren hinnehmen mussten: Dazu zählen überdurchschnittlich viele Watvögel und Bodenbrüter wie Brachvogel, Bekassine, Kiebitz, Seeregenpfeifer und Brachpieper (siehe Kapitel 2 und 4), Bewohner von Feuchtgebieten und Mooren wie Wachtelkönig, Tüpfelsumpfhuhn und Seggenrohrsänger (Kapitel 4) und Arten, die auf Großinsekten angewiesen sind (Raub- und Rotkopfwürger, Wiedehopf). Ohne baldige und umfassende Schutzmaßnahmen könnten sie auf unserem Staatsgebiet bald aussterben und wir damit biologisch verarmen.

8) Laut Roter Liste von 2007 sind es eigentlich 16 Arten, das darin aufgeführte Zwergsumpfhuhn brütete jedoch in den letzten Jahren erneut in Nordostdeutschland (siehe Kapitel 4). Ungewiss ist zudem, ob nicht auch wieder das Steinhuhn erfolgreich in den Alpen nistet.

## Gewinner und Verlierer

Insgesamt fallen 110 der Status-I-Arten unter die Kategorie „ausgestorben oder gefährdet", was mehr als 40 Prozent entspricht. Überdurchschnittlich stark betroffen sind Arten offener Lebensräume wie Kulturland oder Heiden, Bodenbrüter, Langstreckenzieher und Insektenfresser (vor allem von Großinsekten wie Libellen, Heuschrecken und Schmetterlingen oder auch von Ameisen). Dagegen sieht die Situation bei See- und Waldvögeln, Bewohnern von Städten, Samenfressern, Gebüsch- und Baumbrütern sowie bei Kurzstreckenziehern deutlich positiver aus – viele Arten zeigen hier sogar Bestandszuwächse. Kurzstreckenzieher und Standvögel profitieren beispielsweise von milden Wintern (siehe Kapitel 6), während Zugvögel auf der Langstrecke mit einem ganzen Bündel an Problemen konfrontiert werden (Kapitel 5, 6, 7).

Viele Kurzstreckenzieher, die früher am Mittelmeer überwintert haben, bleiben nun entweder den Winter über hier (und weichen nur aus, wenn sich die Witterung zu ihren Ungunsten mittelfristig verschlechtert) oder kehren früher von dort zurück. Damit halten sie mit dem früheren Einzug des Frühlings Schritt, der sich in den letzten Jahrzehnten bemerkbar macht, und passen sich dem zeitiger vorhandenen Nahrungsangebot an Insekten an. Afrikareisende hingegen kommen meist zu spät nach Hause und werden mit Brutmisserfolgen bestraft (siehe Kapitel 6). Mangels Frost und Schnee in vielen Jahren erhöht sich zudem wohl die Überlebensrate der Überwinterer, und die Fernzieher müssen sich gegen mehr Konkurrenz durchsetzen [24].

Demgemäß dominieren auch überwiegend Standvögel und Kurzstreckenzieher die Rangliste der häufigsten Brutvögel Deutschlands: Buchfink, Haussperling, Amsel, Kohl- und Blaumeise, Zilpzalp, Rotkehlchen, Mönchsgrasmücke, Feldlerche und Star. Auf Platz 11 folgt mit der Ringeltaube der erste Nichtsingvogel, mit großem Abstand und nach einer ganzen Reihe weiterer Singvögel tauchen dann Buntspecht, Mauersegler, Stockente und Türkentaube auf [25]. Da es allerdings auch unter den „Allerweltsarten" der Republik Vertreter mit anhaltendem und teils gravierenden Bestandsverlusten gibt (zum Beispiel Haussperling, Feldlerche, Star, Kiebitz oder Baumpieper) nehmen Ornithologen an, dass allein seit der Jahrtausendwende die Gesamtzahl der Vögel in der Bundesrepublik um vier Millionen auf 86 Millionen zurückgegangen ist [22]. Gebietsweise scheint dies für den Bodensee bereits belegt zu sein, wo die Gesamtbiomasse der Vögel in den letzten Jahren zurückgegangen ist [26]. Langfristig betrachtet dürften die Verluste vor allem wegen des Kahlschlags in der Agrarlandschaft noch dramatischer sein: Von den 260 Arten weisen heute 118 (zum großen Teil deutlich) weniger Individuen auf als vor 50 oder 150 Jahren. Ihnen stehen 82 Spezies mit Zuwächsen gegenüber und 60, bei denen es sich die Waage hält.

Der Uhu hat in den letzten Jahren ein bemerkenswertes Comeback erlebt, doch ist seine Zukunft noch nicht gesichert: Viele Tiere verenden durch Stromschlag in Überlandleitungen, werden durch Kletterer verdrängt oder leiden unter Nahrungsmangel.

Etwas erfreulicher sieht die Statistik aus, wenn man nur die letzten 25 Jahre betrachtet: Seit 1980 haben 77 Arten im Bestand zu- und nur 40 abgenommen, beim Rest schwanken die Trends ohne klare Auf- oder Abwärtsbewegung [12, 25]. Viele Vögel der Agrarlandschaft erlitten ihre massivsten Bestandseinbrüche in den 1970er Jahren, als sich die Landwirtschaft industrialisierte. Danach stabilisierten sich ihre Zahlen und nahmen vereinzelt sogar leicht zu, ohne aber jemals ihr Hoch früherer Zeit zu erreichen. Als Glücksfall erwies sich für sie außerdem die deutsche Wiedervereinigung, nach der riesige Ländereien in Ostdeutschland brach fielen und ihnen einen – zeitweiligen – Rückzugs- und Erholungsraum bescherten. Man muss abwarten, wie sich ihre Zukunft entwickelt, nachdem verschiedene Flächenstilllegungsprogramme ausgelaufen sind. Die Landwirtschaft geht darüber hinaus wohl einer neuerlichen Intensivierung entgegen, die eng mit der Förderung so genannter erneuerbarer Energien verbunden ist: Maisäcker statt Buntbrache heißt jetzt die Devise (siehe Kapitel 2).

Eindeutig zum Wohle der Vögel hat sich in der jüngeren Vergangenheit die Forstwirtschaft entwickelt, die mittlerweile größere Rücksichten auf ökologische Belange nimmt: So bleiben Altholz und Höhlenbäume im Wald stehen, was Spechten, Eulen, manchen Dohlen und Mauerseglern oder dem Halsbandschnäpper hilft. Alle Artgruppen betrachtet, geht es den Waldvögeln hierzulande im Schnitt am besten (Kapitel 4). Wachsamkeit ist dennoch angesagt, da möglicherweise auch der Forstwirtschaft wegen des Wunsches nach nachwachsenden Rohstoffen für die Energieerzeugung eine neue Intensivierung bevorsteht.

Und vergessen darf man an dieser Stelle auf keinen Fall die großartigen Erfolge des Naturschutzes in den letzten Jahren, die dem Engagement zahlreicher Ornithologen, freiwilliger und professioneller Naturschützer, aber auch engagierten Jägern und Landwirten zu verdanken sind: Durch Jagdverschonung, das Verbot bestimmter Pestizide (Kapitel 3), verstärkten Umweltschutz (z.B. Wasserreinhaltung) und Einzelmaßnahmen wie den Schutz von Horstbäumen oder das Ausbringen von künstlichen Nisthilfen erlebten manche Arten eine bemerkenswerte Wiederkehr. Uhu, Seeadler, Wanderfalke, Kranich oder Schwarzstorch haben sich teilweise sensationell gut erholt und nach Jahrzehnten endlich die Rote Liste der gefährdeten Vogelarten verlassen (Kapitel 9). Dank guter Zusammenarbeit mit Landwirten wurde die Wiesenweihe vielleicht vor dem Aussterben in Deutschland gerettet (Kapitel 2). Und die Renaturierung von Feuchtgebieten und -wiesen brachte das ausgerottete Zwergsumpfhuhn zurück und bescherte dem Wachtelkönig einen kleinen Aufschwung.

Sie alle zeigen, dass sich Naturschutz lohnt und selbst kleine Hilfen große Wirkung zeigen können. Und sie sollten unser Ansporn sein, den heute bedrohten Vögeln zu helfen – damit auch in Zukunft Feldlerchen über den Feldern ihr Frühlingslied anstimmen, der Kuckuck aus dem Gehölz ruft, Seeregenpfeifer über den Strand eilen und der Schreiadler über den Wäldern kreist!

## Literatur

[1] Berthold, P. (2008[6]) Vogelzug: Eine aktuelle Gesamtübersicht, Wissenschaftliche Buchgesellschaft, Darmstadt.

[2] Elphick, J. (2008) Atlas des Vogelzugs: Die Wanderung der Vögel auf unserer Erde, Haupt, Bern.

[3] http://www.zin.ru/rybachy/general.html (02.10.2009).

[4] Zink, G., Bairlein, F. (1995) Der Zug europäischer Singvögel. Ein Atlas der Wiederfunde beringter Vögel, Aula, Wiesbaden.

[5] Wallraff, H.G. (2004) Avian olfactory navigation: its empirical foundation and conceptual state, Animal Behaviour 67, S. 189–204.

[6] Steiger, S.S., Fidler, A.E., Valcu, M., Kempenaers, B. (2008) Avian olfactory receptor gene repertoires: evidence for a well-developed sense of smell in birds? Proceedings of the Royal Society B, doi 10.1098/rspb.2008.0607.

[7] Thorup, K., Bisson, I.-A., Bowlin, M.S., Holland, R.H., Wingfield, J.C., Ramenofsky, M. and Wikelski, M. (2007) Evidence for a navigational map stretching across the continental U.S. in a migratory songbird, Proceeding of the National Academy of Sciences 104, S. 18115–18119.

[8] Coppack, T., Tindemans, I., Czisch, M., Van der Linden, A., Berthold, P., Pulido, F. (2008) Can long-distance migratory birds adjust to the advancement of spring by shortening migration distance? The response of the pied flycatcher to latitudinal photoperiodic variation. Global Change Biology 14 (11), 2516–2522.

[9] Gill, R.E., Tibbitts, T.L., Douglas, D.C., Handel, C.M., Mulcahy, D.M., Gottschalck, J.C., Warnock, N., McCaffery, B.J., Battley, P.F. and Piersma, T. (2008) Extreme endurance flights by landbirds crossing the Pacific Ocean: ecological corridor rather than barrier? Proceedings of the Royal Society B, doi 10.1098/rspb.2008.1142.

[10] Gschweng, M., Kalko, E.K.V., Querner, U., Fiedler, W., Berthold, P. (2008) All Across Africa: highly individual migration routes of Eleonora's Falcon, Proceedings of the Royal Society B, doi 10.1098/rspb.2008.0575.

[11] http://www.aquaticwarbler.net/download/Senegal_2007_FinRep.pdf (02.10.2009).

[12] Flade, M., Grüneberg, C., Sudfeldt, C., Wahl, J. (2008) Birds and Biodiversity in Germany – 2010 Target, DDA, NAB, DRV, DO-G, Münster.

[13] Popa-Lisseanu, A.G., Delgado-Huertas, A., Forero, M.G., Rodríguez, A., Arlettaz, R., Ibáñez, C. (2007) Bats' Conquest of a Formidable Foraging Niche: The Myriads of Nocturnally Migrating Songbirds. PLoS ONE 2, e205.

[14] Schmaljohann, H., Liechti, F., Bruderer, B. (2007) Songbird migration across the Sahara: the non-stop hypothesis rejected! Proceedings of the Royal Society B 274, S. 735–739.

[15] Biebach H., Bauchinger U. (2003) Energetic savings by organ adjustment during long migratory flights in Garden Warblers *(Sylvia borin)*, in (Berthold P., Gwinner E., Sonnenschein E., Eds.) *Avian migration.* Springer, Berlin, S. 269–280.

[16] McFarlan, J., Bonen, A., Guglielmo, C.G. (2009) Seasonal upregulation of fatty acid transporters in flight muscles of migratory white-throated sparrows (*Zonotrichia albicollis*), Journal of Experimental Biology 212, S. 2934 -2940, 2009.

[17] Sillett T.S., Holmes R.T. (2002) Variation in survivorship of a migratory songbird throughout its annual cycle, Journal of Animal Ecology 71, S. 296–308.

[18] Erni, B., Liechti, F., Bruderer, B. (2005) The role of wind in passerine autumn migration between Europe and Africa Behavioral Ecology 2005 16, S.732–740.

[19] Rappole, J.H. (1995) The Ecology of Migrant Birds: A Neotropical Perspective, Smithsonian Institution Press, Washington, DC.

[20] Schaefer, H.-C.,Jetz, W., Böhning-Gaese, K. (2007) Impact of climate change on migratory birds: community reassembly versus adaptation, Global Ecology and Biogeography 17, S. 38–49.

[21] Boschert, M. (2005) Vorkommen und Bestandsentwicklung seltener Brutvogelarten in Deutschland 1997 bis 2003, Vogelwelt 126, S. 1–51.

[22] Hoffmann, J., Kühnast, O. (2006): Nandu (*Rhea americana* ssp.) – eine invasive

Brutvogelart in Mecklenburg-Vorpommern? Vogelwarte 44, S. 43.

**[23]** Lemoine, N., Böhning-Gaese, K. (2003) Potential Impact of Global Climate Change on Species Richness of Long-Distance Migrants. Conservation Biology 17 (2), 577–586.

**[24]** Südbeck, P., Bauer, H.-G., Boschert, M., Boye, P. und Knief, W. (2008) Rote Liste der Brutvögel Deutschlands. 4., überarbeitete Fassung. Berichte zum Vogelschutz 44, S. 23–81.

**[25]** Sudfeldt, C., Dröschmeister, R., Grüneberg, C., Jaehne, S., Mitschke, A. und Wahl, J. (2008) Vögel in Deutschland 2008, DDA, BfN, LAG VSW (Hrsg.), Münster.

**[26]** Lemoine, N., Bauer, H.-G., Peintinger, M., Bohning-Gaese, K. (2007) Effects of Climate and Land-Use Change on Species Abundance in a Central European Bird Community, Conservation Biology. 21, S. 495–503.

# Keine Heimat – nirgendwo

## Die industrialisierte Landwirtschaft drängt Vögel an den Rand, Biolandbau und Extensivierung helfen ihnen

Ländliche Idylle: Glückliche Kühe, die auf saftig grünen Wiesen weiden, sich im Schlamm suhlende Schweine, ein Misthaufen, auf und um den Hühner nach Körnern und Würmern picken. Über dem sich sanft im Wind wiegenden Weizenfeld singt die Feldlerche, derweil Schwalben tanzenden Mückenschwärmen hinterher jagen. Aus der Streuobstwiese flötet der Ortolan und lauern Steinkäuze auf Beute. Felder, Wiesen, bunte Feldraine und Hecken vermengen sich zur bäuerlichen Kulturlandschaft wie aus dem Bilderbuch. Das ist aber das richtige Stichwort, denn diese Idylle findet sich heute in vielen Regionen Deutschlands, Großbritanniens oder der Niederlande tatsächlich nur noch in Kinderbüchern: Sie bilden eine Landwirtschaft ab, die nur noch selten existiert.

Die Realität sieht anders aus: Mittlerweile landen jedes Jahr rund 1,8 Millionen Tonnen mineralische Stickstoffdünger aus der Industrie auf den Äckern – drei Mal so viel wie zu Beginn der 1950er Jahre, dazu etwa 300.000 Tonnen Phosphat-, 500.000 Tonnen Kali- und mehr als zwei Millionen Tonnen Kalkdünger [1][1)]. Auf die Nutzfläche bezogen fallen die Zahlen sogar noch stärker aus: Pro Hektar wird heute vier Mal so viel Stickstoff eingetragen wie vor 50 Jahren – und darin sind auch schon die Brachen eingerechnet, die normalerweise nicht gedüngt werden: Zusammengenommen schütteten die Landwirte in der Saison 2007/08 mehr als 270 Kilogramm Mineraldünger auf jeden Hektar ihres Nutzlandes.

Damit ist die Überdüngung alleine jedoch noch nicht beschrieben, denn zusätzlich gelangt auch noch Gülle und folglich weiterer Stickstoff in Form von Harnsäure oder Ammoniak sowie Phosphor auf die Äcker. In der Bundesrepublik fallen jährlich zwischen 125 und 250 Millionen Tonnen Fest- und Flüssigmist an, die meist ebenfalls in die Umwelt ausgetragen

1) Die Menge an Phosphatdüngern, die jährlich der Landwirtschaft zur Verfügung gestellt werden, schwankte in den letzten Jahrzehnten beträchtlich zwischen minimal 274.000 Tonnen 2005/06 und maximal 1,3 Millionen Tonnen 1970/71. Wie bei den Kali-Düngern ist hier immerhin ein abnehmender Trend zu verzeichnen. Kalk- und Stickstoffdünger nahmen hingegen über die Jahre hinweg kontinuierlich zu.

Von Brachflächen profitiert vielfach die Grauammer: Sie hat heute ihren Verbreitungsschwerpunkt in Ostdeutschland, weil dort noch größere Flächen stillgelegt sind.

werden [2, 3, 4][2)]. Produziert werden diese Kot- und Urinmengen, von den knapp 27 Millionen Schweinen (1950: 14 Millionen Tiere) und 13 Millionen Rindern, die sich zum Zeitpunkt Mai 2009 in bundesdeutschen Ställen tummelten [5][3)]. Dazu kommen mehr als 2,4 Millionen Schafe sowie über 100 Millionen Legehennen, Masthähnchen, Truthähne und Puten, Gänse und Enten, die alle Futter benötigen und Kot erzeugen [6].

Die überwiegende Mehrzahl dieser Tiere konzentrierte sich im Jahr 2003 in oft riesigen Ställen ohne Zugang zur Außenwelt. So stand nach Angaben des Statistischen Bundesamtes im Jahr 2003 fast ein Viertel aller Mastschweine in Betrieben mit 1000 und mehr Sauen, obwohl diese Größenklasse nur knapp zwei Prozent aller Höfe mit Schweinehaltung ausmachte. Bis 2007 steigerten derartige Zuchtanlagen ihren Anteil sogar noch auf ein knappes Drittel. Weitere 65 Prozent der Schweine leben in Ställen mit Kapazitäten zwischen 50 und 999 Tieren. Wegen des anhaltenden Höfe-

**2)** Die Angaben schwanken beträchtlich, weil vielfach Wasser zum Ausspritzen der Ställe eingesetzt wird, was die Gülle je nach Volumen mehr oder weniger stark verdünnt. Das Statistische Bundesamt geht von etwa 220 Millionen Tonnen aus der Schweine- und Rinderzucht aus.

**3)** Die Zahl der Rinder unterliegt seit 1950 starken Schwankungen, ein eindeutiger Trend wie bei den Schweinen ist über diesen Zeitraum nicht unbedingt zu erkennen. 1950 lebten in westdeutschen Ställen etwa 8,8 Millionen Rinder, im Jahr 1990 nach der Wiedervereinigung waren es dagegen sogar 19,5 Millionen Stück.

sterbens halten immer weniger Landwirte immer mehr Schweine: Allein zwischen 1999 und 2003 stieg der durchschnittliche Besatz bundesweit von 99 auf 135 Tiere [7].

Ähnlich sieht es in der Rinderhaltung aus, wo immer mehr Tiere in immer weniger Betrieben gehalten werden, denn die Zahl der Höfe mit Kühen und Ochsen sinkt deutlich stärker als die des Viehs insgesamt. Im Gegensatz zu den Schweinen ist der Verdichtungsprozess jedoch noch nicht so stark vorangeschritten: Gerade in Westdeutschland besitzen die meisten Betriebe nur maximal 60 Tiere (vor allem die Milchbauern Süddeutschlands), Betriebe mit mehr als 1000 Rindern sind dagegen selten und konzentrieren sich auf Ostdeutschland sowie Niedersachsen [7, 8]. Angesichts fallender Milchpreise sehen sich aber vor allem die kleinen Familienunternehmen gezwungen, hinzuwerfen, weswegen sich die Konzentration verschärft: Allein zwischen November 2008 und Mai 2009 gaben laut Statistik mehr als 4000 Landwirte ihren Betrieb auf – der Anteil von Höfen mit größeren Herden steigt fortlaufend.

Generell nimmt die Zahl der Bauernhöfe in Deutschland seit Jahrzehnten ab: Von den gut 2,2 Millionen Höfen der Nachkriegszeit blieben bis 2007 nur 370.000 übrig. Parallel dazu bewirtschaften die verbliebenen Landwirte heute mit durchschnittlich mehr als 48 Hektar drei Mal so viele Land pro Betrieb wie damals, obwohl die Zahl der Beschäftigten von über vier auf 1,3 Millionen Beschäftigte gesunken ist [6][4]. Bundesweit gelten 17 Millionen Hektar als landwirtschaftliche Nutzfläche, von denen 12 Millionen Hektar Acker- und der Rest Grünland sind.

Dieser Wandel in der Landwirtschaft hin zu einer eher industriellen Erzeugung von Lebensmitteln ließ sich nur mit großem maschinellen und chemischen Einsatz erreichen: Das Vieh steht heute in den Ställen, nicht mehr auf der Weide. Die Bearbeitung erfolgt mit schwerem Gerät und nicht mehr mit Zugtieren. Die Schläge – also die Felder – wurden vergrößert, Flächen zusammengelegt und störende Hecken oder feuchte Mulden beseitigt. Schnellwüchsige und ertragreichere Hochleistungssorten ersetzten traditionelle Gewächse und Nutztiere, dafür verdreifachten sich die Erträge pro Hektar. Und neben dem Dünger versprühen Landwirte jedes Jahr mehr als 40.000 Tonnen Pestizide auf ihrem Besitz, um die höchstmöglichen Erträge zu erzielen [1] (siehe auch Kapitel 3).

Für die Verbraucher bedeutete dies rein preislich eine erfreuliche Entwicklung: Heutzutage beträgt der Anteil der Lebensmittel an ihren Konsumausgaben monatlich nur noch 12,7 Prozent – ein Drittel dessen, was noch

4) Mehr als die Hälfte davon stellen Familienangehörige, nur ein knappes Sechstel sind festangestellte Arbeitskräfte, der Rest entfällt auf Saisonhelfer.

Rapswüste: Schnell wachsende Hochleistungssorten beim Getreide oder Raps lassen Bodenbrütern kaum Zeit, um ihr Brutgeschäft zu vollenden. Die Tiere meiden diese Felder und nehmen an Zahl ab.

1962/63 dafür ausgegeben werden musste [10, 11][5]. Arbeitete man 1980 noch mehr als zwanzig Minuten für eine Packung Butter, hat man nun das nötige Kleingeld innerhalb von vier Minuten erwirtschaftet. Dauerte es 1970 über eineinhalb Stunden, um sich ein Kilo Schweinekoteletts zu verdienen, schafft es ein Arbeitnehmer jetzt in 23 Minuten – Rechenbeispiele, die sich beliebig fortsetzen ließen.

Doch diese Entwicklung hatte ihre versteckten Kosten: eine verarmte und verödete „Kultur"landschaft, die in den letzten Jahrzehnten immer mehr Tier- und Pflanzenarten verlor – ein Trend, der sich ungebremst fortsetzt. Das europaweit am besten untersuchte Beispiel hierfür sind die Vögel [12, 13, 14, 15, 16]: Paul Donald von der britischen Royal Society for the Protection of Birds und seine Kollegen sprechen gar von einem „Kollaps" der europäischen Feldvögel – also jener Arten, die eng an Agrarland gebunden sind oder völlig davon abhängen – durch die intensivierte Landwirtschaft [17].

5) 1962/63 wurden diese Daten erstmals im Rahmen der Einkommens- und Verbrauchsstichproben des Statistischen Bundesamtes erhoben und umfassten damals auch noch Tabakwaren.

## Feldvögel am stärksten bedroht

Die Rote Liste der Brutvögel Deutschlands belegt, dass die Feldvögel hierzulande zu den am stärksten bedrohte Artengruppen gehören [18, 19, 20]: Einst häufige und charakteristische Vögel der Kulturlandschaft wie Feldlerche, Feldsperling, Grauammer, Neuntöter, Mehlschwalbe, Stieglitz, Kiebitz und mit ihm alle anderen wiesenbrütenden Watvögel befinden sich in freiem Fall. Hermann Hötker vom Naturschutzbund Deutschland (NABU) listet 31 unserer 47 an die Agrarlandschaft gebundenen Brutvögel als gefährdet oder bereits im Bestand erloschen auf (66 Prozent), während es unter den anderen 207 hiesigen Brutvogelarten nur 81 sind (39 Prozent)[6]. Auch europaweit gelten die Kulturfolger als überdurchschnittlich oft bedroht verglichen mit anderen Artengruppen; allein in den letzten 25 Jahren haben sich ihre Bestände im Durchschnitt fast halbiert – der schärfste Rückgang in allen Kategorien, die beobachtet wurden [21][7]. Sollte sich dies fortsetzen, fürchtet Hötker Schlimmes. „Einige Arten werden aussterben; andere auf niedrigem Niveau dahin vegetieren", äußerte er mit Blick auf seinen Bericht.

In Großbritannien brachen die Bestände von Rebhuhn, Grauammer, Haus- und Feldsperling oder Turteltaube ein und verzeichneten Abstürze bis zu 85 Prozent, der Neuntöter ist praktisch ausgestorben [22]. Die Niederlande und die Schweiz verloren zwischen 1970 und Mitte der 1990er Jahre mehr als vier Fünftel ihrer Rebhühner [23, 24]. In der Schweiz gilt die Art nun sogar vom Aussterben bedroht, nachdem die Population von einst etwa 10.000 Tieren auf nur noch 40 bis 60 Brutpaare zusammengeschmolzen ist – allen intensiven Hegemaßnahmen zum Trotz [25]. Ebenfalls in den Niederlanden blieb von den ursprünglichen halben bis dreiviertel Million Brutpaaren der Feldlerche nur noch ein Zehntel übrig [24]. Noch dramatischer klingen die Verluste bei britischen Staren und Haussperlingen, von denen seit den 1960er Jahren bis zu 70 Millionen Individuen verschwunden sind [16]. Und in Deutschland starben verschiedene Spezies im Laufe der zunehmenden Industrialisierung des Landbaus aus wie Triel, Zwergtrappe und Doppelschnepfe oder stehen kurz davor wie Rotkopfwürger, Großtrappe, Alpenstrand- und Kampfläufer [19].

„Vögel sind Barometer für den Wandel der Umwelt – und ihr Verschwinden deutlicher Beweis für die Verschlechterung der Lebensbedingungen, die überall in Europa in der Kulturlandschaft stattgefunden haben. Die Daten belegen ganz klar: Viele Feldvögel, ihre Lebensräume und die Arten, die mit ihnen zusammenleben, sind ernsthaft bedroht", warnt folglich Richard

6) Bezogen auf die Rote Liste aus dem Jahr 2002.

7) Der Index aller häufigen Vogelarten ging im gleichen Zeitraum um 15 Prozent zurück, jener der häufigen Waldbewohner um 9 Prozent.

Dank Artenhilfsmaßnahmen geht es mit dem Weißstorch in Deutschland langsam wieder aufwärts.

Gregory vom RSPB und Koordinator einer umfassenden europäischen Bestandserhebung angesichts dieser Trends. „In einigen Teilen Deutschlands sind ehemals typische und häufige Arten wie Rebhuhn, Kiebitz oder Feldlerche bereits ganz verschwunden", schließt sich ihm der NABU-Vogelexperte Hermann Hötker an – und Schuld habe daran zu einem großen Anteil die Intensivierung der Landwirtschaft als wichtigste Ursache.

Dabei hat die Arbeit der Bauern über die Jahrhunderte zu einer artenreichen Landschaft in Mittel- und Nordwesteuropa beigetragen [16, 26][8)]. Ursprünglich ein Waldland zu Beginn der Besiedelung durch den Menschen, begann erst mit der Einführung des Ackerbaus vor rund 7500 Jahren die Auflichtung der Eichen- und Buchenwälder[9)]. Größere Freiflächen fanden

8) Natürlich auf Kosten vieler Waldarten, die nachfolgend seltener wurden, als ihr Lebensraum schrumpfte. In der Gesamtrechnung nahm die Vielfalt allerdings vorerst zu.

9) Die so genannte Megaherbivoren-These geht im Gegensatz dazu davon aus, dass auch in Mitteleuropa große Pflanzenfresser wie Rothirsche, Rehe, Wildschweine, Wisente sowie die heute ausgestorbenen Auerochsen und Wildpferde die Landschaft offen hielten [27]. Die Landschaft hätte demnach eher einen savannenartigen Charakter gehabt, wie er heute teilweise noch in den spanischen Dehesas zu finden ist. Begründet wurde diese These unter anderem mit Pollendiagrammen, in denen sich viele Eichen- und Haselnusspollen befanden – Arten, die nicht in dichten Wäldern aufkommen, sondern lichte Verhältnisse benötigen. Eine Studie aus Irland widerlegt diesen Ansatz jedoch [28]: Irische Pollendiagramme gleichen jenen vom Festland, große Pflanzenfresser gab es dort mit Ausnahme von Wildschweinen und Rotwild in prähistorischer Zeit jedoch nicht – sie zumindest konnten die Landschaft nicht offen gehalten haben. Wie der Forscherdisput auch ausgehen mag: Wälder nahmen früher trotzdem größere Flächen ein als heute.

sich allenfalls entlang der Küste in Form von Salzwiesen, in Mooren sowie in Flussauen, die immer wieder langzeitig unter Wasser standen, was Baumwuchs unterdrückte.

Maßnahmen wie das Pflanzen von Hecken, die Realteilung vererbter Nutzflächen, die Übernutzung und damit Aushagerung der Böden oder die Züchtung regional angepasster Nutzpflanzen und -tiere ermöglichte in der Folge die landschaftliche und biologische Vielfalt in Mittel- und Nordwesteuropa, die bis heute unser Bild des Kulturlandes, des bäuerlichen Raumes prägt. Nur durch die weit um sich greifende Abholzung der Wälder konnten sich typische Arten der Steppen Ost- und Südeuropas wie Feldlerche, Großtrappe oder Feldhase etablieren.

## Erst gewonnen

Aussagen zur Vogelwelt der damaligen Zeit sind selten, da die Menschen kaum die Muse hatten, sich mit ihrer Umwelt anders als zum täglichen Broterwerb zu beschäftigen. Man kann allerdings davon ausgehen, dass beispielsweise Samen fressende oder am Boden brütende Arten des Offenlandes deutlich häufiger waren als heute[10]. Die archaischen Erntemethoden waren bei weitem nicht ausgereift, und ein größerer Anteil der Getreidekörner verblieb auf dem Feld. In der Dreifelderwirtschaft durfte sich ein Teil des Ackerlandes immer ein Jahr lang als Brache vom Anbau „erholen", weshalb sich rasch einjährige Gräser und Kräuter sowie übrig gebliebene Getreidepflanzen ausbreiten konnten. Zudem kannte man keine Pflanzenschutzmittel, so dass sich zwischen Roggen, Gerste und Weizen ebenfalls zahlreiche Wildkräuter etablierten, die Ammern und Co ausreichend Nahrungsquellen boten. In einer der allerersten naturgeschichtlichen Abhandlungen der europäischen Neuzeit – der „Natural History of Selborne" – schreibt der Brite Gilbert White 1789 [29][11]: „Gegen Weihnachten waren riesige Schwärme von Buchfinken in den Feldern erschienen. [...] Im Winter haben wir auch riesige Schwärme von Bluthänflingen – mehr, denke ich, als dass sie nur in irgendeinem einzigen Distrikt ausgebrütet worden sein können."

Laut dem Landwirt und Vogelkundler Mike Shrubb, der sich intensiv mit der Geschichte zwischen Vögeln und der Landwirtschaft auf den briti-

10) Zugleich dürften sie davon profitiert haben, dass Beutegreifer wie Habicht, Weihen, Bussarde, Falken, Fuchs oder Marder rigoros als „Schädlinge" verfolgt wurden.

11) Das Buch wird seit damals ununterbrochen aufgelegt, und die 300. Ausgabe erschien 2007. Es ist eine Zusammenstellung von 44 Briefen, die der Autor an den Zoologen Thomas Pennant sandte, und 66 weiteren Schreiben, die an Anwalt Daines Barrington gingen. Verglichen mit heutigen Maßstäben galt White bereits als akkurater Beschreiber seiner Umwelt, der sich auf wissenschaftliche Beobachtungen verließ und nicht auf Folklore und Mythen, wie es damals noch oft üblich war.

Ausgeräumte Landschaft: Oberstes Ziel der Flurbereinigung war es, Felder und Wiesen maschinengerecht zu machen. Deshalb wurden einzelne Schläge zusammengelegt und „störende" Hecken und Feldraine beseitigt.

schen Inseln auseinander gesetzt hat, begünstigte die Dreifelderwirtschaft auch das Brutgeschäft der Vögel [30]: In den Brachen fanden Kiebitz, Triel, Feldlerche, Wachtelkönig oder Wachtel stets ausreichend Nistmöglichkeiten, ohne dass ihnen die Sense zu nahe kam – selbst wenn diese Flächen immer wieder vom Vieh beweidet wurden. Darüber hinaus boten diese Areale zusammen mit den extensiven Weiden der damaligen Zeit auch weiteren Arten wie Wiesenweihe, Birkhuhn, Großtrappe, Braunkehlchen oder Steinschmätzer gute Lebensbedingungen, weswegen sie weiter verbreitet und häufiger waren als heute.

Erste Intensivierungsmaßnahmen begannen ab Mitte des 18. Jahrhunderts, als mechanische Pumpen und neue Feldfrüchte wie Kartoffeln und Rüben sowie Klee zum Verbessern der Bodenfruchtbarkeit eingeführt wurden. In diese Zeit fallen erste großflächige Entwässerungen – etwa im Oderbruch –, die Feuchtwiesen, Moore und Sümpfe trockenlegten und landwirtschaftlich nutzbar machten. Die Drei- ging vielerorts in die Vierfelderwirtschaft über, bei der eine zweite Getreidephase eingeführt wurde. Oft verzichtet man nun auf die Brache zugunsten von Wurzelgemüse wie Rüben, deren Blätter Schafe und anderes Vieh abweiden durften. Zugleich ließen sich dadurch Wildkräuter effektiver bekämpfen. Auf der anderen Seite pflanzten die Grundbesitzer Tausende von Kilometern an Heckenreihen aus Schlehen, Brombeeren, Wildrosen oder Weißdorn und anderen

Pflanzen, um ihren Besitz abzugrenzen und die Felder vor dem Wind zu schützen: Noch um 1950 umfasste der Heckenbestand in Schleswig-Holstein etwa 85.000 Kilometer – vieles davon stammte aus Anpflanzungen im 18. und 19. Jahrhundert [31].

Auch wenn diese Modernisierung bereits einige erste echte Verlierer hervorbrachte – Profiteure der Brache wie Kiebitz, Feldlerche oder Wachtel litten unter dem Verlust der sicheren Brutflächen, Rallen, Watvögel und andere Arten der Feuchtgebiete verschwanden durch die Entwässerung –, so profitierten auf der anderen Seite doch viele andere von der Entwicklung. Mit den Entwässerungsgräben und Hecken eroberten unter anderem Grasmücken, verschiedene Rohrsänger, Rohrammer oder Würger die Agrarlandschaft.

Mit der Industrialisierung im 19. Jahrhundert begann sich die Landwirtschaft weiter zu wandeln. 1840 gelang es dem deutschen Chemiker Justus von Liebig, die wachstumsfördernde Wirkung von Stickstoff, Phosphaten und Kalium nachzuweisen. Ein Erkenntnisgewinn, der nachfolgend dazu führte, dass zunehmend mineralische Dünger auf den Feldern ausgebracht wurden, um die Ernten zu steigern – die Böden waren schließlich über die Jahrhunderte vielerorts ausgelaugt. Mit Hilfe der künstlichen Nährstoffzufuhr gelang es dem deutschen Kaiserreich zwischen 1873 und 1913, die landwirtschaftliche Produktion um 90 Prozent zu steigern [32]. Den nötigen Stickstoff erhielt man in Form von Guano, also dem Kot von Seevögeln, der größtenteils aus Übersee importiert werden musste. Zwischen 1905 und

Goldammern profitieren von Ackerrandstreifen, in denen Wildkräuter wachsen dürfen.

1908 erfand der Chemiker Fritz Haber jedoch die katalytische Ammoniak-Synthese, die Carl Bosch weiterentwickelte, um die massenhafte industrielle Produktion von Ammoniak zu ermöglichen. Ihr Verfahren – bekannt unter dem Namen Haber-Bosch – legte den Grundstein zur Erzeugung großer Mengen billiger, synthetischer Düngemittel. Zugleich wurden erste Maschinen für das Pflügen, die Aussaat und Ernte erfunden, die sich anfänglich allenfalls reiche Großgrundbesitzer in Norddeutschland oder Ostpreußen leisten konnten – die kleinen bäuerlichen Betriebe der Mittelgebirge und Süddeutschlands mussten vorerst weiter auf menschliche und tierische Arbeitskraft zurückgreifen.

Die Grundlagen für eine rasche und großflächige Intensivierung der Landwirtschaft waren also gelegt. Dennoch fand sie vorerst nicht statt – im Gegenteil: Deutschland wie andere Teile West- und Mitteleuropas spürten die mit Wucht hereinbrechende internationale „Große Depression", die auch als Gründerkrise bezeichnet wird [32][12)]. Sie traf gerade die großen Gutshöfe im Osten des Kaiserreichs, die auf Getreideanbau spezialisiert waren: Ihnen brachen Absatzmärkte in Großbritannien und Skandinavien weg, die von der neuen Konkurrenz in Russland und aus den USA übernommen wurden. Zugleich fielen die Preise, weshalb die finanziellen Mittel für Investitionen in moderne Geräte fehlten. Der Anbau und die Viehhaltung stagnierten bestenfalls oder gingen sogar zurück.

In Großbritannien, wo die Wechselwirkungen zwischen Landwirtschaft und Vogelwelt eindeutig am besten dokumentiert sind [30], verlor der Getreideanbau damals ebenfalls an Bedeutung – und mit ihm schwanden Rebhühner oder Grauammern dahin. Dafür weiteten sich feuchte Wiesen aus, weil die Drainagesysteme mangels Pflege verfielen – zum Vorteil von Rotschenkel, Bekassinen oder Brachvögel, die vermehrt ins Binnenland vorstießen. Ein Teil der Felder wurde gleich ganz aufgegeben und verwilderte, was Offenlandbewohnern wie Triel oder Steinschmätzer schadete, wovon Stieglitze, Neuntöter, Grasmücken oder Braunkehlchen aber profitierten. Im Vereinigten Königreich hielt diese Entwicklung bis zum Beginn der 1930er Jahre an und erreichte ihren Höhepunkt 1931, als der heimische Markt mit Importen überflutet wurde. Die Regierung erließ deshalb 1932 ein Gesetz, das die britischen Farmer schützen sollte, weshalb sich nach Jahrzehnten des Niedergangs der Getreideanbau bald rasch und massiv ausweitete. Der Zweite Weltkrieg und die Blockade der Insel (beziehungsweise die Furcht davor) durch die deutsche Kriegsmarine befeuerten diesen Vorgang zusätzlich [16].

12) Der Begriff der „Großen Depression" kam in den 1920er Jahren auf und wurde dann vor allem im englischsprachigen Raum für die Weltwirtschaftskrise der 1930er verwendet.

In einer Landschaft ohne Hecken finden Rebhühner keine Rückzugsmöglichkeiten: Sie sind deshalb selten geworden in der Kulturlandschaft.

Verglichen mit der britischen und erst recht der US-amerikanischen Landwirtschaft war die deutsche zu Beginn des Dritten Reichs wenig leistungsfähig und kaum technisiert [33]. Die Höfe bewirtschafteten im Mittel nur sechs Hektar (heute sind es 48), Selbstversorgung gelang nur bei wenigen Gütern – der Rest musste importiert werden. Die nationalsozialistische Ideologie sah daher vor, möglichst rasch Autarkie bei den wichtigsten Produkten zu erreichen, um von Importen unabhängig zu werden. Die Intensivierung der Landwirtschaft war daher eines der wichtigsten Ziele der Nationalsozialisten, die sich in einer zunehmenden Mechanisierung bis zum Beginn des Zweiten Weltkriegs niederschlug [34].

In der so genannten „Erzeugungsschlacht" sollte neben der Motorisierung die verbreitete Gabe von Mineraldüngern die Produktion ankurbeln. Gleichzeitig entwässerte man die letzten großen Moorgebiete im Reichsgebiet sowie zahlreiche Marschen an der Küste, um mehr Ackerland zu gewinnen. Der damalige „Reichsbund für Vogelschutz (RfV)" beklagte, dass „an vielen Orten der Geist naturfremder Scheinwissenschaft in der Ausrottung von Bäumen, Sträuchern und Hecken sein Unwesen" treibe und „angebliche Mehrerträge" verspreche [35]. Man kann also davon ausgehen, dass die Vogelwelt der Agrarlandschaft im Deutschen Reich noch größeren Schaden nahm als jene der britischen Inseln – zumal beispielsweise Sperlinge als „Volksfeinde" galten, die bekämpft werden mussten, um die Ernten zu schützen. Wie der Krieg ging allerdings auch diese „Schlacht" verloren, denn die angestrebte Selbstversorgung gelang dem Dritten Reich nur bei ganz wenigen Produkten [26].

## Stetig voran, stetig bergab

Während es in den Jahrhunderten zuvor neben Verlierern der landwirtschaftlichen Entwicklung stets Gewinner gab, sollte sich dies in den Jahrzehnten nach dem Zweiten Weltkrieg grundlegend ändern: Über alle Artengruppen hinweg setzte ein breit gestreuter, weit verbreiteter Niedergang ein, der bei vielen Spezies bis heute anhält – und gleichermaßen Insekten, Wildkräuter oder Säugetiere der Kulturlandschaft betrifft. Dagegen profitierte nur ein sehr geringer Prozentsatz der Feldvögel von der nachfolgenden Intensivierung und Industrialisierung der Landwirtschaft [36, 37, 38, 39, 40, 41, 42].

Für die Tier- und Pflanzenwelt kamen mehrere nachteilige Entwicklungen zusammen. Zum einen machte die Agrarchemie weitere Fortschritte: Dünger und Pestizide wurden in den 1950er und 1960er Jahren massenhaft erschwinglich und eingesetzt. Der Wirkstoff MCPA (2-Methyl-4-chlorphenoxyessigsäure) etwa reduzierte in Herbiziden nachhaltig Wildkräuter wie Klatschmohn, Hederich, Kornrade, Hahnenfuß oder Kornblume, das später entwickelte Paraquat tötete dann auch Gräser effektiv ab. Die heute unter dem Handelsnamen Roundup™ vertriebenen Glyphosate werden von Landwirten nach der Ernte oder auf Brachen versprüht, um alle unerwünschten Pflanzen zu vernichten, bevor das Land wieder neu bewirtschaftet wird. Insektizide wie die früher gängigen Mittel DDT, Lindan, Dieldrin oder Aldrin zielen auf Schadinsekten wie Kartoffelkäfer, verschiedene Raupen oder Läuse. Häufig trafen sie direkt die Vogelwelt und vergifteten diese tödlich oder sorgten dafür, dass sie nicht mehr erfolgreich brüteten – viele dieser Mittel wurden daher verboten. Fungizide und Molluskizide schließlich sollen Pilze und Schnecken im Zaum halten. DDT gilt bis heute als Inbegriff eines gefährlichen Umweltgiftes, das sich auch im Menschen anreichern kann (mehr zu den Folgen der Pflanzenschutzmittel siehe vor allem Kapitel 3).

Zur gleichen Zeit verbreiteten sich Maschinen im Landbau, die nun nicht mehr nur auf den großen Ländereien im Norden und Osten Deutschlands eingesetzt wurden, sondern auch im kleinbäuerlich geprägten Süden. Zwischen 1949 und 1975 kletterte die Anzahl der Traktoren von 77.000 auf 1,25 Millionen, ähnliche Steigerungsraten zeichneten sich bei Mähdreschern und Sämaschinen ab [43]. Pferde und Ochsen wurden für die Feldarbeit überflüssig, und dementsprechend mussten die Bauern kein Land mehr zum Futtermittelanbau für ihre Zugtiere vorrätig halten. Ein weiteres Sechstel der Nutzfläche wurde frei für die Nahrungsmittelproduktion, und es

In Deutschland ein Anblick mit Seltenheitscharakter, in Kroatien oder Bosnien noch häufig: die Gänseweide auf Wiesen rund ums Dorf.

begann die räumliche Entflechtung zwischen Ackerbauern und Viehzüchtern: Die Spezialisierung der Landwirtschaft und damit das Ende der Bilderbuchhöfe setzte ein. Die Motorisierung ermöglichte es dem Landwirt, verschiedene Arbeitsschritte rasch hintereinander durchzuführen – etwa Ernte und Umpflügen oder die mehrfache Mahd während der Wachstumsperiode. Für Bodenbrüter wie den Kiebitz oder auf Samen angewiesene Vögel wie Goldammer und Feldsperling bedeutet dies erhöhten Stress und häufigere Gelegeverluste bis hin zum Totalausfall oder Nahrungsmangel.

Große Fortschritte machte parallel dazu die Zucht von Nutzpflanzen und -tieren, die auf zunehmende Leistungsfähigkeit und Ertrag getrimmt wurden: Heutige Getreide- und Grassorten wachsen schneller, tragen mehr Korn, sind trittfester, robuster und haben kürzere Halme, so dass Wind und Wetter nicht mehr so leicht ganze Felder umknicken. Da die Pflanzen härter im Nehmen sind (und die Winter im Schnitt milder wurden) pflügen Landwirte ihre Felder heute größtenteils im Herbst um und säen gleichzeitig den neuen Besatz aus, damit dieser noch vor dem Winter auskeimt. Stoppelfelder gehören daher heute zu den eher seltenen Anblicken auf dem Land, und für überwinternde Vögel brachen wichtige Nahrungsquellen weg. In der Auflistung von Hermann Hötker leiden allein unter diesem Aspekt 21 Feldvogelarten, also fast die Hälfte der in Deutschland vorkommenden Spezies dieser Gruppe [14].

Zugleich wanderte das Vieh von der Weide in den Stall, denn Hochleistungskühe verwerten dort Grasschnitt, Silage und zugesetztes Kraftfutter besser und wandeln es in Fleisch- wie Milchertrag um als ihre Artgenossen draußen [26]. Dafür schwand die Vielfalt: Während in Bayern Ende des 19. Jahrhunderts mindestens 35 Rinderrassen lebten, beschränkt sich dies heute auf nur noch 5 Sorten [44][13)] – ähnlich sieht es bei Schweinen, Schafen oder Hühnern aus.

## Verlust der Wiesen und Hecken

Richtig lohnend wurden Technisierung und Intensivierung durch vergrößerte Schläge, welche die Flurbereinigung bewerkstelligen sollte: Laut Flurbereinigungsgesetz dient sie der „Verbesserung der Produktions- und Arbeitsbedingungen in der Land- und Forstwirtschaft sowie zur Förderung der allgemeinen Landeskultur und der Landentwicklung“ und deshalb kann „ländlicher Grundbesitz durch Maßnahmen nach diesem Gesetz neu geordnet werden“ [45]. Vereinzelt gab es das Vorhaben schon seit dem Mittelalter, kleine Flurstücke zu größeren zusammenzufassen, richtig in Mode kam sie jedoch erst nach dem Zweiten Weltkrieg: Schon 1963 hatte sie ein Viertel der damaligen landwirtschaftlichen Nutzfläche Westeuropas erfasst [46].

In der Bundesrepublik Deutschland wurden Maßnahmen zur Flurbereinigung 1953 erstmals gesetzlich geregelt und 1976 überarbeitet. Primär sollte es Arbeitserleichterungen für die Bauern schaffen, indem Grundstücke zusammengelegt und „zweckmäßiger“ gestaltet wurden, so dass sie sich „neuzeitlich“ bewirtschaften ließen. Weiterer Augenmerk galt der „Sicherung eines geregelten Wasserabflusses“ sowie der „Sicherung und Erhaltung des gewachsenen Landschaftsbildes und Verbesserung der ökologischen Gesamtverhältnisse im jeweiligen Gebiet“, so der Gesetzestext.

Dieser letzte Punkt wurde aber gerade in den ersten Jahrzehnten der Flurbereinigung vergessen: Im Zuge der Umgestaltung des ländlichen Raums wurden Hecken und Streuobstgärten abgeholzt, neue Wege angelegt, Wiesen entwässert und Bäche kanalisiert, um das Drainagewasser möglichst schnell abzuleiten. Die schleswig-holsteinische Knicklandschaft – für die zahlreiche Wallhecken als Abgrenzung der einzelnen Grundstücke charakteristisch sind – verlor in den Jahren nach Beginn der Flurbereinigung rund 30.000 Kilometer Hecken [31]. Oft gingen die Maßnahmen vor

13) Die meisten dieser Rassen waren nur regional verbreitet und perfekt an die jeweiligen lokalen Bedingungen angepasst. Die Gesellschaft zur Erhaltung alter und gefährdeter Haustierrassen e.V. führt zum Beispiel bei den Rindern das Murnau-Werdenfelser, das Ansbach-Triesdorfer, das Limpurger und das Angler Rind in der Kategorie vom Aussterben bedroht.

Ort sogar über das hinaus, was im Planungsverfahren vorgesehen war, wie das Beispiel Breitenfelde in Schleswig-Holstein bezeugt [47]: Auf einem knapp 250 Hektar großen Flurstück reduzierte sich die Heckenlänge von 95 Kilometern im Jahr 1964 auf 6 Kilometer 1998 – laut Plan hätten 30 Kilometer übrig bleiben sollen. Durch den landesweiten Kahlschlag haben wohl rund eine halbe Million Vogelpaare ihren Nistplatz verloren [48].

Nach massiver Kritik durch Naturschützer, aber auch von Landwirten geht die Flurbereinigung heute seltener radikal voran wie zu Beginn, zum Teil dient sie sogar dem Naturschutz und ermöglicht die Schaffung neuer Biotope. Ökologische Gedanken stehen dennoch vielfach hinten an, wie der NABU 2003 anhand verschiedener Fallbeispiele aus mehreren deutschen Bundesländern aufdeckte. „Unsere Analyse zeigt, dass ökologische Planvorgaben oft nur unvollständig umgesetzt werden oder positive Verfahren schon kurz nach Abschluss stark entwertet werden“, fasste Gerd Billen, der damalige Bundesgeschäftsführer des Verbandes, zusammen [49]. Bei der Flurneuordnung (wie die Bereinigung mittlerweile euphemistisch genannt wird) um Gerabrunn im Landkreis Schwäbisch-Hall etwa wurden innerhalb von nur zehn Jahren die Hälfte aller 1991/92 erfassten 225 Biotope zerstört oder stark entwertet – die Planvorgabe sah „nur“ einen Verlust von 11 Prozent vor. Ähnlich stark verschwanden „Grenzflächen“ wie Hecken und Ackerraine, und mehrfach wurde Grünland umgebrochen, obwohl es als wichtiges Kiebitzrastgebiet erhalten bleiben sollte. In Griesingen im Alb-Donau-Kreis hingegen wollte die Verwaltung die Landschaft mit neuen

Die kleinbäuerliche Kulturlandschaft: In Teilen Osteuropas ist sie sogar noch erhalten.

Strukturelementen wie Hecken, Tümpeln oder Feuchtwiesen beleben – doch nur eineinhalb Jahre später war ein Teil davon schon wieder umgebrochen oder zweckentfremdet worden.

Im Kreis Altenkirchen in Rheinland-Pfalz führte die Zusammenlegung von Weiden teilweise zu einer Nutzungsintensivierung und Überdüngung, was artenreiche Landschaften in Mitleidenschaft zog. Und im Westerwaldkreis veränderte sich eine in einem „optimalen Zustand befindliche Region" mit kleinparzelliertem Nutzungsmosaik zu großflächigen, intensiv bewirtschafteten und entwässerten Einheiten, deren Unterschiede fast völlig eingeebnet worden sind. Zugleich forsteten die Behörden – in einem widersinnigen Akt – „wertvolle Offenlandbiotope" mit Bäumen und Büschen auf.

### Der letzte Niedergang beginnt

Die Vogelwelt reagierte mit Verzögerung auf den Modernisierungsschub, der um 1950 einsetzte. Hierzulande verschwanden zuerst die empfindlichen Arten wie Blauracke, Wiedehopf, Rotkopfwürger, Wiesenweihe, Wachtelkönig, Großtrappe, Steinkauz oder Ortolan. Sie benötigen struktur- und insektenreiche Lebensräume oder sind wegen ihrer Brutbiologie in erhöhtem Maße gefährdet. Ihnen folgen dann in der Phase der stärksten Intensivierung in den 1970er und 1980er Jahren die „Allerweltsvögel" wie Feldsperling, Feldlerche, Goldammer oder Kiebitz mit herben Bestandseinbußen [14, 16, 17, 38, 39, 50]. Einige der Arten haben sich mittlerweile auf niedrigem Niveau stabilisiert, und manche zeigen sogar wieder leicht ansteigende Tendenzen, wobei ihre Zahlen aber noch weit von einer wirklichen Erholung entfernt sind. Viele andere gehen jedoch auch aktuell weiterhin zurück – etwa Rotmilan, Kiebitz, Turteltaube, Feldlerche, Feldsperling, Bluthänfling, Rebhuhn oder Rauchschwalbe [20].

Wie dieser Verlust abläuft, kann exemplarisch an der Feldlerche erzählt werden, die in dieser Hinsicht zu den am besten studierten Vögeln zählt. Viele der Probleme, die Feldvögel haben, treffen geballt auf die Feldlerche zu [u.a. 16, 40, 51, 52, 53, 54, 55, 56]. Ihr Gesangsflug gehört(e) zu den klassischen Boten des Frühlings und prägt(e) die Kulturlandschaft vom schottischen Hochland bis zu bayerischen Äckern. In Großbritannien war sie früher so häufig, dass sie sogar als Schädling galt, weil sie so viele Samen und Keimlinge von Getreide, Raps und Zuckerrüben vertilgte [16]. Nach einem Bestandseinbruch um 60 Prozent zwischen 1967 und 2005 hat sich das nun geändert.

Feldlerchen erleiden als Bodenbrüter vielfache Verluste ihrer Gelege und Küken, weil sie von Nesträubern aufgespürt und gefressen werden. Der Vogel gleicht dies durch vielfache Anpassungen wie Nachbruten oder früh

Distelfinken gehören zu unseren attraktivsten Singvögeln. Mancherorts fehlt ihnen allerdings die Nahrung, weil Wildkräuter verschwunden sind.

mobile Junge aus. Für die Anlage ihrer Nester bevorzugt die Lerche Felder und Wiesen mit kürzerer Vegetation, die ihnen einen ausreichenden Überblick gewähren. In ihrer Studie zur Bestandsdichte in verschiedenen Lebensräumen in der intensiv genutzten Magdeburger Börde in Sachsen-Anhalt bemerkten die beiden Biologen Stefan Toepfer und Michael Stubbe, dass die Feldlerchen sich bevorzugt in Acker- und Luzernebrachen sowie extensiv beweideten Flächen ansiedelten, deren Bewuchs maximal 60 Zentimeter hoch aufragte. Standorte mit zu dichter und hoher Vegetation mieden die Tiere dagegen oder verließen ihre begonnenen Bruten [55].

Der Wechsel von Sommer- zu Wintergetreide, die Ausweitung von Raps und Mais[14)] anstelle von Hackfrüchten und der verstärkte Wuchs von Wiesen durch die Überdüngung bewirkt aber genau das: ein undurchdringliches Pflanzenkleid, das für Brutversuche der Feldlerche untauglich ist. Winter-

14) Der Anbau dieser beiden Pflanzen steigerte sich in den letzten Jahren beträchtlich, weil sie hohe Erträge erwirtschaften und vielfach als Futtermittel in der Mast beziehungsweise für die Speiseölindustrie nachgefragt werden. Getreide bedeckte 2008 etwa 60 Prozent des Ackerlandes, weitere 19 Prozent nahmen Futterpflanzen wie Mais ein. Verglichen mit der Jahrtausendwende steigerte sich die Anbaufläche von Mais um mehr als ein Viertel – keine andere bedeutende Nutzpflanze dehnte sich so rasch und stark in den letzten Jahren aus. Die Bedeutung von Hackfrüchten (640.000 Hektar) und Hülsenfrüchten (84.000 Hektar) sank dagegen weiter.

weizen dominiert mittlerweile den Anbau in Deutschland nahezu vollständig, und Mais wie Raps erfahren gerade durch den Biogas-Boom und Agradieselmarkt eine massive Flächenausweitung [57]. Die Feldlerchen zwingen diese Änderungen oft zur Aufgabe der Brut, und sie verhindern, dass die Vögel diese Flurstücke für weitere Nachbrüten nutzen können, weil sich ihre Nistplatzansprüche nicht mehr erfüllen. Lassen sie sich doch in Getreidefeldern nieder, suchen sie vor allem die Nähe der Traktorspuren, wie der britische Ornithologe Paul Donald und seine Kollegen vom RSPB beobachtet haben [58]. Hier wird nicht ausgesät, das Blickfeld ist nicht eingeschränkt – zu einem hohen Preis: Auch Beutegreifer nutzen diese Schneisen, stoßen auf die Nester der Lerchen und plündern sie doppelt so häufig wie abseits davon.

Durch Mineraldünger, Gülle und Eintrag aus der Luft (beispielsweise aus Autoabgasen) erhält jeder Hektar landwirtschaftliche Nutzfläche in Deutschland pro Jahr einen Stickstoffüberschuss von mehr als 100 Kilogramm [59]: ein formidabler Wachstumsbeschleuniger. Wiesen können deshalb heute mehrmals im Jahr gemäht werden, um Einstreu und Silage für das Vieh zu gewinnen, und der erste Schnitt fällt zeitlich immer enger mit der Brutzeit der Wiesenvögel zusammen. Markus Jenny von der Schweizerischen Vogelwarte Sempach fand während seiner Untersuchung heraus, dass bis zu 80 Prozent aller verloren gegangenen Feldlerchengelege durch den Grasschnitt zerstört wurden. In einer seiner Testflächen waren es sogar 95 von 98 Nestern [51].

Der Sense fallen nicht nur Jungtiere zum Opfer, wie Jennys Kollegen von der Vogelwarte um Martin Grüebler bei den gleichfalls betroffenen Braunkehlchen ermittelten [60]. Sie hatten den kleinen Singvogel über zwei Jahre lang im Unterengadin beim Brüten observiert und sein Schicksal verfolgt. Während 80 Prozent aller Männchen unversehrt durch die Brutzeit kamen, überlebten nur knapp zwei Drittel aller Weibchen. Und diese Verluste traten ausnahmslos zum Zeitpunkt der Mahd auf – danach waren sie nicht mehr gesehen. Zwei Tiere wurden sogar nachweislich auf dem Nest zerhäckselt. Durch diesen Verlust läuft der Bestandsrückgang 1,7 Mal schneller ab, als wenn ausschließlich Eier und Nestlinge verloren gingen, kalkulieren die Forscher. Sie wundert es also nicht, dass sich der Schweizer Bestand der Art wie jener der Feldlerche während des letzten Jahrzehnts um ein Fünftel verkleinert hat[15].

Die meist milden Winter erlauben es der Feldlerche mittlerweile vor Ort zu überwintern, wo sie sich häufig mit Artgenossen, Ammern und Finken zu Schwärmen zusammenschließen. Sie ziehen regional auf der Suche nach

15) Neben Wiesenbrütern sterben unzählige Rehkitze, Feldhasen und Amphibien durch die Klingen. Die Deutsche Wildtierstiftung schätzt, dass es in der Bundesrepublik jährlich etwa 500.000 Säugetiere und Vögel trifft.

Futter umher und nutzen dazu gerne Stoppelfelder, krautreiche Weiden oder frisch eingesäte Felder. Gerade Stoppelfelder wurden in den letzten Jahrzehnten zur Rarität: Die Landwirte pflügen abgeerntete Felder nun meist gleich noch im Herbst um und säen neu aus, vernichten dadurch jedoch eine wichtige Nahrungsquelle für Körnerfresser. Michael Shrubb listet in seinem vortrefflichen Buch „Birds, Scythes and Combines" auf, in welchem Umfang Futterplätze für die Tiere seit 1800 verloren gegangen sind [30]: 1994 nahmen Stoppelfelder weniger als ein Zehntel der Flächen ein wie zu Beginn des 19. Jahrhunderts – seitdem schritt der Verlust weiter voran. Der Futterrübenanbau – Feldlerchen fressen gerne die Keimlinge der Pflanzen – ging im gleichen Zeitraum um über 90 Prozent zurück, das Umpflügen im Frühling um etwa zwei Drittel, und offen gelagerte Heuhaufen gibt es im Vereinigten Königreich seit etwa 1960 quasi gar nicht mehr.

Um gut durch den Winter zu kommen und im folgenden Frühling genügend Kräfte für die Brut zu haben, benötigen Feldlerchen – und erst recht echte Körnerfresser wie Goldammer, Bluthänfling, Feldsperling, Stieglitz oder Gimpel – verlässliche und ausreichende Nahrungsquellen. Wegen des frühen Umpflügens, der Verluste von Wildkräutern durch Herbizide und die zunehmende regionale Konzentration auf Ackerbau hier und Grünlandwirtschaft dort, fehlt nun die nötige Futtervielfalt. Die Tiere müssen länger nach Nahrung suchen, riskieren dabei mehr und verbrauchen viel Energie, um überhaupt zu überleben – zu viel, um zeitig im einsetzenden Frühling mit der Brut beginnen zu können [61]. Zugleich steigt die Sterblichkeit, wie

Früher galten Feldsperlinge als Landplage, heute stehen sie auf der Roten Liste.

bei Rohr-, Gold-, Zaun- und Grauammern sowie Feldsperlingen festgestellt wurde [40]. Im Sommer fehlen zusätzlich zum Mangel an Sämereien die Insekten, die entweder direkt bekämpft werden oder wegen des Verlusts von Wildpflanzen ebenfalls keine Nahrungsgrundlage mehr haben (siehe Kapitel 3). Entsprechend bleibt der Bruterfolg aus, wie Gavin Siriwardena vom British Trust of Ornithology und seine Kollegen anmerken [62].

Für den dramatischen Bestandseinbruch der Grauammer in Schleswig-Holstein ab 1955, als circa 5000 Brutpaare dort lebten, auf nur mehr 10 bis 20 Brutpaare Anfang der 1990er Jahre macht man zu einem großen Teil Nahrungsmangel verantwortlich [63, siehe auch 64]. Zu viele Küken verhungerten im Nest, weil die Altvögel zu wenige Insekten heranschaffen konnten: Die bevorzugten Spinnen, Grashüpfer, Raupen oder Käfer fielen den gleichen Intensivierungsmaßnahmen zum Opfer wie ihre gefiederten Jäger. Um dennoch den Nachwuchs zu versorgen, suchen die Eltern länger, um Beute zu finden, liefern damit jedoch ihre Jungen auch häufiger Fressfeinden aus. In ihrer Übersicht zur Ernährung von körnerfressenden Singvögeln und wie sich diese mit der Landwirtschaft ändern musste, führen Jeremy Wilson von der Universität Oxford und seine Mitforscher an, dass gerade jene Arten überdurchschnittlich zurückgehen, die zusätzlich zu Sämereien einen höheren Anteil an Insekten in der Nahrung zu sich nehmen [65].

### Das Schicksal der Wiesenbrüter

Ähnlich wie die Feldlerche für die Agrarlandschaft allgemein steht der Kiebitz beispielhaft für das Schicksal der Wiesenbrüter [u.a. 16, 40, 66, 67, 68, 69, 70] – und damit für eine Reihe von Arten wie Schafstelze, Wiesenpieper, Wiesenweihe, Wachtelkönig und natürlich die bereits erwähnten Limikolen wie Rotschenkel oder Brachvogel. Das Schicksal der Wiesen ist ihr eigenes: Dem NABU gilt dieser Lebensraum bereits als eines der „größten Sorgenkinder des Naturschutzes", da immer mehr Wiesen umgebrochen und in Ackerland verwandelt werden. Allein zwischen 2003 und 2007 ging der Grünlandanteil an der gesamten landwirtschaftlichen Nutzfläche von 5,02 Millionen auf 4,87 Millionen Hektar zurück, was einem Verlust von über 3 Prozent entspricht[16)]. In manchen wiesenreichen Bundesländern wie Schleswig-Holstein und Mecklenburg-Vorpommern waren es sogar deutlich über fünf Prozent: „Aus Naturschutzsicht ist diese Entwicklung dramatisch, denn Wiesen und Weiden sind in der Regel artenreicher und damit für den Erhalt der biologischen Vielfalt wertvoller als Ackerland", beklagt NABU-Präsident Olaf Tschimpke.

16) 2008: 4,69 Millionen Hektar.

Ein Anblick mit Seltenheitswert: Da heute Wiesen immer früher und immer häufiger gemäht werden, fördern Bauern durchsetzungsstarke Gräser und wenige Kräuter. Artenreiche Gesellschaften wie diese entwickeln sich nur bei extensiver Bewirtschaftung.

Laut Bundesamt für Naturschutz wird das Grünland meist zugunsten von Mais für Biogasanlagen umgebrochen. Neben der Umwidmung von Raps- oder Getreidefeldern und der wiederaufgenommenen Nutzung auf Stilllegungsflächen ist dies ein Hauptgrund für die Zunahme an Mais in Deutschland: Innerhalb eines Jahres – von 2007 auf 2008 – stieg die gesamte mit Körner- und Silomais bepflanzte Fläche um mehr als zehn Prozent an [71]. In seinem Bericht listet das Bundesamt einige Fallbeispiele auf, in denen etwa Wiesen im unmittelbaren Auenbereich von Flüssen oder auf kalkigen Hängen umgepflügt, gespritzt und schließlich massiv gedüngt wurden. Neben der Zerstörung artenreicher Lebensgemeinschaften, der Verunreinigung von Fließgewässern durch Pestizide, Düngemittel und abgeschwemmtes Erdreich, belastet diese Art der Landnutzung zudem das Klima – und führt die Argumente zum Klimaschutz, mit der Biogasanlagen beworben werden, ad absurdum: Durch den Umbruch setzen die Böden mehr als doppelt so viel Kohlendioxid durch den Abbau organischer Substanz frei, als die wachsenden Maispflanzen wieder aufnehmen. Und noch größer sind die Verluste, wenn Niedermoore entwässert und zu Äckern verwandelt werden.

Das Umpflügen wird begünstigt durch die vielerorts praktizierte Drainage, denn Wiesen entstanden früher vor allem auf den für Ackerbau unbrauchbaren Standorten wie zu trockene, kühle, steile oder feuchte Lagen. Im 19. Jahrhunderten galt Nässe dagegen noch als Qualitätsmerkmal für Weiden, wie Michael Shrubb schreibt: Auf zu trockenen Weiden fraß sich das Vieh zu wenig Fleisch und Fett an. Die Bauern unterbanden daher die Drainage nicht nur, sie wässerten ihr Land, um das Wachstum der Pflanzen anzuregen.

Heute spielen diese Gedanken kaum mehr eine Rolle – im Gegenteil: Vielerorts stehen die Rinder meist nur im Stall und werden mit Kraftfutter und Silage gefüttert, frisches Grün und Heu gilt dagegen als untauglich. Wenn die Entwässerung also nicht den Umbruch ermöglichen soll, so dient sie doch als Basis, um das Grünland zu „verbessern". Dazu gehört die Einsaat, mit der die Landwirte die Qualität der Futtermittel zu erhöhen versuchen. Die österreichische Landwirtschaftskammer spricht davon, dass „ein hoher Anteil wertvoller Kulturgräser von über 80 Prozent" Voraussetzung für „gute Futtererträge von Wiesen" sei [72].

Angestrebt wird dabei ein möglichst reines Gemisch aus so genannten Edelgräsern wie Knaul- und Weidelgras, Wiesenrispe, Rot- und Wiesenschwengel, Glatt- und Goldhafer sowie Luzerne, Weiß- und Rotklee. Andere Arten bleiben außen vor und müssen sich von selbst auf den Wiesen etablieren. Angesichts der Überdüngung und des zunehmenden Nährstoffreichtums verdrängen dabei durchsetzungskräftige Generalisten wie Löwenzahn oder Sauerampfer andere Gewächse, die eher auf magere Standorte angewiesen oder empfindlich auf die vielfachen Schnitte reagieren wie Salbei, Glockenblumen oder Margeriten[17)]: Bunt blühende Wiesen haben heute Seltenheitswert, aus artenreichen Magerrasen wurden sterile Fettwiesen. In Norddeutschland setzt es sich zunehmend durch, das Grünland nach einigen Jahren umzupflügen oder mit Totalherbiziden wie Roundup die bestehende Vegetation plattzumachen, um anschließend die wuchskräftigen Gräser neu einzusäen.

Mit den Pflanzen schwinden auch hier die Insekten, wie Jeremy Wilson konstatiert. Wo früher beim Gang durchs hoch gewachsene Gras die Grashüpfer in Massen flohen und zahllose Schmetterlinge gaukelten, herrscht heute eine ähnliche Monotonie wie bei den Kräutern. Selbst wenn die Wiesen weniger mit Pestiziden behandelt werden (außer vielleicht vor neuen Einsaaten), so hinterlässt die Agrarchemie gelegentlich indirekte Spuren: Antiwurmmittel aus der Viehhaltung gelangen mit dem Dung in die Umwelt und haben eine abtötende Wirkung auf viele Käfer und Fliegenlarven,

17) Laut NABU gelangen bei intensiv wirtschaftenden Milchviehbetrieben in Norddeutschland extreme hohe Stickstoffdüngergaben auf dem Grünland: Bis zu 300 Kilogramm pro Hektar werden hier ausgebracht – mehr als bei Silomais. Michael Shrubb nennt für Silagegrasland in Großbritannien Durchschnittswerte bis zu 255 und für einfachen Grasschnitt 150 Kilogramm Stickstoff pro Hektar.

In Großbritannien hat der Star dramatische Bestandseinbußen erleiden müssen. Die Gründe: Nahrungs- und Nistplatzmangel.

die im Kot aufwachsen [65]. Zu hohe Stickstoffgaben reduzieren generell die Artenzahl und Menge an Insekten und Würmern: Überschreitet die ausgebrachte Menge den Schwellenwert von 50 Kilogramm pro Hektar – was auf die meisten Wiesen hierzulande zutrifft –, stürzen die Zahlen völlig ab [30]. Und Entwässerung verschlechtert die Lebensbedingungen für Würmer. Es verwundert also nicht, dass viele Hummeln, Bienen, Schmetterlinge oder Käfer und andere wirbellose Tiere ebenfalls aus der Kulturlandschaft verschwunden sind – und mit ihnen eine Nahrungsquelle für die Vögel.

Dies gilt in hohem Maße für den Kiebitz, der sowohl als Alttier wie auch als Jungvogel nahezu ausschließlich Insekten und Würmer frisst. Vor allem Regenwürmer stellen einen beträchtlichen Teil seiner Diät, und Küken sind geradezu zwingend darauf angewiesen, um rasch und kräftig aufzuwachsen [73]. Während die Überlebensrate der erwachsenen Vögel zumindest in Großbritannien dank milder Winter in den letzten Jahrzehnten gestiegen ist (zu den Verlusten durch die Jagd siehe Kapitel 5), starben mehr Küken wegen des verbreiteten Nahrungsmangels: Es kommen nicht mehr genügend Jungvögel nach, um die Population aufrecht zu erhalten [74].

Erschwert wird das Brutgeschäft der Kiebitze durch den Mangel an geeigneten Nistplätzen: Der Watvogel bevorzugt in der Kulturlandschaft schwach bewachsene Flächen mit kurzer Grasnarbe im Umfeld feuchter

Wiesen oder fetter Äcker mit reichhaltiger Bodenfauna. Zeitig im Frühjahr legt er seine Eier, der Vogel kann allerdings noch bis in den Juni hinein Nachbruten beginnen, sollten die ersten Versuche scheitern. Und Misserfolge kommen schon natürlicherweise nicht selten vor: Gelege und die nestflüchtigen Jungen, die bereits nach 5 bis 6 Tagen auf futterreiche Wiesen geführt werden, fallen oft Beutegreifern zum Opfer.

Heute lassen sich diese Misserfolge nicht mehr so leicht ausgleichen. Die Probleme beginnen bereits mit der Wahl des Brutplatzes: Früher bevorzugten Kiebitze Wiesen und Weiden, doch zu dichter Besatz mit Vieh sorgte auf Weiden dafür, dass Nester zertrampelt wurden. Schwerer noch wog für die schwarzweißen Vögel die Umstellung von der Heuwirtschaft auf Silage: Das Grünland wird gemäht, bevor die Vegetation zu blühen beginnt und der Schnitt anschließend vergoren, so dass es lange als Grünfutter aufbewahrt werden kann. Der Landwirt macht sich dadurch unabhängiger von den Bedingungen für die Heuproduktion, während der er auf trockenes und sonniges Wetter angewiesen ist. In Regionen, in denen Milchviehhaltung dominiert, hat die Silierung praktisch vollständig das Heumachen abgelöst.

Derartig genutztes Grünland wird sehr intensiv bewirtschaftet und gedüngt, was für die Wiesenbrüter einen Teufelskreislauf in Gang setzt: Die an und für sich gut getarnten Eier fallen auf fetten Wiesen vor dem dunklen Grün leichter auf als in gescheckten Kahlflächen. Das Gras schießt rasch

Intensive Bewirtschaftung von Wiesen und Äckern verhindert, dass der Kiebitz erfolgreich brüten kann.

Kiebitzgelege: Häufig werden Eier und Küken des Vogels ausgemäht, weil der Grasschnitt zu früh erfolgt.

und früh in die Höhe und erschwert Altvögeln wie Jungtieren die Nahrungssuche, in den ohnehin an Wirbellosen verarmten Arealen. Zugleich sorgt der dichte Wuchs dafür, dass die nur mit Daunen bekleideten Küken in der feuchten und nur langsam abtrocknenden Vegetation rasch auskühlen und sterben. Die üppig wuchernden Wiesen verhindern, dass die Eltern bestimmte Nesträuber frühzeitig entdecken und vergrämen. Und die zu früh einsetzende Mahd zerstört viele Gelege und tötet ebenfalls Jungtiere. Die Kiebitze meiden deshalb Silagegrünland nahezu vollständig. Andere Arten wie der Brachvogel oder die Feldlerche, die später mit der Brut beginnen, versuchen es dennoch – ohne Erfolg: Die Weiden werden auch im Frühling mit tödlicher Gülle begossen, und beginnend im April bis in den November hinein schneiden die Bauern die Hochleistungswiesen bis zu sieben Mal, so dass quasi jede Nachbrut zum Scheitern verdammt ist.

Gleiches gilt für die in Deutschland mittlerweile fast ausgestorbenen Wiesenbrüter Alpenstrand- und Kampfläufer: Sie nisten ausschließlich auf feuchten Wiesen mit kurzer Vegetation und offenen Wasserstellen, die nicht gedüngt und nur schwach beweidet oder spät gemäht werden. Diese Flächen existieren heute ausschließlich im unmittelbaren Küstenumfeld an Nord- und Ostsee und auch dort nur noch in geringem Umfang. Bekassinen, Uferschnepfen und Brachvögel bevorzugen Feuchtwiesen, die ebenfalls später geschnitten oder dünn mit Vieh besetzt werden. Sie alle sind von Gelegeverlusten durch zu frühe Mahd und mangelhafter Nahrungsversorgung betroffen[18], was sie zu einer der am stärksten bedrohten Vogelgruppen der Bundesrepublik macht.

Im Gegensatz zu ihnen hat sich der Kiebitz in der Zwischenzeit Getreidefelder und sogar Maisäcker als Ersatzlebensraum erschlossen [14, 73, 75]. Er ist damit so lange gut gefahren, bis die Landwirte anfingen, Winter- statt Sommergetreide zu pflanzen und dieses mit kräftigen Dünger- und Pestizidgaben zu fördern. Verbesserte Sämaschinen erlauben es zudem, die Pflanzen dichter zu setzen. Im Frühling, wenn der Kiebitz im Brutgebiet eintrifft, steht das Getreide deshalb schon relativ dicht, hoch und homogen auf dem Acker, was den Watvogel nun von dort fernhält. Dennoch begonnene Brutversuche werden von der Feldarbeit vielfach zunichte gemacht oder fallen Nesträubern in die Klauen, die sich in der hohen Vegetation unbemerkt nähern konnten.

Dazu tritt die oft zu beobachtende regionale Trennung von Ackerbau und Grünlandwirtschaft, welche die Zahl der Nistplätze zusätzlich verringert. Sie verhindert, dass die Vögel in „Kolonien" mit benachbarten Kiebitzpaaren brüten können – eine Strategie, die die Sicherheit erhöht: Mehr Augen sehen potenzielle Gefahren früher, auf die die Tiere mit ihren typischen Scheinangriffen und Täuschungsmanövern reagieren. Gravierend wirkt sich auch die zunehmende Distanz zwischen dem Brutplatz und den Nahrungsgründen aus, denn die Eltern führen die Jungen nach dem Schlüpfen vom Acker in benachbarte Wiesen: Dort finden sich mehr Würmer und andere Beute. Je länger die Jungen jedoch wandern müssen, um dahin zu gelangen, desto höher ist das Risiko unterwegs gefressen oder überfahren zu werden [76]. Seine Anpassungsfähigkeit wird dem Kiebitz also nicht gedankt.

### Verlust der Strukturvielfalt

Die Industrialisierung der Landwirtschaft schlug Schneisen in Landschaftselemente, die wir als typisch für die bäuerliche Umwelt betrachten und ästhetisch schätzen: Hecken, Feldraine, Lesesteinhaufen, Streuobstwiesen. Sie mussten vielerorts im Sinne der Ertragssteigerung weichen oder leiden indirekt unter der Bewirtschaftung benachbarter Flächen.

Wie bereits weiter oben erwähnt, legten die Behörden im Zuge der Flurbereinigung kleine Schläge zusammen und entfernten dafür störende Abgrenzungen wie Hecken oder Raine. Ihre Ausdehnung ist deshalb heute

18) Ein Problem, das übrigens auch für Singvögel wie Wiesenpieper und Schafstelze sowie Star und Singdrossel gilt – und für Greifvögel wie den Rotmilan, dem es an Feldhamstern fehlt, und den Wespenbussard, der unter dem Rückgang von Großinsekten leidet.

weit von früherer Größe entfernt und damit gingen Brutplätze und Futterquellen für die Vögel zugrunde. Feldgehölze bieten so typischen Vögeln wie Neuntöter, Goldammer, Grasmücken oder Gimpel, Wachtel und Rebhuhn, Zaunkönig, Amsel und Singdrossel mannigfaltige Möglichkeiten, ihre Nester anzulegen oder Zuflucht vor Räubern zu finden. Typische Gehölzarten wie Hasel, Esche, Weißdorn, Schlehe, Brombeere und Heckenrosen boten dornigen Schutz und Früchte, Beeren, Nüsse und zahlreiche Insekten als Nahrung. In schleswig-holsteinischen Knicks leben insgesamt bis zu 7000 Tierarten – die Mehrheit davon Heuschrecken, Schwebfliegen, Schmetterlinge oder Käfer [31]. Und bisweilen ist die Flora der Knicks einzigartig: Zehn Arten der Brombeere kommen weltweit einzigartig nur in bestimmten Hecken in Schleswig-Holstein vor und sonst nirgendwo! Und für viele andere Pflanzenarten bilden sie die letzten Rückzugsräume [77].

Ihre Rolle als Grenzstreifen und Abgrenzung von Weideland zum Acker haben sie mittlerweile verloren: Die Hecken wurden flächendeckend gerodet. Und wo sie noch stehen, werden sie schlecht gepflegt, wie Tim Roßberg in seiner Studie zum Zustand niedersächsischer Wallhecken zu Tage gefördert hat [78]. Wie im nördlichen Nachbarland fielen zwischen Emsland und Harz die Sträucher und Bäume der Kettensäge oder dem Bulldozer zum Opfer, immerhin rund 20.000 Kilometer blieben stehen. Sie bilden „oftmals das letzte vertikale Strukturelement in einer ausgeräumten Produktionslandschaft", so Roßberg.

Von diesen wuchsen landesweit allerdings nur noch ein Prozent in einem Zustand, der ihrer ökologischen Funktion vollauf gerecht wird und der Artenvielfalt nützt. Die übergroße Mehrheit befand zum sich Zeitpunkt der Erhebung in verschiedenen Phasen des Zerfalls oder der Überalterung, war durch Vieh verbissen und durch „Pflege"maßnahmen degradiert – etwa weil geschnittene Zweige einfach wieder in der Hecke abgelagert wurden. Noch schlechter sah es bei den so genannten Saumbiotopen aus, den vorgelagerten krautreichen Streifen, welche die Hecke vom eigentlichen Feld abtrennen: Roßberg konnte sie praktisch nicht mehr nachweisen, weil sie umgepflügt worden waren. Wo noch vorhanden, hatten Dünger- und Pestizideinträge vom Acker sie von bunten Wildblumenwiesen zu einförmigen Brennnessel-Quecke-Wüsten verwandelt.

Verfallende Heckenreihen verlieren für Vögel an Attraktivität als Nistplatz: Die Arten- und Brutpaarzahl halbiert oder drittelt sich. Michael Shrubb spricht von „Millionen Vögeln", die durch die komplette Zerstörung der Hecken in Großbritannien ihrer Brutmöglichkeiten beraubt wurden – darunter als prominentestes Opfer der Neuntöter, der auf der Insel heute so gut wie ausgestorben ist. Beim Gimpel zeigt sich, inwiefern sich die heutige Pflege der Hecken nachteilig auf den Bestand auswirkt, sagen Forscher um Fiona Proffitt von der Universität Oxford und ihre Kollegen [79]. Sie bemerk-

Typische Streuobstwiesen finden sich heute noch in der Fränkischen Schweiz und am Fuße der Schwäbischen Alb.

ten, dass die Zahlen des rotbrüstigen Finken in der Kulturlandschaft Großbritanniens mehr als doppelt so stark zurückging wie in Wäldern, obwohl sie in beiden Lebensräumen annähernd gleich großen Bruterfolg hatten. „Draußen" im Feld litten die Vögel unter einem Mangel an Nistplätzen, weil dichte, höhere Hecken abgeräumt worden waren, und dem Verlust an samenreichen Nahrungspflanzen, die durch die Giftspritze verendet waren[19).

In seiner Aufstellung der Feldvögel listet Hermann Hötker vom NABU insgesamt 12 Arten auf, die der Verlust der Hecken benachteiligt – etwa Singdrossel Bluthänfling, Turteltaube und Rebhuhn. Weitere acht schwinden, weil Streuobstwiesen umgesägt, umgewidmet oder in Obstplantagen verwandelt wurden – darunter einige der am stärksten bedrohten Vögel der Kulturlandschaft wie Ortolan, Rotkopfwürger, Steinkauz und Wendehals.

Streuobstwiesen entstanden in Mitteleuropa erst relativ spät, in Deutschland beispielsweise erst ab dem 16. Jahrhundert. Rund um Dörfer und Städte legten Bauern größere Gärten an, in denen sie eine Vielzahl verschiedener Apfel-, Birnen-, Kirsch- oder Zwetschgenbäume hegten – ge-

19) Den Rückgang in den Wäldern schrieben die Forscher dem mangelnden Unterwuchs aus Sträuchern zu, die vom übermäßigen Besatz an Rehen verbissen wurden. In der Kulturlandschaft spielte zudem auch noch die Bestandserholung der Sperber eine Rolle. Der Singvogeljäger erholte sich wieder von seinem durch Pestizide verursachten Rückgang und schränkte damit die Landnutzung durch die Gimpel ein.

nauso wie entlang von Wegen, Äckern und Weinterrassen. Unter den Bäumen säten sie ursprünglich Getreide oder Hackfrüchte ein, erst später wurde der Unterwuchs als Grünland genutzt und extensiv beweidet oder gemäht. Es entstanden die „Streuobstwiesen", die ein bedeutender Lebensraum für Vögel und Rückzugsgebiet vieler Wildblumen und Insekten wurden: Bis zu 5000 Tier- und Pflanzenarten haben in diesem Lebensraum ein Zuhause gefunden. Daneben bilden sie einen Hort der Nutzpflanzenvielfalt, denn allein für Deutschland schätzt man die Zahl der unterschiedlichen Obstsorten auf etwa 3000 Stück [80][20].

Ihre maximale Ausdehnung erreichten die Obstgärten zwischen 1930 und 1950 als sie in Deutschland etwa 1,5 Millionen Hektar bedeckten, in der Schweiz vermerkte das Bundesamt für Statistik 1951 um die 14 Millionen Bäume [81]. Dann begann in allen Teilen Mitteleuropas ein Kahlschlag, der in Deutschland nach NABU-Schätzungen nur noch 400.000 Hektar übrig ließ, in der Schweiz blieben 3 Millionen Bäume stehen, und in Österreich wurde in der Zeit zwischen 1968 und 1988 ein Drittel des Bestandes vernichtet [80]. Ersetzt wurden sie teilweise durch Plantagen aus niedrigstämmigen Obstvarianten, die sich leichter maschinell ernten und mit Insektiziden behandeln ließen und bessere Ernten lieferten. Andernorts mussten sie Neubausiedlungen weichen oder wurden in Ziergärten mit englischem Rasen umgewandelt, die von der notorischen Thujahecke umrandet wurden. Oder aber die Nutzer gaben die Gärten schlicht auf, weshalb sie verwilderten.

Dieser Wandel dünnte rasch die Zahl der genutzten Obstvarianten aus, die sich heute auf wenige Sorten beschränkt: Im Supermarkt findet man heute fast nur noch Sorten wie Elstar, Jonagold, Cox oder Boskop, aber wer kennt noch Äpfel mit klangvollen Namen wie Kaiser Wilhelm, Geflammter Kardinal, Roter Trierer Weinapfel oder Landsberger Renette? Noch schlimmer sieht es bei den Birnen aus, von der man meist allenfalls zwei verschiedene Typen angeboten bekommt. Pastorenbirne? Gute Luise? Großer Katzenkopf? Namen für Eingeweihte!

Mit den hochstämmigen alten Bäumen verschwanden auch Höhlenbrüter, die das gute Angebot an Nistmöglichkeiten in den Streuobstgärten gerne nutzten. Der Rotkopfwürger starb deswegen 2006 als Brutvogel in der Schweiz aus [81]; in Deutschland brütet er nur noch sehr sporadisch: Von den mehr als 500 Brutpaaren, die es um 1950 in Rheinland-Pfalz und Baden-Württemberg gegeben hat, waren 2005 nur noch 2 bis 3 Paare übrig [82][21]. Ähnlich erging es dem Ortolan, der in den Niederlanden innerhalb weniger Jahrzehnte verschwand und in Deutschland nur noch in Restpopulationen

20) Die Hälfte davon Äpfel, der Rest verteilt sich auf Birnen, Kirschen, Zwetschgen und Walnüsse.

21) Überdies raubten ihm Insektizide die Nahrung.

Der Rotkopfwürger ist in Deutschland so gut wie ausgestorben, weil alte Streuobstwiesen und Großinsekten verschwunden sind.

vorkommt[22]. Im Wendland scheint die Art allerdings vom Umbruch des vorherigen Grünlandes in Ackerflächen stark profitiert zu haben [83] Der Wendehals leidet neben dem Verlust an Brutplätzen auch am heute mangelhaften Zugang zu Ameisenkolonien: Statt lückiger warmer Magerrasen unter den Obstbäumen bestimmen dichte Fettwiesen das Bild. Darin leben weniger Ameisen, die sich nur schwer aufspüren lassen [14].

Vielerorts auf dem Rückzug ist auch der Gartenrotschwanz: ein Vogel halboffener Wälder, die er in Skandinavien oder Russland schwerpunktmäßig besiedelt. In Mitteleuropa hat er dagegen Gärten und Streuobstwiesen als willkommenen Ersatzlebensraum erobert, und bis Mitte des letzten Jahrhunderts war er ein einigermaßen häufiger Brutvogel in Deutschland, der Schweiz und Österreich. Dann begann parallel zur Zerstörung der Obstbäume sein persönlicher Niedergang, der ihn in Deutschland zwischenzeitlich auf die Vorwarn- und in der Schweiz sogar auf die Rote Liste der bedrohten Arten führte. Neben dem Verlust an Bruthöhlen macht ihm die verschlechterte Nahrungsgrundlage zu schaffen: Intensivierte Grünlandnutzung und Pestizideinsatz zwischen den Bäumen haben die Menge an Insekten reduziert [84]. Zu dichter Wuchs der Gräser erschwert ihm zudem das Beute machen am Boden: Er sucht diese Art der Vegetation deutlich seltener zur Nahrungssuche auf als lichte Rasen [85]. Probleme auf dem Zug

22) Mehr noch macht ihm die Jagd während des Zugs zu schaffen (siehe Kapitel 5).

und im Winterquartier erschweren die Situation noch (siehe auch Kapitel 5 zur Jagd allgemein und Kapitel 6 zum Klimawandel) Immerhin: Schutzanstrengungen haben dafür gesorgt, dass der Gartenrotschwanz in Deutschland in den letzten Jahren seinen Bestand stabil halten und die Vorwarnliste 2007 verlassen konnte.

## Hoffnung Ökolandbau

Insgesamt sieht es also nicht gut aus für die Vögel der Agrarlandschaft, und die Probleme scheinen überwältigend groß. Doch es gibt Hoffnung: Wenn die Verbraucher wollen und Naturschützer mit Landwirten an einem Strang ziehen, können wir viel für unsere gefiederten Begleiter erreichen.

In den letzten Jahren gewann der so genannte Ökolandbau zunehmend an Bedeutung, da viele Konsumenten „biologisch" angebaute Produkte schätzen. Diese Art der Landwirtschaft soll „Nahrungsmittel und andere landwirtschaftliche Produkte auf der Grundlage möglichst naturschonender Methoden" erzeugen und dabei „Erkenntnisse der Ökologie und des Umweltschutzes" berücksichtigen. Sie verzichtet auf den Einsatz bestimmter Pflanzenschutzmittel, Wachstumsförderer, Mineraldünger und Gentechnik. Der Ökolandbau betreibt – wie die Landwirte früherer Jahrhunderte – eine Mehrfelderwirtschaft mit vielfältiger Fruchtfolge. So sollen Schadinsekten oder „Un"kräuter klein gehalten und die Bodenfruchtbarkeit vergrößert werden. Winter- und Sommerkulturen sowie Brachejahre wechseln sich ab, und immer wieder bleiben Stoppelflächen über den Winter stehen, weil die Landwirte ihre Felder erst im Frühling neu bestellen. Unerwünschte Pflanzen bekämpft man mechanisch, zum Beispiel durch das so genannte Striegeln, bei dem maschinell Erde auf die Wildpflanzen geschüttet und ein Teil davon ausgerissen wird[23)].

Obwohl sich Pioniere bereits in den 1960er und 1970er Jahren mit dem Ökolandbau beschäftigten, führte er lange ein Schattendasein. Erst durch verschiedene Lebensmittelskandale, veränderte Konsumgewohnheiten und auch die beginnende staatliche Förderung im Rahmen von Extensivierungsmaßnahmen – um die europaweiten Überschüsse zu bändigen –, gewann die biologische Landwirtschaft an Fahrt: Seit 1994 legte die gesamte deutsche Anbaufläche von 1,6 auf 5,1 Prozent zu, in Österreich und der Schweiz bedeckt sie sogar jeweils 11 Prozent [86, 87][24)].

**23)** Der Kulturpflanze schadet diese Bearbeitung übrigens nicht – im Gegenteil: Sie profitiert von der Nährstoffgabe durch die abgelagerte Erde.

**24)** Deutschland und Österreich 2007, Schweiz 2005.

Verschiedene Studien – die es bislang allerdings nur in überschaubarer Zahl gibt – haben ergeben, dass die Vielfalt und die Bestände von Käfern, Pflanzen, räuberischen Insekten oder Bodentieren steigen, wenn das Land ökologisch bestellt wird [Überblick bei 88, 89]. Bei Wildkräutern oder Laufkäfern können die Unterschiede bis zu 30 Prozent betragen, weil beispielsweise Feldränder nicht mehr durch Pestizide oder Dünger in Mitleidenschaft gezogen werden. Diese Umstellung muss übrigens nicht unbedingt mit vermehrt einfliegenden, Ernten vernichtenden Schadinsekten bezahlt werden, wie die Forscher ebenfalls entdeckten: In den bisherigen Untersuchungen unterschieden sich konventioneller und organischer Landbau kaum.

Was Insekten oder Gräsern nutzt, hilft den Vögeln – und das mitunter sehr schnell, wie Hermann Hötker vom NABU und seine Kollegen bei einem Vergleich ökologisch und herkömmlich bewirtschafteter Felder in Schleswig-Holstein beobachtet haben [90, siehe auch 91]. Ein Teil ihrer Flächen gehörte zum Institut für ökologischen Landbau der Bundesforschungsanstalt für Landwirtschaft (FAL) in Trenthorst und sollte 2001 auf Ökolandbau umgestellt werden. Innerhalb von nur einem Jahr schoss auf diesen Schlägen die Zahl der Feldlerchenbrutpaare um das Dreifache in die Höhe: Sie profitierten von der weniger dichten und lückigeren Bepflanzung dieser Felder, während ihr Bestand im benachbarten konventionellen Betrieb konstant und auf niedrigem Niveau blieb – Getreide und Raps standen einfach zu dicht. 2003 verschwand dann zwar wieder ein Teil der Feldlerchen vom Ökohof, weil nun der Bewuchs auf dem Acker etwas zulegte, doch blieb

Alte Streuobstwiesen wurden nach dem zweiten Weltkrieg oft abgeholzt und durch Plantagen ersetzt. Viele Vögel verloren dadurch Nistmöglichkeiten und Nahrung. Zugleich verringerte sich die Sortenvielfalt bei Äpfeln oder Birnen zugunsten weniger Einheitsfrüchte.

er weiterhin fast doppelt so hoch. Die kleinteiligen Parzellen mit unterschiedlichen Feldfrüchten ermöglichten dem Vogel über die gesamte Brutzeit hinweg Nistplätze, was im einheitlichen Normalanbau gegen Ende der Saison kaum mehr vorkommt. Insgesamt war die Umstellung ein Erfolg, der keine Eintagsfliege bleiben dürfte, wie ein erweiterter Blick auf eine benachbarte Fläche zeigte, die zu diesem Zeitpunkt bereits zehn Jahre lang ökologisch beackert worden war: Sie wies von allen drei Standorten die höchste Besiedlungsdichte auf.

Ein ähnlicher Zusammenhang trat bei der Goldammer auf, der es hilft, wenn die Ackerrandstreifen mit Klee dominierten Samenmischungen bepflanzt werden – im Ökolandbau eine gängige Praxis. Sobald dies die Bauern auf den Umstellungs- und den konventionellen Flächen ebenso durchgeführt hatten, gingen die Bestände des Singvogels nach oben.

Außer bei den beiden Brutvögeln machten die Biologen bei besuchenden Arten erhebliche Unterschiede fest: Greifvögel und Insektenjäger wie Schwalben und Mauersegler suchten in deutlich höherem Maße die ökologischen Schläge auf, weil hier mehr Nahrung zu erhaschen war. Und noch deutlicher wurde das Bild außerhalb der Brutzeit, wenn Vogelschwärme aus Finken, Lerchen, Piepern, Ammern oder Stelzen auf den Feldern zum Fressen landeten: Auf den Stoppelfeldern und für den Winter mit Zwischenfrüchten (Wicken, Erbsen, Klee) begrünten Arealen des Ökolandbaus fanden sie einen reichlich gedeckten Tisch vor. Nebenan bei der herkömmlichen Bewirtschaftung waren sie kaum vorhanden. Sowohl Arten- wie Individuenzahl fielen deshalb deutlich höher aus – einen Effekt, den Wissenschaftler zuvor in Dänemark und Großbritannien nachgewiesen haben [92, 93].

Bis auf das Striegeln, das Nester von Bodenbrütern zerstören kann [94] und das Vergrämen durch Vogelscheuchen oder Netze, fördern die meisten Maßnahmen des Ökolandbaus unsere einheimischen Feldvögel: Weniger Pestizide bedeuten mehr Insekten und Wildkräuter als Nahrung, Stoppelfelder und gezielt bepflanzte Ackerrandstreifen helfen über den Winter, Verzicht auf Mineraldünger und Fruchtwechsel sowie der Erhalt und die Pflege von Hecken verbessern das Nistplatzangebot. Laut Hermann Hötker profitieren mindestens 13 Arten, wenn weniger gespritzt wird, 12 von „grüneren" Ackerrandstreifen, 9 von Stoppelfeldern und 8, wenn sich die Sortenvielfalt in ihrem Lebensraum erhöht – neben Feldlerche und Goldammer unter anderem Rotmilan, Rebhuhn, Wachtel, Bluthänfling, Singdrossel, Grauammer und unsere Sperlinge [14][25].

25) Hier muss berücksichtigt werden, dass es bislang nur wenige Untersuchungen zum Ökolandbau und seinen Vorteilen (oder auch Nachteilen) für Vögel durchgeführt wurden – vor allem kaum Langzeitstudien. Dafür gibt es die großflächige grüne Bewirtschaftung noch nicht lange genug.

Die Feldlerche leidet nicht nur unter der industrialisierten Landwirtschaft, sondern auch durch die Jagd in Süd- und Westeuropa.

Ökolandbau steigert jedoch nicht per se das Wohlergehen der Vögel, meint Donald Chamberlain [95]: „Er fördert ganz eindeutig eine Reihe von Vögeln. Doch einige Maßnahmen sorgen dafür, dass körnerfressende Arten im Winter kaum mehr Futter finden. Sobald die Ernte abgeschlossen ist, pflügen manche Ökobauern wie konventionelle Landwirte ihre Felder um, damit sich über den Winter keine Unkrautplage entwickelt." So stellten die britischen Ornithologen zwar ebenfalls fest, dass sich viele Arten – darunter Star, Bluthänfling und Grünfink – häufiger auf den Bio-Feldern niederließen, doch fehlten anderen wie Gold- oder Grauammer die Sämereien, die sie auf Stoppelfeldern vorfinden würden.

Wie bereits kurz angedeutet, wirkt auch das Striegeln nachteilig, indem es Gelege zerstört und Küken tötet. Der Bruterfolg von Bodenbrütern wie Feldlerche oder Kiebitz kann daher empfindlich reduziert werden [70, 96]: Sie brüten zwar in größerer Dichte im Biolandbau, doch kommen pro Paar in beiden Fällen nur annähernd gleich viele Jungtiere hoch. Steven Kragten und Geert de Snoo merken an, dass im niederländischen Ökolandbau sehr intensiv und häufig mit Maschinen gearbeitet wird, welche die sonstigen Vorteile dieser Wirtschaftsweise für den Kiebitz ins Gegenteil verkehren: „Mangels Nachwuchs auf diesen Flächen hilft der Ökolandbau dem Kiebitz nicht, solange nicht zusätzliche Schutzmaßnahmen greifen", meinen die beiden Forscher von der Universität Leiden.

## Auch konventionelle Landwirtschaft kann helfen

Angesichts dieser Kollateralschäden auf ökologischen Grünländern und vor allem wegen der übergroßen Flächen, die weiterhin konventionell bestellt werden, müssen alle Landwirte helfen, wenn wir unsere Vögel retten wollen. Mittel gibt es jedenfalls zur Genüge.

Ein Beispiel, wie konkret und erfolgreich Landwirtschaft und Artenschutz zusammenarbeiten können, zeigt der Fall der Wiesenweihe. Früher besiedelte der elegante Greifvogel vor allem feuchte Niederungen mit ihren Verlandungszonen, Wiesen und Mooren, mit deren Entwässerung folgte in Mitteleuropa ein eklatanter Bestandseinbruch zwischen 1950 und 1970 [14]. In den Niederlanden starb die Art fast aus, in Deutschland schrumpfte ihre Population beträchtlich zusammen. Dann aber offenbarte die Art ihre Wandlungsfähigkeit: Sie begann, ihre Nester in Getreidefeldern anzulegen.

Schätzungen gehen davon aus, dass wegen der frühen Ernte bis zu zwei Drittel aller Gelege oder Jungvögel vernichtet werden – es sei denn Gegenmaßnahmen greifen [97]. Wegweisend ist hierfür in Deutschland das Projekt des Landesbundes für Vogelschutz: „Durch die enge Kooperation mit Landwirten und Behörden ist unser Programm erfolgreich und der Bestand der Wiesenweihe von 2 Paaren 1994 auf nun 134 Paare in Mainfranken angewachsen", freut sich Claudia Pürckhauer, die Koordinatorin des Artenhilfsprogramms „Wiesenweihe" vom LBV.

Jedes Jahr rücken in Unterfranken Helfer aus und suchen die Nester der Greife, die in Getreidefeldern angelegt wurden. Haben die Vogelschützer eines ausgemacht, suchen sie das Gespräch mit dem Landwirt, dem der Acker gehört: Sie wollen verhindern, dass der Bauer das Nest aus Versehen zerstört und ihn bitten, ein 50 mal 50 Meter großes Viereck um den Horst von der Ernte auszusparen. Die entstehenden Verluste muss der Bauer selbstverständlich nicht tragen: Das bayerische Umweltministerium begleicht sie mit Geldern aus dem Landschaftspflegeetat. Obendrein erhält der Landwirt eine kostenlose Schädlingsbekämpfung durch die Wiesenweihen: Sie fressen bevorzugt Feldmäuse.

Eine Idee, die um sich greift: Die „1000 Äcker für die Feldlerche" des NABU sollen einen Beitrag zum Erhalt der Artenvielfalt leisten und die Bestände des Frühlingsboten sichern. Im Rahmen des Projektes ruft der NABU zusammen mit dem Bauernverband dazu auf, dass die Bauern während der Herbstsaat des Wintergetreides kleine „Feldlerchenfenster" aussparen. Sie werden bearbeitet, aber nicht bepflanzt und können dann im Frühling von der Feldlerche als Brutplatz genutzt werden, weil sie langsamer zuwachsen.

In Großbritannien haben sich derartige Fenster in Tests bereits als überaus nützlich erwiesen [98]. 36 Farmen nahmen am „Sustainable Arable Farming For an Improved Environment (SAFFIE)" genannten Projekt teil und sollten sechs Maßnahmen ergreifen, um die Artenvielfalt auf ihrem Land anzuheben und einzelnen Spezies unter die Arme zu greifen. Allein indem sie kleine Parzellen in ihrer Wintergetreide ungenutzt ließen, erhöhte sich die Überlebensrate von Feldlerchenküken um die Hälfte. Grenzten diese Lücken an Ackerränder, die mit speziellen Samenmischungen bepflanzt waren, vervierfachte sich die Zahl der dort fressenden Lerchen, Ammern oder Finken[26]. Die Bauern wurden auch ermuntert (und beraten), möglichst selektiv wirkende Pflanzengifte einzusetzen: So sollten zwar unliebsame Unkräuter und Gräser entfernt werden, welche die Ernteerträge empfindlich schmälern können. Dafür blieben viele andere Arten stehen, die dem Bauern nicht schaden, der Tierwelt jedoch ungemein nutzen.

James Clark, der Projektleiter von SAFFIE, meinte: „Wir wollen keine monotonen Felder oder Feldränder, und wir fordern auch nicht, dass alle Landwirte das Gleiche tun sollen. Aber wir brauchen eine vielfältige Landschaft. Und wenn wir diese haben, bekommen wir auch eine lebendige Tierwelt." Diese Maßnahmen haben allerdings ihren Preis, denn sie sind mit mehr Arbeit und höheren Kosten verbunden. Allerdings erhalten Landwirte in Großbritannien wie in Deutschland Gelder, wenn sie umweltfreundlicher wirtschaften – das Geld müsste also nur an entsprechende Vorgaben gebunden werden.

Neben dem Feldlerchenfenster haben NABU und LBV für Deutschland noch weitere ähnliche und meist kostengünstige Vorschläge erarbeitet [99]: Die beiden Verbände empfehlen beispielsweise, das Ackern bis Anfang April durchzuführen, was Gelegeverluste beim Kiebitz weit gehend verhindert. Störstellen im Acker oder Wendekreise sollten wegen der hier ohnehin zu erwartenden geringen Erträge nicht eingesät werden, sondern sich selbst überlassen bleiben. Andere Maßnahmen hingegen erfordern mehr Aufwand und sind teurer, wobei auch hier entsprechend die Subventionen zielgerecht eingesetzt werden müssen. Pflanzen die Bauern im Wintergetreide manche Teilbereiche weniger dicht an, verbessern sie ebenfalls die Brutbedingungen für Feldlerche und Co. Noch mehr Überzeugungsarbeit wird es wohl kosten, wieder vermehrt auf Sommergetreide umzusteigen und Zwischenfrüchte einzustreuen. Ackersenf etwa unterbindet übermäßigen Unkrautbefall – und lockt Insekten und Vögel an.

**26)** Die Landwirte erhielten extra mit Wildkräutern angereicherte Samenmischungen für ihre Feldraine anstelle der üblichen einfachen Grassorten. Dadurch lockten sie auch doppelt so viele Insekten zu den blühenden Abschnitten.

Flächenstilllegungen und Buntbrache haben vielen Pflanzen und Tieren der Agrarlandschaft in den letzten Jahren geholfen – unter anderem dem Klatschmohn und der Feldlerche.

Empfehlungen geben die Naturschützer ebenso für das Grünland, das im Ökolandbau gleichermaßen zu den intensiv genutzten Stiefkindern gehört. Leicht umsetzen lassen sich wahrscheinlich verschiedene Vorgaben zur Mahd: Die Wiesenvögel legen hierzulande ihre Eier meist nicht vor Ende März, bis dahin sollten die Frühjahrsarbeiten abgeschlossen sein. Der erste Schnitt erfolgt häufig schon im Mai, wenn die Vögeln noch ihre Jungen führen. Senst der Landwirt die Wiese von innen nach außen ab, fliehen die Tiere rechtzeitig vom Schlag – umgekehrt treibt er sie zunehmend in die tödliche Enge. Nicht nur im Sinne des Artenschutzes, sondern auch was die Qualität der Endprodukte anbelangt, wäre es ratsam, das Vieh wieder vermehrt auf die Weide zu treiben, statt sie nur in den Stall zu sperren. Ist der Besatz auf der Wiese nicht zu dicht, fördern Viehtritt, Beweidung und Kot ein Mosaik an Kleinlebensräumen und schaffen bessere Lebensbedingungen für Pflanzen und Tiere.

Wichtigster Baustein im Wiesenschutz – und damit für den Erhalt vieler Wiesenbrüter – ist jedoch die Wiedervernässung geeigneter Standorte, etwa in Flussauen, auf ehemaligen Niedermooren oder an der Küste. Durch Stopp der Drainage, Anhebung des Grundwasserspiegels oder teilweises Überstauen der Flächen während des Winters, späte Mahd und verzögerten

Die Bekassine gehört zu einer der am stärksten im Fortbestand bedrohten Vogelgruppen Deutschlands: den Wiesenbrütern.

Viehauftrieb ließe sich den meisten Limikolen (Kiebitz, Brachvogel, Bekassine), Schafstelze, Wiesenpieper oder Wachtelkönig schon sehr helfen. Finanzielle Anreize zur Kompensation der zu erwartenden Verdienstausfälle bietet der so genannte Vertragsnaturschutz dafür zur Genüge[27)].

Das Kloster Benediktbeuern im bayerischen Voralpenland geht diesen Weg bereits – nach eigenen Angaben gilt das Projekt als landesweit beispielhaft: Auf seinen Ländereien sind die Pächter angehalten, das Grünland naturschutzgerecht und extensiv zu bewirtschaften. Dafür zahlen die Landwirte keine Pacht, erhalten Fördergelder des Freistaats und Anteile am Milchkontingent des Klosters. Um die durch Überdüngung entstandenen Fettwiesen wieder auszumagern, entfernen die Bauern das Schnittgut, bringen aber keine Nährstoffe mehr aus. Die wieder vernässten Wiesen werden nun nur noch zwei Mal im Jahr gemäht, statt vier Mal, damit langsamer wachsende, genügsame Pflanzenarten wieder eine Chance erhalten und Wiesenbrüter ihre Jungen groß bekommen – der erste Schnitt erfolgt zumeist erst Mitte Juli und wird von innen nach außen geführt.

**27)** Der Landwirt schließt dazu einen freiwilligen Vertrag mit den Naturschutzbehörden, der meist über 5 Jahre läuft und bestimmte Nutzungsvorgaben umfasst, zum Beispiel einen späteren Zeitpunkt für die Mahd. Als Gegenleistung erhält der Landwirt eine Entschädigung, die in Schleswig-Holstein nach Angaben der Landesregierung 320 Euro pro Hektar beträgt.

Erfolge stellten sich rasch ein: Wachtelkönig, Kiebitz und Wiesenpieper stabilisierten ihren Bestand auf den offenen, mageren und zunehmend feuchten Wiesen, und die Wiedervernässung lockte Rotschenkel – in Bayern eine Rarität – und Schwarzstorch an. Krickente und Zwergtaucher wurden auf dem Klosterland zum Brutvogel, am renaturierten Bach jagt wieder der Eisvogel. Und auch andere Tiere haben die Chance ergriffen: Auf den einschürigen Magerwiesen hat das gefährdete Schwefelvögelchen – ein Schmetterling – einen passenden Lebensraum gefunden, sein Bestand gilt inzwischen als der größte in Bayern. Ein Projekt also, das erfolgreich Natur und Mensch versöhnt hat.

Ein weiteres Beispiel zeigt die Untersuchung des Geografen Arno Schoppenhorst, die den Bruterfolg von Kiebitz und Uferschnepfe im Bremer Umland in Augenschein nahm [100]: Im Naturschutzgebiet Hollerland führten beteiligte Landwirte bereits ab Mitte der 1980er Jahre verschiedene Extensivierungsmaßnahmen durch wie Anheben der Wasserstände, spätere und seltenere Mahd, keine Düngung und geringerer Viehbesatz. Belohnt wurden sie mit deutlich verbesserten Schlüpf- und Aufzuchtraten der beiden Wiesenbrüter: Pro Paar wurden in den Jahren der Beobachtung 1,1 Junge flügge – im intensiv genutzten Niederblockland hingegen scheiterten vier von fünf Brutpaaren mit der Aufzucht. Hier überlebten nur 0,3 Küken pro Versuch bis zur Selbstständigkeit – viel zu wenig, um den Bestand zu erhalten.

Dass ähnliche Maßnahmen auch anderen in Wiesen brütenden Watvögeln helfen, zeigt eine jüngere Untersuchung von Heinz Düttmann von der Universität Osnabrück und seinen Kollegen von Kompensationsflächen in der Wesermarsch im Landkreis Cuxhaven [101]. Im Zuge zweier Straßenbauten mussten hier Ersatzlebensräume für die Limikolen geschaffen werden, die sich in drei Teile gliederten: In den beiden Kernzonen wurden die Wasserstände erhöht und strikte Nutzungseinschränkungen erlassen, im Randbereich dagegen die Landwirtschaft nur extensiviert, die Wiesen aber nicht vernässt. In den Folgejahren profitierten in allen Arealen neben dem Kiebitz auch Uferschnepfe und Rotschenkel[28)], der stärkste Anstieg zeichnete sich allerdings in den neuen Feuchtwiesen ab. Sowohl im Rand- als auch im Kernbereich verbesserte sich der Bruterfolg, die erleichterte Nahrungssuche für Jung und Alt in den Kernzonen führte hier zu einem regelrechten Bestandsboom.

Wie wichtig die fortgesetzte extensive Nutzung ist, belegen noch weitere Studien [102, 103]: Verfilzen die Wiesen zusehends zu und wandern vermehrt Hochstauden ein, wechseln auch die Arten. Kiebitz und Uferschnepfe bevorzugen eher kurze Rasen, verschwinden aber, wenn das Gras

**28)** Der Austernfischer bleib zahlenmäßig annähernd konstant.

zu hoch wird. Dann stellen sich Brachvögel und Bekassinen ein, die im weiteren Verlauf der Verbrachung aber ebenfalls wieder abwandern. In ausgeprägten Hochstaudenfluren fühlen sich schließlich Schwarz- und Braunkehlchen wohl, bevor sich die Vegetation zunehmend zu einem Bruchwald weiterentwickelt – eine natürliche Entwicklung, die ebenfalls wertvolle Lebensräume schafft, aber für die stark bedrohten Wiesenvögel nicht unbedingt erstrebenswert ist.

## Weniger ist mehr

Milchsee und Butterberg sind weit gehend passé – jene riesigen, auf „Halde" liegenden Produktionsüberschüsse in der Europäischen Union, die sinnbildlich für eine verfehlte Landwirtschaftsförderung waren. Wegen erhöhter Nachfrage waren sie bis 2007 abgebaut. Dennoch produziert die Landwirtschaft – zumindest in Deutschland – immer noch zu viel an bestimmten Gütern wie Milch, wie die 2009 wieder ins Bodenlose trudelnden Milchpreise verdeutlichten: Das Angebot überstieg bei weitem die Nachfrage und trieb kleine Milchviehbetriebe in die Pleite.

Was dem Auge gefällt, ärgert mitunter den Landwirt: Zu viele Wildkräuter im Getreide verderben die Ernte, weshalb sie meist mit Pestiziden bekämpft werden. Auf der anderen Seite gehört die blaue Kornblume heute leider zu den selteneren Farbtupfern in der Agrarlandschaft.

Lange Zeit steuerte die Europäische Union diesem ruinösen Wettlauf mit Stilllegungsprämien entgegen; 2009 schuf sie diese aber wieder ab, um wieder mehr Flächen in die Bewirtschaftung zu bringen. Zwischenzeitlich lagen in Deutschland mehr als eine Million Hektar Acker- und Grünland brach, die verstärkte Nachfrage nach Getreide und Milch sowie der Boom bei nachwachsenden Rohstoffen für Biogas und Agrardiesel bewirkte aber wieder einen Rückgang auf nur noch 300.000 Hektar im Jahr 2008. Innerhalb eines Jahres – von 2007 – hatte sich das Ausmaß halbiert [104]. Die aus der Produktion genommene Schläge werden weiterhin bearbeitet, weil sie laut Gesetz in einem „guten landwirtschaftlichen und ökologischen Zustand" gehalten werden sollen. Im Rahmen der so genannten Cross Compliance – welche die Prämienzahlungen an die Landwirte an die Einhaltung von Umweltstandards knüpft – darf aber beispielsweise die Mahd nicht zwischen Anfang April und Ende Juni durchgeführt werden, um Jungtiere zu schützen.

Der Vogelwelt brachte dieses Programm in den letzten beiden Jahrzehnten eine Atempause. Die Grauammer zum Beispiel überlebte in Deutschland wohl vor allem dank der großen Flächenstilllegungen in Ostdeutschland [14, 105]: Nach der Wende wurden in Brandenburg oder Mecklenburg-Vorpommern riesige Areale aus der Bewirtschaftung genommen, teilweise lagen 15 bis 20 Prozent der gesamten Anbaufläche brach. In der Folge „explodierte" der Grauammernbestand nahezu, und bis 1998 wuchs die Brutpopulation um das Achtfache an. In den alten Bundesländern hingegen folgte auf die geringere Ausweitung von Brachen nur ein kleiner Aufschwung, der mit dem Boom von Energiepflanzen auf den ex-stillgelegten Äckern rasch wieder zum Erliegen kam. Danach schrumpfte die ohnehin kleine Restpopulation in Westdeutschland mit zunehmender Intensivierung des Rapsanbaus weiter. In vielen Regionen ist der Bestand der Grauammer heute erloschen.

Ab 1998 weitete sich die Bewirtschaftung in Ostdeutschland wieder aus – und führte zu einem raschen Rückgang der Grauammerzahlen außerhalb von Großschutzgebieten, der 2000 gestoppt und von einem neuerlichen Aufschwung gefolgt wurde. Innerhalb der Reservate setzte sich der Aufschwung dagegen über die Jahre nahezu kontinuierlich fort: Wegen der schlechten Ertragsbedingungen gerade auf den sandigen Böden Brandenburgs bleiben hier deutlich mehr als ein Zehntel der Felder ungenutzt – zum Vorteil der Grauammer, aber auch von Rebhuhn, Wachtel, Feldlerche, Hasen und zahlreichen Schmetterlingsarten. Statt nur 15 Vogelspezies wie auf normalem Ackerland leben auf Stilllegungsflächen mehr als 40 Brutvogelarten in größerer Dichte, darunter auch viele, die als bedroht gelten.

Die Ausweisung von Bracheflächen im Grünland hat wiederum beim Braunkehlchen die Bestände stabilisiert – eine Studie vom Dümmer in

Die Wiesenweihe ist ein gutes Beispiel für eine gelungene Zusammenarbeit zwischen Naturschützern und Landwirten – dank ihr hat der Greifvogel wieder eine Zukunft in Deutschland.

Niedersachsen zeigt, warum [106]. Die Tiere bevorzugen das reichhaltige Nahrungsangebot der entstandenen Staudenfluren, das sich bereits im zeitigen Frühling einstellt und bis in den Sommer hinein ausreichend vorhanden ist. Hoch wachsende Pflanzen dienen ihnen als Ansitzwarte, von denen sie aus ihre Fangflüge starten – eine Jagdstrategie, die sich nur bei lohnender Beute rentiert, was in den insektenreichen Brachen der Fall ist.

Wie wichtig Brachen generell für die Artenvielfalt in der Kulturlandschaft sind, hat Jörg Hoffmann vom Julius Kühn-Institut in Braunschweig untersucht – anhand des markanten Rückgangs dieser Flächen im Jahr 2008: „Die Brachen sind ein wichtiger Lebensraum für Vögel, ihre starke Verkleinerung führte zum Verlust der lokalen Artenvielfalt. In einer zu ‚aufgeräumten' Landschaft siedeln sich wesentlich weniger Braunkehlchen oder Feldlerchen an. Die neu entstehenden Maisflächen sind dagegen weniger attraktiv für die Vögel. Sie nutzen diese zwar zeitweilig zur Nahrungssuche, das kann jedoch den Verlust für die Artenvielfalt nicht kompensieren", fasst der Forscher seine Erkenntnisse zusammen. Zur Ausweitung des Maisanbaus haben gesetzliche Änderungen beigetragen, die von den Bauern nicht mehr fordern, dass diese ein Zehntel ihres Besitzes aus der Produktion nehmen – ein Schritt, der von Umweltverbänden scharf kritisiert wurde.

Dabei gäbe es für Brachen immer noch genügend Raum, meint Hoffmann: „Wie empfehlen, zumindest Teilflächen verbrachen zu lassen, um die Artenvielfalt zu bewahren. Besonders in den Grenzzonen zu Kleingewässern oder an Waldrändern und Hecken bietet es sich an, breitere Saumstrukturen zu schaffen." Das gleiche gelte für trockene Kuppen in großen Ackerschlägen: Auch sie könnten ohne wirtschaftlichen Schaden ungenutzt bleiben. Da ein Großteil der Vögel der Agrarlandschaft auf der Roten Liste steht, aber von Brachen ungemein profitiert, kommt ihrem Erhalt eine ungemein hohe Bedeutung zu

## Wohin geht die Reise?

Das Wissen, wie man den Vögeln der Kulturlandschaft helfen könnte, ist also da. Es muss nur stärker umgesetzt werden. Gegenwärtig sieht es allerdings so aus, als würde sich die Zukunft für Feldlerche und Co eher noch verschlechtern – europaweit. Zum einen haben viele Landwirte die Energieerzeugung als zweites wirtschaftliches Standbein für sich entdeckt – unterstützt und gefördert von Politik und Verbänden. Biogas und Agrardiesel sollen die Abhängigkeit von fossilen Brennstoffen oder der Kernkraft verringern und das Klima schonen. Ob Letzteres tatsächlich der Fall ist, zweifeln jedoch viele Forscher an [z. B. 107, 108, 109]. Die Produktion von Ethanol aus Kartoffeln oder Roggen als Kraftstoff für Autos etwa hat eine verheerende ökologische Bilanz, weil die beiden Feldfrüchte vergleichsweise geringe Spritmengen unter hohem Aufwand liefern.

Bezieht man in die Berechnung den Düngemittelverbrauch mit ein, schadet die angeblich grüne Energie der Umwelt sogar: Das in großen Mengen aus Stickstoffdünger freigesetzte Lachgas trägt noch stärker zum Treibhauseffekt bei, als das Kohlendioxid, das man eigentlich einsparen will. Besonders schlecht schneidet in dieser Rechnung der aus Rapsöl hergestellte

Bislang haben sich die Vögel der Agrarlandschaft in Osteuropa noch deutlich besser gehalten als im Westen, doch mit der Ausweitung der EU-Agrarpolitik gleichen sich die Systeme rasch an – und verschlechtern sich die Bedingungen für die Artenvielfalt.

Agrardiesel ab: Der von einem Liter Rapssprit verursachte Treibhauseffekt ist bis zu 1,7 Mal so groß wie jener von herkömmlichem Diesel, wie Paul Crutzen, der Nobelpreisträger für Chemie, mahnt [109]. Gerade der Raps- und Maisanbau hat sich in den letzten Jahren auf ehemaligen Brachen breit gemacht und damit vielen Arten der Agrarlandschaft erneut den Rückzugsraum genommen. Wohin diese Reise geht, lässt sich nicht abschließend sagen: Nachdem die Politik die Mineralölsteuer auf Agrardiesel erhöhte, brachen 2008 Nachfrage und Produktion ein. Ob sich die Landwirte nun weiter in Richtung Biogas umorientieren (das weiterhin steuerlich gefördert wird) oder neu Flächen stilllegen, steht zum jetzigen Zeitpunkt in den Sternen.

Mit Argusaugen beobachten Naturschützer zudem die Entwicklungen in der europäischen Agrarpolitik, die nach und nach in Osteuropa wirksam wird. Lange schnitten Länder wie Polen, Ungarn, Rumänien oder die Slowakei deutlich besser ab, was den Erhalt ihrer Feldvögel anbelangte – wenngleich unfreiwillig [110]: Nach dem Zusammenbruch der Planwirtschaft, durch Ressourcenmangel und Verbrachung großer Ländereien erholten sich dort die Bestände vieler Arten, nach dem Beitritt zur Europäischen Union 2004 und der sich ausbreitenden Intensivierung sanken sie wieder. Dieser Prozess hinkt im Vergleich zu den „alten" EU-Ländern hinterher, weshalb der Rückgang im Osten bislang um mehr als die Hälfte niedriger liegt als im Westen[29)].

Verantwortlich für die negative Entwicklung machen Ökologen die „Gemeinsame Agrarpolitik" (GAP) der EU, welche die landwirtschaftlichen Marktordnungen und die Entwicklung des ländlichen Raumes in der Gemeinschaft regelt. Ihr obliegen auch die Subventionen für die Bauern, die etwa 40 Prozent des EU-Etats beanspruchen [111][30)]. GAP steht seit Langem im Kreuzfeuer der Kritik, wie sie beispielsweise Konstantin Kreiser von Birdlife International äußert: „Wir können belegen, dass GAP eine der wichtigsten Bedrohungen für unsere Wildtiere und die Artenvielfalt bleibt", kommentierte der Verantwortliche für EU-Politik bei Birdlife einen von der EU in Auftrag gegebenen Bericht zum Zustand der europäischen Natur [112]. Der Report bestätigt, wie sehr die intensive Landwirtschaft die Biodiversität in Mitleidenschaft zieht im Gegensatz zu anderen menschlichen Aktivitäten.

Gerügt wird die Subventionspolitik, die vornehmlich auf Masse statt Klasse setzt und damit eine ökologische Abwärtsspirale antreibt: „Schuld daran haben vor allem die nationalen Regierungen und die Agrarminister, die sich unter dem heftigen Druck der Lobbyisten weigern, zum Wohle der Natur wirtschaftende Bauern ausreichend finanziell zu unterstützen. Stattdessen fördern sie die Intensivierung und die Ausweitung von Agrarkraftstoffen. Beides schadet der Natur", fährt Kreiser fort, der auf eine Reform der gemeinsamen Agrarpolitik hofft: „Sie bietet eine großartige, vielleicht aber auch letzte Chance unser Kulturland zu bewahren."

29) Er beträgt in den für die Datenerhebung herangezogenen westlichen Staaten (u.a. Österreich, Deutschland, Niederlande und Großbritannien) 47 Prozent zwischen 1980 und 2006. Im Osten (u.a. Bulgarien, Tschechien, Polen, Ungarn) liegt er in der Zeit von 1982 bis 2006 bei 29 Prozent [110].

30) 2009: ca. 56 Milliarden Euro.

## Literatur


[1] http://www.duengung.net/downloads/Wichtige_Zahlen_2007_2008.pdf (02.09.2009).

[2] Hopp, V. (2000) Düngemittel und Dünger, in (Hopp, V.) *Grundlagen der Life Sciences*. Wiley-VCH, Weinheim, S. 218–241.

[3] http://www.wasser-wissen.de/abwasserlexikon/g/guelle.htm (02.09.2009).

[4] Schmidt, T., Osterburg, B. (2005) Aufbau des Berichtsmoduls „Landwirtschaft und Umwelt" in den Umweltökonomischen Gesamtrechnungen, Statistisches Bundesamt, Braunschweig, Wiesbaden.

[5] Statistisches Bundesamt Deutschland, Pressemitteilung Nr. 309 vom 24.08.2009.

[6] Statistisches Bundesamt (Hrsg., 2006) Erzeugung und Verbrauch von Nahrungsmitteln, Statistisches Bundesamt, Wiesbaden.

[7] Statistisches Bundesamt Deutschland, Pressemitteilung vom 21. Januar 2004.

[8] Statistisches Bundesamt (Hrsg., 2006) Datenreport 2006: Zahlen und Fakten

über die Bundesrepublik Deutschland. Statistisches Bundesamt, Wiesbaden.

[9] Statistisches Bundesamt: Haltungen mit Rindern und Rinderbestand, Daten vom Mai 2009

[10] Frankfurter Allgemeine Zeitung vom 19. Mai 2008: Verbraucher kaufen weniger Lebensmittel (von Konrad Mrusek).

[11] Czajka, S., Kott, K. (2006) Konsumausgaben privater Haushalte für Nahrungsmittel, Getränke und Tabakwaren 2003, in (Statistisches Bundesamt, Hrsg.) Wirtschaft und Statistik 6/2006, Statistisches Bundesamt, Wiesbaden, S. 630–644.

[12] Tucker, G.M., Heath, M.F. (1994) Birds in Europe. Their conservation status. BirdLife International, Cambridge.

[13] Tucker, G.M., Dixon, J. (1997) Agricultural and Grassland Habitats, in (Tucker, G.M., Evans M.I, eds.) *Habitats for Birds in Europe. A Conservation Strategy for the Wider Environment*, BirdLife International, Cambridge, S. 267–325.

[14] Hötker, H. (2004) Vögel der Agrarlandschaft. Bestand, Gefährdung, Schutz, NABU, Bonn (http://bergenhusen.nabu.de/download/feldvoegel.pdf).

[15] Birdlife International (Hrsg., 2004) Birds in Europe: Population estimates, trends and Conservation Status, Birdlife International, Cambridge.

[16] Wilson, J.D., Evans, A.D., Grice, P.V. (2009) Bird Conservation and Agriculture, Cambridge University Press, Cambridge.

[17] Donald, P. F., Green, R. E., Heath, M. F. (2001) Agricultural intensification and the collapse of Europe's farmland bird populations. Proceedings of the Royal Society B 268, S. 25–29.

[18] Bauer, H.-G., Berthold, P., Boye, P., Knief, W., Südbeck, P. und Witt, K. (2002) Rote Liste der Brutvögel Deutschlands. 3., überarbeitete Fassung. Berichte zum Vogelschutz 39, S. 13–60.

[19] Südbeck, P., Bauer, H.-G., Boschert, M., Boye, P. und Knief, W. (2008) Rote Liste der Brutvögel Deutschlands. 4., überarbeitete Fassung. Berichte zum Vogelschutz 44, S. 23–81.

[20] Sudfeldt, C., Dröschmeister, R., Grüneberg, C., Jaehne, S., Mitschke, A. und J. Wahl (2008) Vögel in Deutschland 2008, DDA, BfN, LAG VSW (Hrsg.), Münster.

[21] http://www.birdlife.org/news/pr/2007/06/europe_bird_declines.html (03.09.2009)

[22] Gregory, R.D., Noble, D.G., Custance, J. (2004) The state of play of farmland birds: population trends and conservation status of lowland farmland birds in the United Kingdom, Ibis 146 (Suppl. 2), S. 1–13.

[23] Schmid, H., Luder, R., Naef-Daenzer, B., Graf, R. und N. Zbinden (1998) Schweizer Brutvogelatlas. Verbreitung der Brutvögel in der Schweiz und im Fürstentum Lichtenstein 1993–1996. Schweizerische Vogelwarte, Sempach.

[24] Sovon, V.N. (2002): Atlas van de Nederlands Broedvogels 1998–2000. Nederlandse Fauna 5. Nationaal Naturhistorisch Museum Naturalis, KNNV Uitgeverij & European Invertebrate Survey-Nederland, Leiden. (gefunden bei [14])

[25] http://www.vogelwarte.ch/db/pdf/1600.pdf (03.09.2009).

[26] Küster, H.-J. (1999) Geschichte der Landschaft Mitteleuropas. Von der Eiszeit bis zur Gegenwart, Beck, München.

[27] Vera, F.W.;. (2000) Grazing Ecology and Forest History, CABI Publishing, Wallingford.

[28] Mitchell, F.J.G. (2005) How open were European primeval forests? Hypothesis testing using palaeoecological data, Journal of Ecology 93, S. 168–177.

[29] White, G. (1789) The Natural History of Selborne, Thames and Hudson, London (300. Auflage, 2007).

[30] Shrubb, M. (2003) Birds, Scythes and Combines. A History of Birds and Agricultural Change, Cambridge University Press, Cambridge.

[31] Landesamt für Natur und Umwelt des Landes Schleswig-Holstein (Hrsg., 2008) Knicks in Schleswig-Holstein. Bedeutung, Zustand, Schutz, Landesamt für Natur und Umwelt des Landes Schleswig-Holstein, Flintbek.

[32] Aldenhoff-Hübinger, R. (2007) Landwirtschaft im Spannungsfeld von Nationalisierung und Globalisierung. Getreidehandel und Agrarkrisen in Westeuropa, 1850–1914. Themenportal Europäische Geschichte (http://www.europa.clio-online.de/ 2007/Article=206).

[33] Wehler, H.-U. (2003) Deutsche Gesellschaftsgeschichte: Vom Beginn des Ersten Weltkriegs bis zur Gründung der beiden deutschen Staaten 1914–1949. C.H.Beck, München.

[34] http://de.wikipedia.org/wiki/Agrarwirtschaft_und_Agrarpolitik_im_Deutschen_Reich_(1933-1945) (06.09.2009)

[35] http://www.nabu.de/nabu/portrait/geschichte/00350.html#4 (06.09.2009).

[36] Wilson, P. (1992) Britain's arable weeds, British Wildlife 3, S. 149–161.

[37] Hilbig, W., Bachthaler, G. (1992) Wirtschaftsbedingte Veränderungen der Segetalvegetation in Deutschland im Zeitraum von 1950–1990, Angewandte Botanik 66, S. 192–200.

[38] Chamberlain, D.E., Fuller, R.J., Bunce, R.G.H., Duckworth, J.C. and Shrubb, M. (2000) Changes in the abundance of farmland birds in relation to the timing of agricultural intensification in England and Wales. Journal of Applied Ecolology 37, S. 771–788.

[39] Preston, C., Telfer, M., Arnold, H., Carey, P., Cooper, J., Dines, T., Hill, M., Pearman, D., Roy, D. and Smart, S. (2002) The Changing Flora of the UK, Defra, London.

[40] Newton, I. (2004) The recent declines of farmland bird populations in Britain: an appraisal of causal factors and conservation actions, Ibis 146, S. 579–600.

[41] Baessler, C., Klotz, S. (2006) Effects of changes in agricultural landuse on landscape structure and arable weed vegetation over the last 50 years. Agriculture Ecosystems & Environment 115, S. 43–50.

[42] Fried, G., Petit, S., Dessaint, F. Reboud, X. (2009) Arable weed decline in Northern France: Crop edges as refugia for weed conservation? Biological Conservation 142, S. 238–243.

[43] Wehler, H.-U. (2008) Deutsche Gesellschaftsgeschichte: Vom Beginn des Ersten Weltkriegs bis zur Gründung der beiden deutschen Staaten 1949–1990. C.H.Beck, München.

[44] http://www.g-e-h.de/geh-allg/rotelist.htm (09.09.2009).

[45] http://bundesrecht.juris.de/flurbg/index.html (09.09.2009)

[46] Vitikainen, A. (2004) An Overview of Land Consolidation in Europe, Nordic Journal of Surveying and Real Estate Research 1, S. 25–44.

[47] Fickert, T., Richter, M. (2003) Hecken – reichhaltige Naturlinien in der Kulturlandschaft, in (Leibniz-Institut für Länderkunde, Leipzig, Hrsg.) *Nationalatlas von Deutschland. Band 3: Klima, Pflanzen- und Tierwelt*, Spektrum Akademischer Verlag, Heidelberg, S. 120–121.

[48] Puchstein, K. (1980): Zur Vogelwelt der schleswig-holsteinischen Knicklandschaft mit einer ornitho-ökologischen Bewertung der Knickstrukturen, Corax 8, S. 62–106.

[49] http://www.nabu.de/landwirtschaft/studie-flurbereinigung.pdf (09.09.2009).

[50] Chamberlain, D.E., Fuller, R.J. (2000) Local extinctions and changes in species richness of lowland farmland birds in England and Wales in relation to recent changes in agricultural land-use. Agriculture, Ecosystems and Environment 78, S. 1–17.

[51] Jenny, M. (1990a) Territorialität und Brutbiologie der Feldlerche *Alauda arvensis* in einer intensiv genutzten Agrarlandschaft, Journal für Ornithologie 131, S. 241–265.

[52] Jenny, M. (1990b) Nahrungsökologie der Feldlerche *Alauda arvensis* in einer intensiv genutzten Agrarlandschaft des schweizerischen Mittellandes. Ornithologischer Beobachter 87, S. 31–53.

[53] Chamberlain, D. E., Gregory, R. D. (1999) Coarse and fine habitat associations of breeding Skylarks Alauda arvensis in the UK, Bird Study 46, S. 34–47.

[54] Chamberlain, D. E., Wilson, A. M., Browne, S. J. and Vickery, J. A. (1999) Effects of habitat type and management on the abundance of skylarks in the breeding season, Journal of Applied Ecology 36, S. 856–870.

[55] Chamberlain, D. E., Vickery, J. A., Gough, S. (2000) Spatial and temporal

distribution of breeding skylarks Alauda arvensis in relation to crop type in periods of population increase and decrease, Ardea 88, S. 61–73.

[56] Toepfer, S, Stubbe, M. (2001) Territory density of the Skylark (*Alauda arvensis*) in relation to field vegetation in central Germany, Journal of Ornithology 142, S. 184–194.

[57] Statistisches Bundesamt Deutschlands, Pressemitteilung Nr. 279 vom 01.08.2008.

[58] Donald, P. F., Evans, A. D., Muirhead, L. B., Buckingham D. L., Kirby, W. B. and Schmitt, S. I. A. (2004) Survival rates, causes of failure and productivity of Skylark Alauda arvensis nests on lowland farmland, Ibis 144, S. 652–664.

[59] http://www.umweltbundesamt-umwelt-deutschland.de/umweltdaten/public/theme.do?nodeIdent=3639 (09.09.2009).

[60] Grüebler, M.U., Schuler, H., Müller, M., Spaar, R., Horch, P. und Naef-Daenzer, B. (2008) Female biased mortality caused by anthropogenic nest loss contributes to population decline and adult sex ratio of a meadow bird, Biological Conservation 141, S. 3040–3049.

[61] Robinson, R.A. (2001) Feeding ecology of Skylarks in winter – a possible mechanism for population decline? in (Donald, P.F., Vickery, J.A., Eds.) *Ecology and Conservation of Skylarks Alauda arvensis*, Royal Society for the Protection of Birds, Sandy, S. 129–138.

[62] Siriwardena, G. M., Baillie, S. R., Crick, H. Q. P. and Wilson, J. D. (2001), Changes in agricultural land-use and

[63] Busche, G. (1989): Niedergang des Bestandes der Grauammer (*Emberiza calandra*) in Schleswig- Holstein, Vogelwarte 35, S. 11–20.

[64] Brickle, N.W., Harper, D.G.C., Aebischer, N.J. and Cockayne, S.H. (2000) Effects of agricultural intensification on the breeding success of corn buntings *Emberiza calandra*, Journal of Applied Ecololgy 37, S. 742–755.

[65] Wilson, J.D., Morris, A.J., Arroyo, B.E., Clark, S.C. and Bradbury, R.B. (1999) A review of the abundance and diversity of invertebrate and plant foods of granivorous birds in Europe in relation to agricultural change, Agriculture, Ecosystems and Environment 75, S. 13–30.

[66] Nehls, G. (1996) Der Kiebitz in der Agrarlandschaft – Perspektiven für den Erhalt des Vogels des Jahres 1996, Berichte zum Vogelschutz 34, S. 123–132.

[67] Catchpole, E. A., Morgan, B. J. T., Freeman, S. N. and Peach, W. J. (1999) Modelling the survival of British Lapwings *Vanellus vanellus* using ring-recovery data and weather covariates. Bird Study 46, S. 5–13.

[68] Nehls, G., Beckers, B., Belting, H., Blew, J., Melter, J., Rode, M. und Sudfeldt, C. (2001) Situation und Perspektive des Wiesenvogelschutzes im Nordwestdeutschen Tiefland, Corax 18, Sonderheft 2, S. 1–26.

[69] Köster, H., Nehls, G., Thomsen, K.-M. (2001) Hat der Kiebitz noch eine Chance? Untersuchungen zu den Rückgangsursachen des Kiebitzes (*Vanellus vanellus*) in Schleswig-Holstein, Corax 18, Sonderheft 2, S. 121–132.

[70] Kragten, S., de Snoo, G.R. (2007) Nest success of Lapwings *Vanellus vanellus* on organic and conventional arable farms in the Netherlands, Ibis 149, S. 742–749.

[71] Bundesamt für Naturschutz (Hrsg., 2009) Where have all the flowers gone? Grünland im Umbruch, Bonn (http://www.bfn.de/fileadmin/MDB/documents/themen/landwirtschaft/Gruenlandumbruch_end.pdf).

[72] http://www.pklwk.at/partner/index.php?id=2500%2C1462121%2C%2C (12.09.2009).

[73] Sheldon, R., Bolton, M., Gillings, S., Wilson, A. (2004) Conservation management of Lapwing *Vanellus vanellus* on lowland arable farmland in the UK, Ibis 2004, Supplement 2, S. 41–49.

[74] Peach, W.J., Thompson, P.S. & Coulson, J.C. 1994. Annual and long-term variation in the survival rates of British lapwings *Vanellus vanellus*, Journal of Animal Ecology 63, S. 60–70.

[75] Henderson, I.G., Wilson, A.M., Steele, D., Vickery, J.A. (2002) Population estimates, trends and habitat associations of breeding Lapwing *Vanellus vanellus*, Curlew *Numenius arquata* and Snipe *Galli-*

*nago gallinago* in Northern Ireland in 1999. Bird Study 49, S. 17–25.

[76] Blomqvist, D., Johansson, O.C. (1995) Trade-offs in nest site selection in coastal populations of Lapwings *Vanellus vanellus*, Ibis 137; S. 550–558.

[77] Bretschneider, A. (2002) Knicks in Schleswig-Holstein. Hecken, die die Landschaft prägen, Bauernblatt 32, S. 16–18.

[78] Roßberg, T. (2001) Zur Bestandssituation der Hecken in Niedersachsen und deren Auswirkung auf die Vogelwelt, dargestellt an traditionellen Wallheckenlandschaften im nordwestlichen Niedersachsen, Seevögel 22, S. 49–53.

[79] Proffitt, F.M., Newton, I., Wilson, J.D., Siriwardena, G.M. (2004) Bullfinch *Pyrrhula pyrrhula* breeding ecology in lowland farmland and woodland: comparisons across time and habitat, Ibis 146, Suppl. 2, S. 78–86.

[80] Herzog, F. (1998) Streuobst : a traditional agroforestry system as a model for agroforestry development in temperate Europe, Agroforestry Systems 42, S. 61–80.

[81] Martinez, M. (2007) Die Bedeutung lückiger Vegetation für den Nahrungserwerb des Gartenrotschwanzes *Phoenicurus phoenicurus*, unveröffentl. Masterarbeit.

[82] Sudfeldt, C., Dröschmeister, R., Grüneberg, C., Mitschke, A., Schöpf, H. und J. Wahl (2007) Vögel in Deutschland 2007, DDA, BfN, LAG VSW (Hrsg.), Münster.

[83] Deutsch, M. (2007) Der Ortolan *Emberiza hortulana* im Wendland (Niedersachsen) – Bestandszunahme durch Grünlandumbruch und Melioration? Vogelwelt 108, S. 105–115.

[84] McCracken D. I., Tallowin, J. R. (2004) Swards and structure: the interactions between farming practises and bird food resources in lowland grassland, Ibis 146, Suppl. 2, S. 108–114.

[85] Sedlácek, O., Fuchs, R., Exnerová, A. (2004) Redstart *Phoenicurus phoenicurus* and Black Redstart *P. ochruros* in a mosaic urban environment: neighbours or rivals? Journal of Avian Biology 35, S. 336–343.

[86] Europäische Kommission: Eurostat press release 80/2007.

[87] http://www.umweltbundesamt-umwelt-deutschland.de/umweltdaten/public/theme.do?nodeIdent=3139 (15.09.2009).

[88] Bengtsson, J., Ahnström, J, Weibull, A.-C. (2005) The effects of organic agriculture on biodiversity and abundance: a meta-analysis, Journal of Applied Ecology 42, S. 261–269.

[89] Hole, D.G., Perkins, A.J., Wilson, J.D., Alexander, I.H., Grice, P.V. and Evans, A.D. (2005) Does organic farming benefit biodiversity? Biological Conservation 122, S. 113–130.

[90] Hötker, H., Rahmann, G.; Jeromin, K. (2004): Positive Auswirkungen des Ökolandbaus auf Vögel der Agrarlandschaft – Untersuchungen in Schleswig-Holstein auf schweren Ackerböden. Landbauforschung Völkenrode 272, S. 43–60.

[91] Neumann, H., Loges, R., Taube, F., (2007) Fördert der ökologische Landbau die Vielfalt und Häufigkeit von Brutvögeln auf Ackerflächen? Berichte über Landwirtschaft 85, S. 272–299.

[92] Christensen, K. D.; Jacobsen, E. M.; Nøhr, H. (1996) A comparative study of bird faunas in conventionally and organically farmed areas, Dansk Ornitologisk Forenings Tidsskrift 90, S. 21–28.

[93] Chamberlain, D. E., Fuller, R. J., Wilson, J. D. (1999): A comparison of bird populations on organic and conventional farm systems in southern Britain, Biological Conservation 88, S. 307–320.

[94] Neumann, H., Koop, B. (2004) Einfluss der Ackerbewirtschaftung auf die Feldlerche (*Alauda arvensis*) im ökologischen Landbau – Untersuchungen in zwei Gebieten Schleswig-Holsteins, Naturschutz und Landschaftspflege 35, S. 145–154.

[95] Chmaberlain, D.E., Joys. A., Johnson, P.A.-, Norton, L., Feber, R.E. and Fuller, R.J. (2009) Does organic farming benefit farmland birds in winter? Biology Letters, doi 10.1098/rsbl.2009.0643.

[96] Wilson, J.R., Evans, J., Browne, S.J. and King, J.R. (1997) Territory distribution and breeding success of skylarks *Alauda arvensis* on organic and intensive farmland in southern England, Journal of Applied Ecology 34, S. 1462–1478.

[97] Arroyo, B., García, J.T., Bretagnolle, V. (2002) Conservation of the Montagu's harrier (*Circus pygargus*) in agricultural areas, Animal Conservation 5, S. 283–290.
[98] http://www.saffie.info/ (15.09.2009).
[99] http://www.nabu.de/imperia/md/content/nabude/landwirtschaft/naturschutz/5.pdf (15.09.2009).
[100] Schoppenhorst, A. (1996) Auswirkungen der Grünlandextensivierung auf den Reproduktionserfolg von Wiesenvögeln im Bremer Raum, Bremer Beiträge für Naturkunde und Naturschutz 1, S. 117–125.
[101] Düttmann, H., Tewes, E., Ackermann, M. (2006) Effekte verschiedener Managementmaßnahmen auf Brutbestände von Wiesenlimikolen – Erste Ergebnisse aus Untersuchungen von Kompensationsflächen in der Wesermarsch (Landkreis Cuxhaven, Wesermarsch), Osnabrücker Naturwissenschaftliche Mitteilungen 32, S. 175–181.
[102] Köster, H., Bruns, H.A. (2003) Haben Wiesenvögel in binnenländischen Schutzgebieten ein „Fuchsproblem"? Berichte zum Vogelschutz 40, S. 57–74.
[103] Bekker, R.M., Düttmann, H., de Vries, Y., Bakker, J.P., Buchwald, R. und Brauckmann, H.-J. (2006) 30 years of hay meadow succession without fertilization: how does it affect soil and avifauna groups? Osnabrücker Naturwissenschaftliche Mitteilungen 32, S. 145–155.
[104] Statistisches Bundesamt Deutschland, Pressemitteilung Nr. 279 vom 01.08.2008.
[105] NABU (Hrsg., 2008) Die Bedeutung der obligatorischen Flächenstillegung für die biologische Vielfalt. Fakten und Vorschläge zur Schaffung von ökologischen Vorrangflächen im Rahmen der EU-Agrarpolitik. NABU, Berlin (unter Bezug auf Flade, M. (2007): Deutsche Agrarlandschaft im Spiegel ornithologischer Forschung. Vortrag im Rahmen der Jahrestagung der Deutschen Ornithologischen Gesellschaft, Gießen.).
[106] Richter, M., Düttmann, H. (2004) Die Bedeutung von Randstrukturen für den Nahrungserwerb des Braunkehlchens Saxicola rubetra in Grünlandgebieten der Dümmerniederung (Niedersachsen, Deutschland), Vogelwelt 125, S. 89–98.
[107] Scharlemann, J.P.W., Laurence, W.F. (2008) How green are biofuels? Science 319, S. 43–44.
[108] Zah, R. (2007) Energy and Raw Materials – The Contributions of Chemistry and Biochemistry in the Future: Biofuels -Which One is the Most Ecological One? Chimia 61, S.: 571–572.
[109] Crutzen, P.J., Mosier, A.R., Smith, K. A., Winiwarter, W. (2008) $N_2O$ release from agro-biofuel production negates global warming reduction by replacing fossil fuels, Atmospheric Chemistry and Physics 8, S. 389–395.
[110] http://www.ebcc.info/wpimages/video/SECB2008.pdf (18.09.2009).
[111] http://ec.europa.eu/budget/budget_detail/current_year_de.htm (18.09.2009).
[112] http://www.birdlife.org/eu/pdfs/Commission_report_en.pdf (18.09.2009).

## Leise rieselt das Gift

### Blei und Pestizide machen den Vögeln immer noch zu schaffen, dabei gibt es unschädliche Alternativen

Ikarus hatte Glück: Der junge Bartgeier sprang dem Tod im Dezember wohl gerade noch von der Schippe, als er von Mitarbeitern der Stiftung Pro Bartgeier eingefangen und in die Greifvogelstation Haringsee bei Wien gebracht wurde. Der mächtige Vogel war zuvor wegen seiner mangelnden Scheu und seines schlechten äußeren Zustands aufgefallen. Um kein Risiko einzugehen und den Geier zu verlieren, entschloss man sich dann dazu, das im Mai 2008 im Nationalpark Stilfserjoch ausgewilderte Männchen wieder in menschliche Obhut zu nehmen. Trotz des bislang erfolgreichen Projekts, den Bartgeier wieder über den Alpen kreisen zu lassen, ist es noch zu früh, überhaupt nicht mehr einzugreifen und junge Tiere einfach sterben zu lassen.

Mangelte es dem Vogel an Nahrung, weil er für das Leben in freier Wildbahn mangelhaft vorbereitet war? Schließlich stammte Ikarus aus dem Zoo Hannover, wurde im Zoo Prag von Ammen-Bartgeiern großgezogen und

Patronenberg: Bleischrot ist die am häufigsten gekaufte Jagdmunition Deutschlands.

erst anschließend in die Freiheit entlassen. Dagegen spricht, dass das Tier sich den ganzen Sommer über selbstständig versorgt hat. Klarheit schuf schließlich das Untersuchungsergebnis der Blutproben, die Ikarus entnommen worden waren: Der Greifvogel litt unter einer Bleivergiftung – wahrscheinlich weil er die Schwermetallpartikel an einem Kadaver gefressen hatte, der mit Bleimunition erlegt worden war [1].

Ikarus' Schicksal steht symbolisch für viele andere Greif-, aber auch Wasservögel, für die Bleivergiftungen eine ernstzunehmende Gefahr sind und oft tödlich enden. Schon geringe Konzentrationen im Blut lösen apathisches Verhalten, Erbrechen, neurologische Fehlfunktionen, Blutmangel, Lähmungen oder reduzierte Fruchtbarkeit aus. Sie beeinträchtigen das Flug- und Denkvermögen der Tiere und führen bei zunehmenden Bleimengen im Blut zu einem qualvollen Tod [2]. Mitunter schränkt das Schwermetall die Vögel so in ihrer Orientierung ein, dass sie gerade deswegen mit Hindernissen wie Stromleitungen oder Zügen zusammenstoßen – etwa weil sie erblinden [3].

Bei unseren heimischen Seeadlern gilt Blei als eine der wichtigsten Todesursachen: Von 215 zwischen 1990 und 2004 tot aufgefundenen und obduzierten Individuen wies mehr als ein Viertel tödliche Bleiwerte im Körper auf [4]. In die Medien gelangte unter anderem der Fall, des einzigen in Berlin brütenden Seeadlerpärchens, dessen Weibchen im Winter 2009 verstarb. Wissenschaftler beobachteten bereits bei winzigen Mengen von 20 Milligramm pro Kilogramm im Körper[1)], dass Vögel verendeten, und schon bei weniger als 3 Milligramm pro Kilogramm setzen Vergiftungserscheinungen ein [5, 6].

Bei mindestens 17 europäischen Greifvogelarten hat man schon Bleivergiftungen festgestellt, darunter auch bedrohte Spezies wie Seeadler, Spanischer Kaiseradler oder Gänsegeier [7]. Mindestens jeder zehnte untersuchte Spanische Kaiseradler – von dem es weltweit nur 300 Brutpaare gibt – hat schon Bleikügelchen aufgenommen, mehr als 90 Prozent aller Gänsegeier hatten Bleiwerte von mehr als 20 Mikrogramm pro Deziliter Blut und je nach Studie 25 bis 40 Prozent aller Rohrweihen sogar über 30 Mikrogramm. In Mitteleuropa sind neben dem See- unter anderem auch Steinadler [8, 9], Habichte [10] und Rotmilane [7] betroffen, die hierzulande entweder gefährdet sind oder für die wir auf Grund ihres weltweiten Verbreitungsschwerpunkts besondere Verantwortung tragen.

1) Bezogen auf Trockenmasse der untersuchten Leber oder Niere – durch Entzug des Wassers reichert sich das Blei bereits weiter an. In feuchtem Gewebe liegt die Konzentration entsprechend niedriger, was ihre letale Wirkung nicht schmälert: Schon 5 Milligramm pro Kilogramm frischen Gewebes können einen Seeadler töten.

Die Wiederansiedlung des Bartgeiers in den Alpen ist immer noch durch Bleivergiftungen der Vögel gefährdet.

Dies gilt insbesondere für den Rotmilan, der mit Bleimunition durchsetztes Aas nicht verschmäht und deshalb besonders anfällig erscheint. In Großbritannien, wo der elegante Greifvogel als angeblicher „Schädling“ weit gehend ausgerottet worden war[2]) und nur in einigen abgelegenen Regionen von Wales überlebt hatte, hemmt das Umweltgift womöglich die Wiederausbreitung der Vögel [11]. In ihrer Langzeitstudie analysierten Debbie Pain von der Royal Society of the Protection of Birds die Blut-, Leber- und Knochenwerte von tot oder sterbend aufgegriffenen Rotmilanen: Ein Fünftel der Tiere hatte Blei in seinem Skelett eingelagert, weshalb sie irgendwann in ihrem Leben mit dem Schwermetall in Berührung gekommen sein mussten. Jeder zehnte tote Milan starb direkt an dem Gift. In mindestens jedem 40. Gewölle, das die Forscher auseinander nahmen, kamen zudem Bleikügelchen zum Vorschein, welche die Vögel mit anderen unverdaulichen Futterresten ausgewürgt hatten.

Seeadler, Rotmilan und Co stehen als Fleischfresser und Aasverwerter am Ende der Nahrungskette, weswegen sich in ihnen das Gift anreichert, das sie mit der Nahrung aufnehmen. Nicht immer entledigen sie sich rasch des Bleis, indem sie es wieder ausscheiden. Im stark sauren Magen der

2) Einige betrachteten den Rotmilan fälschlicherweise als notorischen Jäger von Niederwild wie Hasen oder Fasanen, weshalb er im 19. Jahrhundert als Konkurrent beseitigt werden sollte. Tatsächlich bevorzugt der Greifvogel Feldmäuse, Maulwürfe, Singvögel und auch Feldhamster sowie Aas.

Greifvögel – dessen pH-Wert so niedrig ist, damit auch Knochen zersetzt werden können – löst sich das Schwermetall auf und geht ins Blut über [4, 12]. Direkt nach der Aufnahme sind die Bleiwerte im Blut am höchsten und sorgen für akute Vergiftungserscheinungen, relativ zügig sinken diese Werte wieder, wenn sich der Körper entgiften will – dann steigen die Mengen in Leber und Niere, die diese Aufgaben bewerkstelligen sollen. Dies geschieht über mehrere Tage und Wochen hinweg. Ein Teil lagert sich schließlich in den Knochen ein, wo es über Jahre verbleibt und schließlich Auskunft gibt über die generelle Belastung mit dem Schwermetall, der die Vögel ausgesetzt waren [13].

### Kollateralschaden der Jagd

Woher kommt aber dieses Blei? Eine mögliche Quelle waren zumindest früher Kraftstoffe, denen Blei beigemengt wurde, um die Klopffestigkeit zu erhöhen: Ab 1976 beschränkte dies die Gesetzgebung hierzulande und verbot sie 1988 dann gänzlich. Nach Angaben des Umweltbundesamtes spielen Bleizusätze aus Benzin sowie Emissionen aus der metallverarbeitenden Industrie und der Verbrennung von fossilen Energieträgern – vor allem Kohle – heutzutage praktisch keine Rolle mehr [14]. „Eine Gefährdung durch Blei ist in Deutschland nahezu auszuschließen, die gemessenen Konzentrationen liegen in der Regel unter fünf Prozent des europaweit einheitlich geregelten Grenzwertes", schreibt die Behörde.

Zunehmend versucht man auch, das Schwermetall aus anderen Nutzungsvarianten zu verdrängen und durch ungiftige Stoffe zu ersetzen. Die mittleren Konzentrationen von Blei in landwirtschaftlich verwerteten Klärschlämmen geht seit 1977 und vor allem 1994 deutlich zurück, bei Komposten reduzierte sich die Belastung seit 1997 deutlich [15]. Zudem reichert sich Blei vor allem im Boden an und wird kaum von Pflanzen aufgenommen – es lagert sich wenn dann nur als Staub auf den Blättern ab [16]: Eine Zunahme findet auf diesem Weg in der Nahrungskette kaum statt. Das führt dazu, dass selbst Habichte, die in stark mit Verkehr belasteten Großräumen wie Berlin leben, nach Erkenntnissen des Umwelttoxikologen Norbert Kenntner vom Leibniz-Institut für Zoo- und Wildtierforschung (IZW) in Berlin kaum mit Blei belastet sind [10].

Nachdem diese Ursachen für die Bleivergiftung von Greifvögeln ausgeschlossen werden konnten, wandte sich die Aufmerksamkeit auf gezielt in der Umwelt eingesetzte Anwendungen des Schwermetalls: Senkblei für Angler und Bleimunition für die Jagd. Fischadler gehören in Deutschland zu den Greifvögeln mit den geringsten Bleibelastungen in den Organen – die Aufnahme von verloren gegangenen Angelgewichten durch Fische, die anschließend vom Fischadler gefressen werden, trägt also nicht zur Vergiftung der Tiere bei [17]. Zugleich schwanken die Leber-Bleiwerte in Deutschland bei Seeadlern saisonal sehr stark [10]: Sie sind im Sommer am niedrigsten, wenn die Vögel vielfach Fische jagen – und wenn keine Jagdzeit ist. Ab dem Herbst steigen sie stark an und erreichen im Winter bis in das zeitige Frühjahr hinein Höchstwerte: in einer Zeit, in der sie mehr Aas fressen und auch auf die Aufbrüche aus erlegtem Wild zurückgreifen, die Jäger in der Natur zurücklassen.

Mehrere Untersuchungen haben diesen zeitlichen Zusammenhang zwischen Jagdsaison und zunehmenden Bleigehalten in Greifvögeln nachgewiesen: In Frankreich beispielsweise bemerkten Debbie Pain und ihre Kollegen, dass dann bei Rohrweihen die Blutbleigehalte deutlich zunehmen und die Vögel mehr Gewölle mit Bleigeschossresten hervorwürgen [18]. Der spanische Biologe Rafael Mateo wiederum wies bei Rotmilanen aus dem Doñana-Gebiet nach der Jagdsaison in mehr als jedem 20. Gewölle Bleireste nach – in jagdfreien Zeiten dagegen nur in jedem 50. [19]. Bei Rohrweihen im Ebro-Delta, wo mehr gejagt werden darf als im Doñana-Schutzgebiet, sammelte Mateo bei Rohrweihen sogar in jedem zehnten Speiserest Bleikügelchen auf [20].

Eine schöne Zusammenfassung, wie und warum Seeadler – und andere Greifvögel – das Blei aufnehmen, haben Torsten Langgemach von der Staatlichen Vogelschutzwarte in Brandenburg und seine Kollegen geschrieben [4].

Bleischrot aus dem Magen eines Opfers: Über Aas oder angeschossene Beute nehmen Greifvögel das Gift auf.

Gleichzeitig entkräften sie darin einige stets neu vorgebrachte Argumente aus Teilen der Jägerschaft, die nicht auf Bleimunition verzichten können und wollen – etwa 120.000 Kilogramm verschießen sie Jahr für Jahr. Die Tiere nehmen das Blei unter anderem durch angeschossene Beute auf, denn nicht alle verletzten Wildtiere werden bei der Nachsuche aufgespürt. Sterben sie später, finden sich rasch Aasfresser wie der Seeadler ein, die zuerst an den am leichtesten zugänglichen Stellen zu fressen beginnen – und dazu zählt die Eintrittswunde der Munition, wo die Bleigehalte entsprechend hoch sind.

Vielfach erbeuten sie auch Wasservögel und Niederwild wie Fasane und Wachteln, die mit Bleischrot oder anderer bleihaltiger Munition gejagt worden waren und ebenfalls zuerst überlebten, dann aber geschwächt von den Verletzungen oder dem Gift von Greifvögeln geschlagen wurden [7, siehe auch weiter unten]. Enten nehmen zudem oft Bleikügelchen auf, weil sie diese mit den so genannten Magensteinen verwechseln – kleine Steine, welche die Tiere schlucken, um im Magen die Nahrung besser zermahlen zu können. Ein weiterer wichtiger Kontaminationsweg verläuft über die Innereien, den „Aufbruch", und das Fleisch um Schusskanäle, die vor Ort vom Jäger herausgetrennt und nicht immer vergraben werden.

Das IZW röntgte in den letzten Jahren knapp 300 tote Seeadler, von denen 6 Opfer Bleischrot und weitere 28 Fälle Partikel von Teilmantelgeschossen[3)] im Magen hatten, aus denen sich das tödliche Gift gelöst hatte [17]. Trifft die Munition ihr Ziel – etwa Hasen oder Rehe – splittert sie offensichtlich und hinterlässt regelrechte Bleisplitterwolken im Gewebe, die auf Röntgenbildern ebenfalls gut zu sehen sind. Selbst abseits des Einschussloches können deshalb sehr hohe Bleikonzentrationen gemessen werden – auf Grund der geringen Mengen, die Seeadler vertragen, reicht dies schon aus, um ihnen schwere Schäden zuzufügen. Angesichts der hohen Zahlen derartig verendeter Seeadler ist davon auszugehen, dass die weitere Bestandserholung und Ausbreitung des Seeadlers – immerhin einer der größten Naturschutzerfolge Deutschlands in den letzten Jahrzehnten – dadurch gebremst wurde [4].

## Bleischwere Enten und Wachteln

Wie bereits erwähnt, betrifft die Bleiproblematik noch andere Gruppen als die Greifvögel, etwa Enten und Hühnervögel, die ebenfalls gejagt werden.

3) Harte Metalle wie Kupfer oder Kupferlegierungen umgeben dabei den Kern aus dem relativ weichem Blei. Durch das Blei erhält die Munition die für ihre ballistische Leistung wichtige hohe Dichte, der harte Mantel lässt sie die starken mechanischen Beanspruchungen beim Abfeuern widerstehen.

Zwar haben viele Bundesländer die Verwendung bleihaltiger Munition an Gewässern mittlerweile untersagt, ebenso wie die skandinavischen Staaten und die Niederlande [7, 17]. Gerade in Südeuropa ist man von diesen Verboten jedoch weit entfernt, und das Problem betrifft viele Enten, die dort rasten oder überwintern (siehe auch Kapitel 5 zur Zugvogeljagd). Zur Gefahr werden für diese Vögel nicht nur Schusswunden durch Bleischrot, sondern vor allem die absichtliche Aufnahme als vermeintliche Magensteine.

Rafael Mateo und sein Kollege Mark Taggart zählten beispielsweise in der Medina-Lagune in Südspanien rekordverdächtige 400 Schrotkügelchen pro Quadratmeter Boden [21]. An anderen Stellen in Frankreich, Dänemark oder Spanien waren es mehr als 100 pro Quadratmeter [17]. Für Deutschland fehlen offensichtlich vergleichbare Zahlen, doch fanden sich hierzulande gerade in Tauchenten, die am Gewässerboden gründeln, hohe Schrotkornanteile im Magen und größere Bleirückstände in Gewebe und Federn – ein Zeichen, dass auch sie die Kügelchen aufgenommen hatten [22]. Bei Stockenten reicht die Spanne der Tiere, die Blei verschluckt hatten, von 2,2 Prozent in den Niederlanden bis zu knapp 40 Prozent in Griechenland. Bei Spieß- und Tafelenten – die beide ziehen – lagen die Vergleichswerte bei untersuchten Tieren zwischen 24 und 45 Prozent [17].

Unter Krickenten erhöht sich die Sterblichkeit offensichtlich schon beträchtlich, wenn sie nur ein Kügelchen aufnehmen [23]. Selbst Watvögel wie Uferschnepfen, Kampfläufer, Bekassine oder Kiebitz kommen nicht ungeschoren davon, da bei ihnen ebenfalls schon in größeren Mengen Blei nachgewiesen wurde oder sie dem Metall kontaminiert zum Opfer gefallen sind [22, 24, 25]. Für die vom Aussterben bedrohte Weißkopf-Ruderente (die allerdings nicht in Deutschland heimisch ist) könnte Bleivergiftung sogar eine der größten Risiken sein [26, 27]. Und Rafael Mateo hat zumindest einen statistischen Zusammenhang zwischen dem Umweltgift und Bestandszahlen bei Enten festgestellt: Gerade Spezies wie Spieß- und Tafelente, die auch am stärksten mit Blei belastet sind, nahmen in den letzten Jahrzehnten europaweit ab [7]. Dieser letzte Punkt zeigt deutlich, dass es offensichtlich nicht genügt, nur in Deutschland die Jagd mit Blei am Wasser zu reglementieren. Es muss eine europaweite Lösung gefunden werden, denn mit den zuziehenden Vögeln importieren wir und die Seeadler das Problem wieder.

Bartgeier und Steinadler bezeugen schließlich, dass sich die Bleifrage nicht nur auf Gewässer beschränkt. Mit dieser Munition erlegen oder verletzen Jäger gleichermaßen Rehe, Rot- und Schwarzwild, Wachteln, Fasane oder Hasen – am Ende gelangt das Blei mitunter in die Greifvögel. In Großbritannien bemerkte der Game Conservancy Trust in einer Untersuchung, dass sich in den letzten Jahrzehnten die Bleibelastung bei Wachteln fast verfünffacht hatte [28]: Sie betraf nun jedes zwanzigste erwachsene Tier und

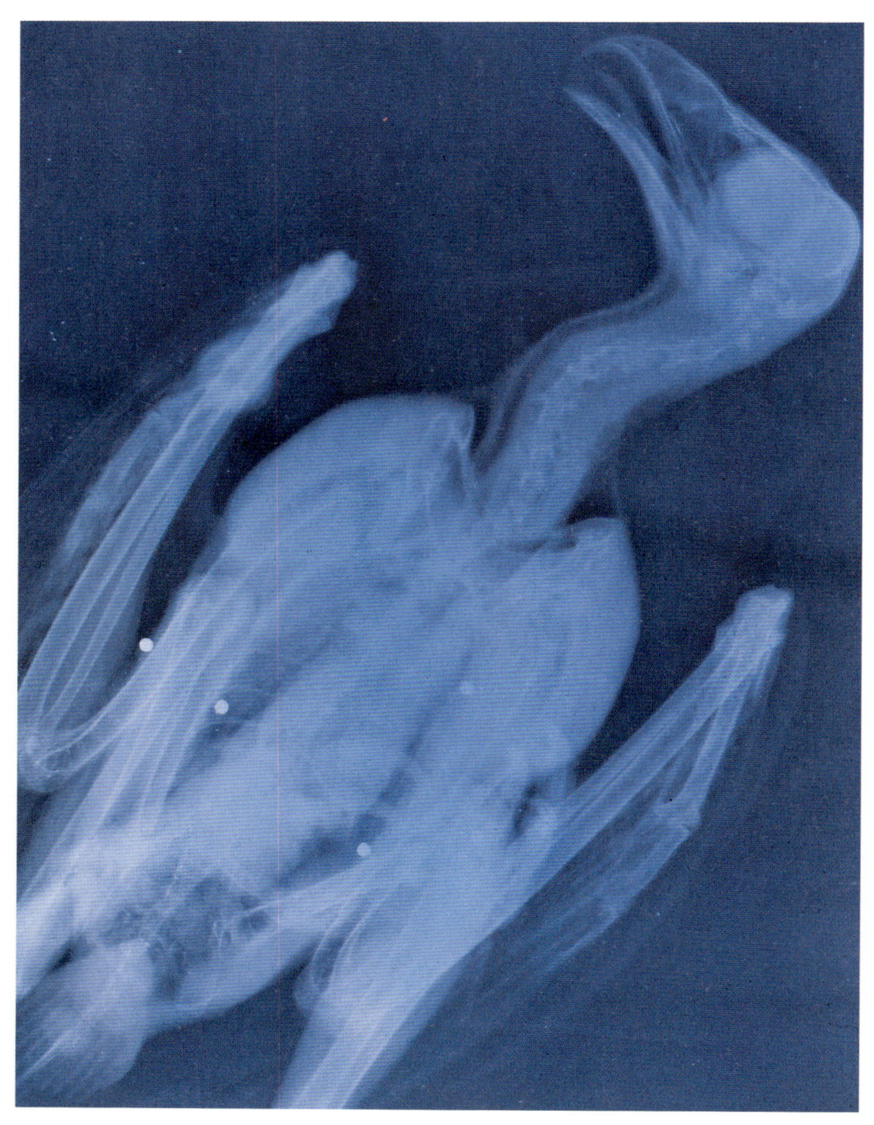

Röntgenbild eines Greifvogels: Die hellen Punkte sind Bleikügelchen.

sieben Prozent der untersuchten Küken – ein Großteil dieser Vögel starb letztlich an der Vergiftung.

Ebenfalls nachgewiesen wurde das Schwermetall als Kollateralschaden der Jagd bei Fasanen in Großbritannien und Ungarn, wo in manchen Revieren fast ein Viertel der Tiere Bleikügelchen im Körper hatte [29, 30]. Und einen besonderen Fall berichten schwedische Wissenschaftler, die zwei tödlich belastete Grau- und einen Weißrückenspecht untersuchten [31]: Diese ungewöhnlichen Opfer hatten das Blei wahrscheinlich aus Bäumen gepickt, weil die Einschüsse den Bohrlöchern von Insekten glichen.

Und das Bleiproblem kann menschliche Konsumenten von Wildbret betreffen, wenn das Fleisch um den Schusskanal nicht in großem Umfang entfernt wurde [32]. Das Bundesamt für Verbraucherschutz und Lebensmittelsicherheit hatte 1997 und 1998 sowie 2007 bei Lebensmittelüberwachungen festgestellt, dass Wildschweinfleisch im Handel zum Teil erhebliche Mengen Blei aus Bleimunition enthalten kann: Sie liegen in Einzelfällen bis zum 10.000-fachen über dem zulässigen Grenzwert. „Offenbar dringen einzelne Geschosspartikel tief ins Fleisch ein und sind kaum erkennbar, so dass die [...] empfohlene großzügige Entfernung des Fleisches um den Einschusskanal nicht immer ausreicht, um partielle, hohe Kontaminationen zu vermeiden", warnt das Bundesamt.

All dies sind Argumente gegen Bleischrot und andere bleihaltige Munition. Wie oben geschrieben, dürfen diese Patronen in vielen Staaten nicht mehr an Gewässern eingesetzt werden, manche Länder wie Dänemark, Norwegen, Schweden und die Niederlande haben sie nach Angaben von Rafael Mateo mittlerweile darüber hinaus komplett verboten [7]. Deutschland ist dagegen noch lange nicht so weit – wenn überhaupt, gibt es Restriktionen nur in Gewässernähe. Angesichts der Gefahr, welche das Schwermetall für seltene Greifvögel darstellt, geht das dem NABU nicht weit genug. „Die Zahlen (toter Seeadler, *Anm. des Autors*) belegen: Wer wirklich etwas gegen die Bleivergiftungen unternehmen will, muss bleihaltige Kugelmunition verbieten und zwar von jeder Art und überall", fordert der brandenburgische Landesgeschäftsführer des Verbands Wolfgang Mädlow angesichts zunehmender Vergiftungsfälle.

Dabei war das Land Brandenburg bereits auf einem guten Weg und hatte 2005 die Verwendung der kritisierten Patronen in Staatswäldern untersagt. Nach Protesten von Jägerseite nahm die Regierung diesen Erlass 2008 wieder zurück – und wandelte ihn sogar in ein Verbot bleifreier Munition um. Begründet wurde dieses Umschwenken mit Sicherheitsaspekten: Blei ist sehr weich, verformt sich beim Aufprall und gibt viel Energie ab – Querschläger kommen daher kaum vor. Als weitere Argumente werden hervorgebracht, dass Bleischrote in Reichweite, Preis und Wirkung allen anderen Materialien überlegen sind [22]. Im Gegensatz dazu soll ein tödlicher Jagdunfall 1995 in Franken wegen des Abprallers einer bleifreien Kugel verursacht worden sein.

Dem widerspricht der NABU allerdings vehement: „Inzwischen hat sich herausgestellt, dass der Jagdunfall, der Anlass für das Verbot bleifreier Munition in der Landesforstverwaltung war, gar nicht auf bleifreie Munition zurückgeht. Das Ministerium hat aufgrund einer Falschinformation eine

Falken mit Ausfallserscheinungen durch Bleivergiftung: Das Schwermetall schädigt das Nervensystem.

weitreichende Fehlentscheidung getroffen", so Mädlow in einer Presseerklärung. Der Verband verweist zudem auf Erfahrungsberichte in Jagdzeitschriften wie „Die Pirsch" oder „Hund und Jagd", in denen sogar Waidmänner bleifreie Munition gegenüber bleihaltiger als überlegen darstellen [33]. Technische Probleme seien mittlerweile weit gehend unter Kontrolle und die Preise für Weicheisenschrote und ähnliche Munition erschwinglich.

Diese Art der ungiftigen Jagd scheint sich jedenfalls außerhalb Brandenburgs durchzusetzen: In einigen staatlichen und kommunalen Forstverwaltungen in Bayern, Berlin, Mecklenburg-Vorpommern und Schleswig-Holstein sowie in privaten Forstbetrieben in Brandenburg und Rheinland-Pfalz schießen Jäger erfolgreich mit bleifreien Büchsengeschossen [34]. Die Hoffnung ist daher durchaus berechtigt, dass mittelfristig das Blei so oder so aus den Gewehren verschwindet – zumal die Jäger etwa durch den Schutz von Horstbäumen ebenfalls ihren Beitrag zum Aufschwung der Adler geleistet haben.

### Pestizide schaden hinterrücks

Rachel Carsons „Der stumme Frühling" aus dem Jahr 1962 rangiert bis heute zurecht ganz oben in der Liste wichtiger und bewusstseinsändernder Umweltliteratur – dokumentierte die amerikanische Autorin doch die verheerende Wirkung, die DDT (**D**ichlor**d**iphenyl**t**richlorethan) und andere Insektengifte für Vogel und Mensch haben können [35]. Das großflächig in der Land- und Forstwirtschaft weltweit gegen Fraßschädlinge eingesetzte DDT und vor allem sein Abbauprodukt DDE (**D**ichlor**d**iphenyldichloreth**e**n) reicherte sich in den Körpern der Vögel im Verlauf der Nahrungskette immer weiter an und sorgte schließlich ganz oben bei den Greifvögeln dafür, dass sie kein Kalzium mehr in ihre Eier einbauen konnten. Die Schalen wurden immer dünner und zerbrachen unter dem Gewicht der nistenden Eltern – katastrophale Bestandsabnahmen bei Wanderfalken, Seeadlern oder in Nordamerika beim Weißkopfseeadler waren die Folge.

Obwohl diese negative Wirkung bereits ab Mitte der 1950er Jahre bemerkt wurde, kam es erst lange nach der Veröffentlichung von Carsons Buch im Jahr 1972 zu einem endgültigen Verbot des Pestizids in den USA. Schweden hatte dagegen den Einsatz bereits ab 1970 untersagt, gefolgt von der Schweiz und (West-)Deutschland 1972. In Österreich wurde es ab diesem Zeitpunkt auch kaum mehr ausgebracht, aber erst 1998 völlig gebannt. In der DDR – wo es umfangreicher versprüht wurde als im Westen – verwendet man es ab den 1970er Jahren ebenfalls seltener, es durfte aber unter anderem in Holzschutzmitteln noch bis 1991 verarbeitet werden.

Heute darf es eigentlich nur noch zur Bekämpfung von Malariamücken und anderen krankheitserregenden Mücken versprüht werden, was nach Schätzungen der Vereinten Nationen in 21 Ländern geschieht – vor allem in Südasien und Afrika. Produziert wird DDT offiziell nur noch in Indien und China, insgesamt 5000 Tonnen gelangten im Jahr 2005 in die Umwelt [36]. Vielerorts zeigen sich jedoch schon starke Resistenzen gegen das Mittel, weshalb DDT zunehmend seine Wirkung gegen Mücken verliert.

Im Rahmen der Stockholm-Konvention vom 17. Mai 2004 untersagt ein völkerrechtlich verbindlicher Vertrag, dass neben DDT noch 11 weitere chlororganische Pestizide wie Aldrin oder Dieldrin und Gifte wie PCB nicht mehr produziert, vertrieben und verwendet werden dürfen [37][4]. Dieses so genannte dreckige Dutzend gehört zu den schlimmsten langlebigen organischen Schadstoffen, die sich in der Umwelt anreichern und Mensch wie Tier belasten. 2009 fügte man dieser Liste neun weitere Produkte hinzu, unter anderem das Pestizid Lindan [38].

DDT und verwandte Stoffe sind allerdings extrem langlebig, so dass sie auch lange nach ihrem Verbot nachgewiesen werden können, wie Andrew Gosler von der Universität Oxford und seine Kollegen in Großbritannien herausgefunden haben [39]. Über die farbige Musterung von Eierschalen schlossen sie auf die DDT-Konzentrationen im Körper des jeweiligen Greif-

4) Davon ausgenommen sind einige wenige, eng umgrenzte Ausnahmen wie beim DDT erwähnt.

vogelweibchens zurück: Je intensiver ihre Eier gefärbt und gesprenkelt waren, desto höher fiel der Giftgehalt in ihrem Gewebe aus.

Selbst mehr als dreißig Jahre nach dem Bann des Insektizids maßen die Chemiker in Sperbergelegen aus allen Teilen Großbritanniens noch erhöhte DDT-Werte zwischen 10 und 300 ppm (Teile pro Million Teilchen): Ab 200 ppm neigen die Schalen dazu, sehr brüchig zu werden. Wegen der von ihnen ermittelten DDT-Gehalte vermuten die Forscher, dass das Mittel entweder immer noch illegal eingesetzt wird oder sich noch deutlich widerständiger in der Umwelt hält als erwartet.

Das DDT verhindert, dass die Vögel ausreichend Kalzium in ihr Gelege einlagern können, weshalb sie Farbstoffe als Stabilisatoren verwenden. Zudem beeinträchtigt das Gift allgemein den Gesundheitszustand der Tiere, was sich auf ihre Färbung auswirkt, denn sie sind blasser als gesunde Artgenossen. Andere Schadstoffe wie Quecksilber beeinflussten nach Aussage Goslers die Eierfärbung dagegen wider Erwarten nicht. Anhand dieses Indikators wollen er und seine Kollegen nun eine einfachere Nachweismethode für die Umweltbelastung mit DDT entwickeln.

### Subtile Wirkung

Insgesamt gesehen spielen DDT und ähnliche Substanzen aber heutzutage kaum mehr eine Rolle im Vogelschutz, was sich in den stark gestiegenen Bestandszahlen verschiedener betroffener Greifvögel niederschlägt. Das hängt auch damit zusammen, dass die Mittel, bevor sie in den Handel kommen, mittlerweile langwierig und streng auf negative Folgen überprüft werden, was in Deutschland der Paragraph 2 des Pflanzenschutzgesetzes regelt. „Wesentliche Ziele dabei sind der ausreichende Schutz der Kulturpflanzen, die Vermeidung schädlicher Auswirkungen auf die menschliche Gesundheit und die Vermeidung unvertretbarer Effekte auf den Naturhaushalt", schreibt dazu das Bundesamt für Verbraucherschutz und Lebensmittelsicherheit. Insgesamt waren in Deutschland im Jahr 2007 knapp 660 Pflanzenschutzmittel zugelassen und wurden 41.000 Tonnen ausgebracht – das entspricht einer Zunahme um etwa 15 Prozent seit der Jahrtausendwende [40].

„Heute haben Pestizide vor allem sekundäre Folgen: Sie vergiften nicht die Vögel, aber sorgen dafür, dass sie unter Nahrungsmangel leiden, weil die Wildkräuter und Insekten fehlen", verweist Claus Mayr, Fachmann für europäische Landwirtschaftspolitik beim NABU, auf das gegenwärtige Hauptproblem der Vögel mit den Pflanzenschutzmitteln. Peter Berthold von der Vogelwarte Radolfzell quantifiziert diesen Fehlbetrag: „Durch die veränderte Landwirtschaft fehlen den Finken oder Sperlingen jedes Jahr etwa eine Mil-

Viele Faktoren haben zur Rückkehr des Fischadlers beigetragen – allen voran das Verbot von DDT und anderen Umweltgiften

lion Tonnen Samen, weil Wildkräuter verschwunden sind. Dieser Nahrungsmangel hat bei vielen Arten einen dramatischen Bestandsrückgang mit ausgelöst."

Bei Nick Brickle, damals an der Universität von Sussex, und seinen Mitarbeitern stellte sich in ihrer Untersuchung unter anderem heraus, dass Grauammerküken umso leichter und weniger lebensfähig waren, je weniger sie Insekten als Futter erhielten [41]. Zugleich nahm die Menge an Käfern, Raupen und anderen Wirbellosen umso stärker ab, je mehr die Felder mit Pestiziden besprüht wurden. Die Grauammern bevorzugten letztlich die Nahrungssuche auf Flächen, die weniger Gift abbekamen, doch reichten deren Beutetiere nicht aus, um den Bruterfolg hoch zu halten. Ihre Kollegen um Antony Morris vom RSPB entdeckten ähnliche Vermeidungsstrategien bei der verwandten Goldammer: Diese hielten sich in seltener gespritzten Sommergetreidefeldern vier Mal so häufig auf wie in den behandelten [42]. Und Julie Ewalds Mannschaft – ebenfalls aus Sussex – bemerkte bei der Auswertung einer 25-jährigen Datenreihe, dass Wachteln Feldlerchen und Grauammern in größerer Dichte wenig kontaminierte Areale besiedelten als jene, wo häufig der Spritzenwagen vorbeikam [43].

Diese Studien legen alle einen Zusammenhang zwischen Pestiziden und dem Bruterfolg beziehungsweise der Lebensraumwahl der Feldvögel nahe. Einen wissenschaftlich wasserdichten Beleg für die These, dass Pflanzenschutzmittel die Kinderstube der Lerchen und Ammern aushungern, lieferten sie jedoch noch nicht. Nigel Boatman vom Central Science Laboratory im britischen Sand Hutton und sein Team initiierten dafür einen umfangreichen Versuch mit Gold- und Grauammern sowie Feldlerchen [44]. Sie manipulierten das Futterangebot im Umfeld verschiedener Nester, indem sie Insektizide anwendeten, zusätzliche Samen als Nahrung ausbrachten und beides kombinierten.

Je mehr Flächen im Umfeld der Goldammerbruten versprüht wurden, desto geringer war ihr Bruterfolg, weil die Nestlinge nicht ausreichend Insektennahrung bekamen. Auch bei der Grauammer flogen dann weniger Junge aus. Bei der Feldlerche hatten jene Küken das geringste Gewicht, deren Neststandort den Pestizidnebeln ausgesetzt war – auch wenn sie nicht direkt daran sterben oder verhungern, senkt es ihre spätere Lebenserwartung oder fallen sie leichter Fressfeinden zum Opfer. Insgesamt kommen dadurch pro Paar nicht mehr ausreichend Jungvögel nach, weshalb der Bestand langfristig sinkt. Die Aufnahme der Pflanzenschutzmittel über die Nahrung (sowie von Blei und Kadmium) beeinträchtigt wohl zusätzlich die Gesundheit und das Wachstum der Küken, wie eine polnische Studie nahelegt [45]. Verstorbene Küken wiesen durchweg höhere Gehalte im Fettgewebe auf als gesunde Artgenossen. Selbst gering belastete Tiere erkrankten zudem leichter an Bakterieninfektionen, die ebenfalls den Tod herbeiführen konnten.

Mindestens 12 Arten sollen in Großbritannien von diesem indirekten Pestizideffekt betroffen sein – darunter neben den drei genannten auch der Feldsperling, die Singdrossel, der Bluthänfling und der Neuntöter [46]. Ihre Bestände sind nicht nur im Königreich eklatant eingebrochen – im Himmel über der Insel singen heute 3 Millionen Feldlerchen weniger als 1970 –, sondern gehen gleichermaßen in Deutschland zurück. Der NABU gibt mindestens fünf Arten an, bei denen Nahrungsengpässe durch Pflanzenschutzmittel zu einem Hauptproblem wurden; insgesamt 13 Spezies würden von einem verringerten Ausbringen profitieren – etwa der Ortolan, das Rebhuhn, Wachtel oder Braunkehlchen [47]. Eklatant getroffen hat die Vernichtung von Großinsekten wie Heuschrecken, Schmetterlingen oder bestimmten Käfern vor allem Blauracke und Wiedehopf, welche auf diese Beute zwingend angewiesen sind. Neben natürlichen klimatischen Veränderungen und dem Mangel an Nistplätzen ist dieser Verlust einer der Hauptgründe für ihr hiesiges Verschwinden. Nur noch der Wiedehopf lebt in kleiner Zahl in Deutschland, während die Blauracke laut Birdlife International mittlerweile zu den global bedrohten Arten zählt.

Turteltaube und vor allem der Bluthänfling leiden darüber hinaus am Verlust der Ackerwildkräuter, die durch Herbizide aus den Äckern gedrängt werden. Da das Gift zumeist nicht am Feldrain halt macht, reduziert es diese

Pflanzen letztlich dort genauso – und zerstört neben der Artenvielfalt die Nahrungsbasis des Finken [48]. Der Niedergang seiner britischen Population setzte parallel mit dem zunehmenden Mangel an geeigneten Körnern ein, den der Bluthänfling nicht mit seinem Wechsel zu unreifen Raps- sowie Löwenzahnsamen kompensieren konnte. Die Vögel brüten später und mit weniger Paaren, deren Nachwuchs häufiger verhungert.

Wie die bevorzugten Nahrungspflanzen des Hänflings sind auch jene der Turteltaube anfällig gegen die chemische Keule – etwa die Vogelmiere. Deren großflächiger Rückzug aus der britischen Agrarlandschaft lässt die davon abhängige Taube offensichtlich während der Brutzeit ohne ausreichend Futter zurück, weswegen viele Versuche fehlschlagen [49]. Mit den Wildkräutern gehen schließlich noch weitere Insekten verloren, die nicht direkt durch Insektizide getötet wurden, sondern selbst durch Nahrungsmangel sterben oder abwandern – ein Effekt, der gerade die Wachteln belastet [45, 50].

An konkrete Zahlen, wie viele Vögel von diesen „Kollateralschäden" betroffen sind oder wie viele direkt und indirekt an den Pestiziden sterben, herrscht hierzulande allerdings Mangel. In den USA – wo deutlich mehr Pflanzenschutzmittel im Handel sind und etwa ein Fünftel der weltweit ausgebrachten Pestizide verbraucht werden [51][5)] – gehen Schätzungen davon aus, dass jährlich 72 Millionen Vögel daran zugrunde gehen [52]. Man kann und darf diese Zahlen nicht auf Europa übertragen, da in den Vereinigten Staaten noch Agrarchemie im Handel ist, die hierzulande bereits verboten ist, nie oder nur in streng limitierten Ausnahmefällen eingesetzt wurde. Darunter befinden sich vierzig Pestizide, die nachweislich Todesfälle bei Vögeln bewirkt haben – etwa Carbofuran und Diazinon, die für viele Tiere hochtoxisch sind [53][6)].

Carbofuran etwa war nicht in Deutschland, jedoch in Österreich (bis 2008) und der Schweiz im gewerblichen Gartenbau zugelassen. Durch falsche Anwendung kamen hier ebenfalls schon Vögel ums Leben, wie ein Fall vom Schweizer Luganersee dokumentiert [54]: Mindestens 19 Stockenten starben an akuter Vergiftung, nachdem das Mittel am Tag zuvor gegen Bodenschädlinge auf einer Wiese am Wasser ausgebracht worden war[7)]. Im De-

5) Weltweit wurden im Jahr 2000 (die letzten aktuellen Zahlen der US-Umweltbehörde EPA) knapp 550.000 Tonnen Pestizide verkauft.

6) Carbofuran ist ein Fraß- und Kontaktgift gegen Insekten in der Landwirtschaft, Diazinon wird vor allem in Haushalten gegen Ungeziefer eingesetzt. Beide sind hochgiftig und können auch Wirbeltiere schädigen.

7) Dieser Fall ging auf fahrlässigen Umgang mit dem Mittel zurück. Doch es gibt immer wieder Fälle, in denen Greifvogelhasser gezielt mit Carbofuran gebeizte Kadaver auslegen, um die Greife zu vergiften. Im Jahr 2008 wurde deswegen ein Aachener Jagdpächter zu 8000 Euro Geldstrafe verurteilt, wie das Bonner Komitee gegen Vogelmord meldete.

zember 2008 verbot die Europäische Union schließlich Verkauf, Anwendung und Besitz des Pflanzenschutzmittels.

Mit diesen Erlassen ist das Gift jedoch nicht immer völlig aus der Welt, denn bisweilen wird das Problem einfach nur exportiert. Wiederum in den USA machte laut der American Bird Conservancy der Fall einer Massenvergiftung von Präriebussarden Schlagzeilen, bei dem 1996 innerhalb weniger Tage 20.000 Tiere – acht Prozent des Gesamtbestandes – durch einen großflächigen Azodrin-Einsatz in Argentinien umkamen [53]. Inwiefern die auch in der Sahelzone intensivierte Landwirtschaft und der vermehrte Pestizideinsatz[8)] unsere Vögel trifft, lässt sich bislang kaum abschätzen.

Laut dem Institut für Vogelforschung in Wilhemshaven ist dort beispielsweise die Wiesenweihe bedroht, da sie sich in ihrem Winterquartier stark von Heuschrecken ernährt. Diese können in manchen Jahren Schwärme aus mehrere Milliarden Tieren gründen, die innerhalb kürzester Zeit ganze Ernten vernichten. Um diese katastrophalen Folgen abzumildern, bekämpfte die Welternährungsorganisation (FAO) mit den lokalen Behörden die Heuschrecken mit Pestiziden, die zum Teil bei uns längst verboten sind und auch Vögel schädigen können. Immerhin hat die FAO in der Folge zugesagt, besser verträgliche Pestizide einzusetzen, wenn möglich.

Eine der wenigen Studien, die es zu geben scheint, widmet sich dem Versprühen der Pestizide Fenitrothion and Chlorpyrifos gegen Heuschrecken im Nordsenegal [55]. In der Folge verschwanden auf den überwachten Flächen die meisten Vögel, wobei aber nur ein Teil direkt starb. Der Rest wanderte mangels Nahrung ab. Die Ausweitung dieser Einsätze bedeutet daher, dass einheimische und Zugvögel zumindest um weniger Futter untereinander konkurrieren müssen: Weniger Ressourcen bedeuten weniger und schwächere Tiere, so dass auch Pflanzenschutzmitteln in Afrika bis nach Europa ihre Wirkung entfalten.

## Nagergift gegen Rotmilane

Während DDT und Carbofuran in Europa unserer Vogelfauna nicht mehr schaden können, sind andere gefährliche Mittel dagegen noch ganz legal im Handel – und gefährden einen unserer wichtigsten Greifvögel: den Rotmilan. „Er leidet unter Rodentiziden, die zwar versteckt ausgebracht werden, um Ratten und Mäuse zu vergiften, die aber nicht direkt töten. Sie reichern sich vielmehr mit der Zeit in deren Körper an, und die Nager sterben erst später. Damit will man verhindern, dass die lernfähigen Tiere zurückschließen können, woran ihre Artgenossen verendet sind. Ansonsten würden sie

8) Laut FAO hat sich dort der Pestizidverbrauch in den letzten vier Jahrzehnten verfünffacht.

Mehr als die Hälfte des gesamten Weltbestandes des Rotmilans brütet in Deutschland: eine hohe Verantwortung für unser Land.

dann diese Futterquelle meiden. Frisst nun ein Rotmilan diese vergiftete Beute, kann er bei ausreichender Exposition selbst sterben", erklärt Claus Mayr vom NABU.

In der Schweiz und in Frankreich häuften sich in den letzten zwei Jahrzehnten diese Vergiftungen, wobei vor allem Bromadiolon beteiligt war: ein starkes Mittel, das die Blutgerinnung hemmt und über die Haut und Mund aufgenommen wird. Im Kanton Neuenburg sowie in der Provinz Franche-Compté fielen nach Angaben der Schweizerischen Vogelwarte Sempach Hunderte von Greifvögeln, darunter auch viele Rotmilane, den Nagerbekämpfungsaktionen zum Opfer. Während die Schweiz danach die Verwendung stark eingeschränkt hat, sieht es andernorts laut Mayr schlecht aus: „Gerade Frankreich, Portugal und Spanien sind in dieser Hinsicht noch problematisch."

In einer schottischen Untersuchung wurde gezeigt, dass bereits Rodentizid-Gehalten über 0,2 Milligramm pro Kilogramm in der Leber von Rotmilanen eine tödliche Dosis darstellen [56]. Zwei Drittel der untersuchten 80 Rotmilane wiesen Rückstände der Mittel im Körper auf, dazu ein Fünftel der Schleiereulen und knapp 40 Prozent der Mäusebussarde. Wegen seines Beutespektrums und weil er Aas nicht verschmäht, galt der Rotmilan zudem unter allen Greifvögeln als der am stärksten vom Gifttod bedrohte[9]. Neben

9) Ein höheres Risiko trug laut der Untersuchung nur noch der Fuchs, der vor allem auch Mäuse und Wühlmäuse jagt.

Bromadiolon hatte Difenacoum (ebenfalls ein Antigerinnungsstoff) größere Bedeutung. Laut einer Erhebung des britischen Barn Owl Trusts nahm der Anteil der mit Rodentiziden belasteten Schleiereulen zudem zwischen 1983 und 1996 von 5 auf rund 40 Prozent zu – ein Zeichen, das der Einsatz dieser Mittel sich ausgeweitet hat [57].

## Auf chemische Keule verzichten

Wie schon im Kapitel zur Landwirtschaft angesprochen (siehe Kapitel 2), gilt es, die Interessen der Bevölkerung und ihren Bedarf an ausreichenden, günstigen wie guten Lebensmitteln gegenüber den Wünschen der Naturschützer abzuwägen (wobei das eine das andere meist nicht ausschließt). Entsprechend kann und wird es natürlich nicht durchsetzbar sein, Pestizide völlig zu verbannen. Der Verbrauch sollte aber dennoch, wo immer es möglich ist, reduziert oder vollkommen ausgesetzt werden – etwa auf Golfplätzen oder in Parkanlagen. In der Landwirtschaft ließen sich Schwellenwerte festlegen, ab wann Insekten eine schädliche Menge erreicht haben: Erst dann sollte gesprüht werden. Zudem sollte es selbstverständlich sein, nur jene Mittel einzusetzen, die gezielt gegen Schädlinge wirken und keine Breitbandanwendungen, die alle Insekten treffen. Wenn möglich, gilt es auch die Ackerrandstreifen und Hecken im Umfeld von der Pestizidwolke zu verschonen, um Feldvögeln wie der Wachtel einen Rückzugsraum mit ausreichender Nahrung zu gewähren: Erfahrungen aus Großbritannien bezeugen, dass dies durchaus erfolgversprechend ist [58]. Und gerade für Vogelfreunde ist es natürlich tabu, im eigenen Garten mit den Giften zu hantieren.

## Literatur


[1] http://www.wild.uzh.ch/bg/index.htm (01. August 2009)

[2] Locke, L.N., Thomas, N.J. (1996) Lead poisoning of waterfowl and raptors, in (Eds. Fairbrother, A., Locke, L.N., Hoff, G.L.) *Non-infectious diseases of wildlife*, Ames (Iowa), State University Press, S. 108–117.

[3] Kramer, J.L., Redig, P.T. (1997) Sixteen years of lead poisoning in eagles, 1980–1995: an epizootiologic view, Journal of Raptor Research 31, S. 327–332.

[4] Langgemach, T., Kenntner, N., Krone, O., Müller, K. und Sömmer, P. (2006), Anmerkungen zu Bleivergiftungen von Seeadlern (*Haliaeetus albicilla*), Natur und Landschaft 81 (6), S. 320–326.

[5] Mateo, R., Taggart, A., Meharg, A.A. (2003) Lead and arsenic in bones of birds of prey from Spain, Environmental Pollution 126, S. 107–114.

[6] Fabczak, J., Szarek; J., Markiewicz, K. and Markiewicz, E. (2003), Cormorant as a lead contamination bio-indicator in the water environment, Cormorant Research Group Bulletin 5, S. 40–44.

[7] Mateo, R. (2009) Lead poisoning in wild birds in Europe and the regulations adopted by different countries, in (Eds. Watson, R.T., Fuller, M., Pokras, M. and Hunt, W.G.) *Ingestion of Lead from Spent*

*Ammunition: Implications for Wildlife and People*, The Peregrine Fund, Boise, Idaho, USA, 10.4080/ilsa.2009.0107.
[8] Bezzel, E., Fünfstück, H.J. (1995) Alpine Steinadler *Aquila chrysaetos* durch Bleivergiftung gefährdet? Journal für Ornithologie 136, S. 294–296.
[9] Kenntner, N., Crettenand, Y., Fünfstück, H.J., Janovsky, M. und Tataruch, F. (2007) Lead poisoning and heavy metal exposure of golden eagles (*Aquila chrysaetos*) from the European Alps, Journal für Ornithologie 148, S. 173–177.
[10] Kenntner, N., Krone, O., Altenkamp, R., Tataruch, F. (2003) Environmental Contaminants in Liver and Kidney of Free-Ranging Northern Goshawks (*Accipiter gentilis*) from Three Regions of Germany, Archives of Environmental Contamination and Toxicology 45, S. 128–135.
[11] Pain, D.J., Carter, I., Sainsbury, A.W., Shore, R.F., Eden, P., Taggart, M.A., Konstantinos, S., Walker, L.A., Meharg, A.A. and Raab, A. (2007) Lead contamination and associated disease in captive and reintroduced red kites *Milvus milvus* in England. Science of The Total Environment Volume 376, (1–3), S. 116–127.
[12] Gill, C.E., Langelier, K.M. (1994) Acute lead poisoning in a bald eagle secondary to bullet ingestion. Canadian Veterinary Journal 35, S. 303–304.
[13] Pain, D.J. (1996) Lead in waterfowl, in (Eds. Beyer, W.M., Heinz, G.H., Redman-Norwood, A.W.), Environmental Contaminants in Wildlife: Interpreting Tissue Concentrations. Lewis Publishers, Boca Raton, S. 251–262.
[14] http://www.env-it.de/umweltbundesamt/luftdaten/download/public/docs/pollutants/others/infoblatt_blei.pdf (02. August 2009).
[15] http://www.umweltdaten.de/publikationen/fpdf-l/2936.pdf (02. August 2009).
[16] http://www.lci-koeln.de/27_11.htm (02. August 2009).
[17] http://www.seeadlerforschung.de/downloads/Dokumentation_Fachgespraech.pdf (02. August 2009).
[18] Pain, D.J., Bavoux, C., Burneleau, G. (1997) Seasonal blood lead concentrations in marsh harriers *Circus aeruginosus* from Charente-Maritime, France, Biological onservation 121, S. 603–610.
[19] Mateo, R., Cadenas, R., Mañez, M., Guitart, R. (2001) Lead shot ingestion in two raptor species from Doñana, Spain, Ecotoxicology and Environmental Safety 48, S. 6–10.
[20] Mateo, R., Estrada, J., Paquet, J.-Y., Riera, X., Dominguez, L., Guitart, R. and Martinez-Vilalta, A. (1999) Lead shot ingestion by Marsh Harriers *Circus aeruginosus* from the Ebro delta, Spain, Environmental Pollution 104, S. 435–440.
[21] Mateo, R., Taggart, M. A. (2007) Toxic effects of the ingestion of lead polluted soil on waterfowl. Proceedings of the International Meeting of Soil and Wetland Ecotoxicology, Barcelona, Spain.
[22] Müller, P., Blömeke, B., Kemper, F. (2007) Das Ende der Bleimunition. Bewertung von bleihaltiger Munition aus Jagdgewehren, Jäger 1/2007, S. 18–23.
[23] Guillemain, M., Devnineau, O., Lebreton, J.-D., Mondain-Monval, J.-Y., Johnson, A.R. and Simon, G. (2007) Lead shot and Teal (*Anas crecca*) in the Camargue, Southern France: Effects of embedded and ingested pellets on survival, Biological Conservation 137, S. 567–576.
[24] Pain, D. J., Amiard-Triquet, C., Sylvestre, C. (1992) Tissue lead concentrations and shot ingestion in nine species of waterbirds from the Camargue (France) Ecotoxicology and Environmental Safety 24, S. 217–233.
[25] Guitart, R., To-Figueras, R., Mateo, R., Bertolero, A., Cerradelo, S. and Martinez-Vilalta, A. (1994) Lead poisoning in waterfowl from the Ebro delta, Spain: Calculation of lead exposure thresholds for Mallards. Archives of Environmental Contamination and Toxicology 27, S. 289–293.
[26] Mateo, R., Green, A. J., Jeske, C. W., Urios, V. and Gerique, C. (2001) Lead poisoning in the globally threatened Marbled Teal and Whiteheaded Duck in Spain. Environmental Toxicology and Chemistry 20, S. 2860–2868.
[27] Svanberg, F. Mateo, R, Hillström, L., Green, A.J., Taggart, M.A.,Raab, A. and Meharg, A.A. (2006) Lead isotopes and lead shot ingestion in the globally threatened marbled teal (*Marmaronetta angustirostris*) and white-headed duck (*Oxyura*

*leucocephala*), Science of The Total Environment 370, S. 416–424.
[28] Potts, G.R. (2005) Incidence of ingested lead gunshot in wild grey partridges (*Perdix perdix*) from the UK. European Journal of Wildlife Research 51, S. 31–34.
[29] Butler, D. A., Sage, R.B., Draycott, R. A. H., Carroll, J. P. and Potts, D. (2005) Lead exposure in Ring-necked Pheasants on shooting estates in Great Britain. Wildlife Society Bulletin 33, S. 583–589.
[30] Imre, Á. 1997. Fácánok sörét eredetu ólommérgezése. Magyar Allatorvosok Lapja 119, S. 328–330 (gefunden bei [7]).
[31] Mörner, T., L. Petersson (1999) Lead poisoning in woodpeckers in Sweden. Journal of Wildlife Diseases 35, S. 763–765.
[32] Bundesamt für Verbraucherschutz und Lebensmittelsicherheit (Hrsg., 2008) Berichte zur Lebensmittelsicherheit 2007, Birkhäuser Verlag, Basel, Schweiz.
[33] http://web.me.com/gregor.beyer/download/gb2005_001.pdf (04. August 2009).
[34] http://www.seeadlerforschung.de/downloads/Dokumentation_FG2.pdf (04. August 2009).
[35] Carson, R. (1962, neu aufgelegt 2007) Der stumme Frühling, Beck Verlag, München.
[36] United Nations Environment Programme: Report of the expert group on the assessment of the production and use of DDT and its alternatives for disease vector control. Third Meeting, Dakar, 30. April bis 4. Mai 2007 (http://www.pops.int/documents/meetings/cop_3/meetingdocs/cop3_24/24-K0760230%20POPS-COP3.pdf) (06.08.2009).
[37] Richter, S., Steinhäuser, K.-G., Fiedler, H. (2001) Globaler Vertrag zur Regelung von POPs: Die Stockholm Konvention. Umweltwissenschaften und Schadstoffforschung 13, S. 39–44.
[38] http://chm.pops.int/Convention/Pressrelease/COP4Geneva8May2009/tabid/542/language/en-US/Default.aspx (07. August 2009).
[39] Jagannath, A., Shore, R.-F., Walker, L. A., Ferns, P. N. and Gosler, A.G. (2007) Eggshell pigmentation indicates pesticide contamination, Journal of Applied Ecology 45, S. 133–140.
[40] http://www.umweltbundesamt-umwelt-deutschland.de/umweltdaten/public/theme.do?nodeIdent=2284 (07. August 2009)
[41] Brickle, N.W., Harper, D. G. C., Aebischer, N.J and Cockayne S.H. (2000) Effects of Agricultural Intensification on the Breeding Success of Corn Buntings *Miliaria calandra,* Journal of Applied Ecology 37, S. 742–755.
[42] Morris, A.J., Whittingham, M.J., Bradbury, R.B., Wilson, J.D., Kyrkos, A., Buckingham, D.L. and Evans, A.D. (2001) Foraging habitat selection by Yellowhammers (*Emberiza citrinella*) in agriculturally contrasting regions in lowland England. Biological Conservation 98, S. 197–210.
[43] Ewald, J.A., Aebischer, N.J., Brickle, N.W., Moreby, S.J., Potts, G.R. & Wakeham-Dawson, A. (2002) Spatial variation in densities of farmland birds in relation to pesticide use and avian food resources, in (Eds. Chamberlain, D., Wilson, A.) *Avian Landscape Ecology-Pure and Applied Issues in the Large-Scale Ecology of Birds,* International Association for Landscape Ecology, S. 305–312.
[44] Boatman, N.D., Brickle, N.W., Hart, J.D., Milsom, T.P., Morris, A.J., Murray, A.W., Murray, K.A. and Robertson, P.A. (2004) Evidence for indirect effects of pesticides on farmland birds, Ibis 146 (supplement 2), S. 131–143.
[45] Pinowski, J., Barkowska, M., Kruszewicz, A.H. and  Kruszewicz, A.G. (1994) The causes of the mortality of eggs and nestlings of *Passer* spp., Journal of Biosciences 19, S. 441–451.s
[46] Campbell, L.H., Avery, M.I., Donald, P., Evans, A.D., Green, R.E. and Wilson, J.D. (1997) A Review of the Indirect Effects of Pesticides on Birds. JNCC Report 227. Peterborough: Joint Nature Conservation Committee.
[47] NABU (Hrsg., 2004) Vögel der Agrarlandschaft. Bestand, Gefährdung, Schutz (http://bergenhusen.nabu.de/download/feldvoegel.pdf) (07.08.2009).
[48] Moorcroft, D., Bradbury, R.B.,Wilson, J.D. (1997) The diet of nestling Linnets *Carduelis cannabina* before and after

agricultural intensification. Brighton Crop Protection Conference – Weeds, S. 923–928. Farnham: British Crop Protection Council (gefunden bei 44].

[49] Browne, S.J., Aebischer, N.J. 2004. Temporal changes in the breeding ecology of European Turtle Doves *Streptopelia turtur* in Britain, and implications for conservation, Ibis 146, S. 125–137.

[50] Moreby, S.J. & Southway, S.E. 1999. Influence of autumn applied herbicides on summer and autumn food available to birds in winter wheat fields in southern England. Agriculture, Ecosystems & Environment 72, S. 285–297.

[51] http://www.epa.gov/oppbead1/pestsales/01pestsales/usage2001.htm#3_1 (08. August 2009).

[52] Pimentel, D. (2005) Environmental and Economic Costs of the Application of Pesticides Primarily in the United States, Environment, Development and Sustainability 7 (2), S. 229–252.

[53] http://www.abcbirds.org/abcprograms/policy/pesticides/ (08. August 2009).

[54] Kupper, J; Baumgartner, M; Bacciarini, L N; Hoop, R; Kupferschmidt, H; Naegeli, H (2007) Carbofuran-Vergiftung bei wildlebenden Stockenten, Schweizer Archiv für Tierheilkunde 149, S. 517–520.

[55] Mullie, W.C., Keith J.O. (1993) The Effects of Aerially Applied Fenitrothion and Chlorpyrifos on Birds in the Savannah of Northern Senegal, Journal of Applied Ecology 30, S. 536–550.

[56] Sharp, E.A., Taylor, M.J., Giela, A. and K. Hunter., K. (2007) The environmental impact of anticoagulant Rodenticide use on Wildlife in Scotland, unveröff. Poster (http://www.sasa.gov.uk/mediafiles/4A3851E0_C7B8_DD25_7DAE50680B0A0568.pdf) (08. August 2009).

[57] http://www.barnowltrust.org.uk/infopage.html?Id=89 (08. August 2009).

[58] Rands, M.R.W. (1986) The survival of gamebird (Galliformes) chicks in relation to pesticide use on cereals, Ibis 128, S. 57–64.

# Inseln in der Ödnis

## Forstwirtschaft, Infrastruktur und Freizeitindustrie engen die Natur ein – mehr Wildnis nützt seltenen Arten

Am 18. Januar 2007 zog Orkantief Kyrill mit Urgewalt über Mitteleuropa hinweg: Mehrere Menschen starben, dazu entstanden Millionenschäden an Gebäuden und Infrastruktur, die Bahn stellte erstmals seit dem Krieg ihren Betrieb bundesweit ein, und der neue Berliner Hauptbahnhof machte Schlagzeilen, weil eine tonnenschwere Stahlstrebe aus der Fassade gehebelt wurde und abstürzte. Bei diesen Schreckensmeldungen ging etwas unter, dass der Sturm, der mit Windspitzen von über hundert Kilometern pro Stunde über das Land hinweg fegte, auch in Deutschlands Wäldern großen Schaden anrichtete: In Nordrhein-Westfalen, dem Schwarzwald, Teilen Frankens oder Sachsens entwurzelte er Millionen Bäume – so wie zuvor 1990 die Stürme Vivian und Wiebke oder 1999 Lothar.

Vornehmlich betroffen waren von diesen Stürmen die Fichten – der Brotbaum der Forstwirtschaft, der viele Wälder der Republik dominiert [1][1)]. Sie wächst schnell, wurzelt aber auch nur relativ flach. Im Vergleich zu tiefer im Boden verankerten Laubbäumen wird die Fichte leichter ausgehebelt und umgeworfen. Wo extreme Böen hausen, kann es passieren, dass auf Dutzenden Hektar große Windwurfflächen entstehen, die nur mühsam und unter hoher Gefahr für Waldarbeiter geräumt werden können.

Was für Forstbesitzer immense Schäden bedeutet, kann für die Natur jedoch von großem Nutzen sein. Schließlich gehören „Katastrophen“ wie diese zum Teil ihrer Dynamik, die – sofern der Mensch nicht eingreift – das Ökosystem auf Dauer aufwerten, den Wald natürlich verjüngen und strukturreicher machen. Großräumig gesehen, erhöht all das die Artenvielfalt und schafft etwas, das hierzulande selten geworden ist: Wildnis. Denn gleich ob unbegradigte Flüsse, „Ur“wald oder unzugängliche Felsen und Moore: Sie stehen heute ebenso auf der Roten Liste wie die Arten, die speziell auf sie angewiesen sind. Wo sich dagegen die Natur frei entwickeln kann, können Seltenheiten wie die Raufußhühner, bestimmte Eulen und Spechte,

1) Im Jahr 2000 bedeckten Nadelwälder 51 Prozent der Waldfläche Deutschlands, Misch- und Laubwälder je 21 Prozent, der Rest verteilte sich auf Übergänge von Strauch- zu Waldgesellschaften. In Bayern, Baden-Württemberg und Thüringen dominieren Fichten und in Brandenburg Kiefern, während Hessen Deutschlands Buchenland Nummer 1 ist.

Schreiadler, Seeschwalben, Rohrdommel und mit ihnen viele weitere Spezies profitieren.

Dies zeigt ein Blick in den Nationalpark Bayerischer Wald, wo sich Wolfgang Scherzinger – ehemaliger Mitarbeiter des Nationalparks – über Jahrzehnte der natürlichen Entwicklung des Schutzgebietes widmete [2, 3]. Am Großen Spitzberg im Kernbereich des Schutzgebiets hauste im August 1983 eine Gewitterböe und riss eine Schneise in einen Wald, in dem damals Fichten vorherrschten und dem Buchen und in größerer Höhe einzelne Bergahorne beigesellt waren. In diese erste Lücke stieß knapp ein Jahr später ein weiterer Sturm, die beide zusammen mehr als 170 Hektar im Untersuchungsgebiet „verwüsteten".

Auf diese vermeintliche Katastrophe folgte bald eine zweite, denn die frisch geworfenen Fichten und warme Sommer boten dem Borkenkäfer optimale Brutbedingungen. Die Folge: Die Insekten vermehrten sich massenhaft und fraßen sich anschließend auch noch todbringend durch angrenzende alte Fichtenwälder in den Kammlagen des Nationalparks, da die üblichen Bekämpfungsmaßnahmen ausblieben.

Beide Ereignisse, die unmittelbar zusammenhängen, zeugten eine Reihe von Gewinnern und Verlierern unter den Vögeln: Verheerend war die Situation vor allem für die Arten des Waldinneren und der Kronenräume von Nadelbäumen: Die toten und sterbenden Fichten lieferten Erlenzeisig oder Fichtenkreuzschnabel bald keine Nahrung mehr, und ohne die Deckung verschwanden schnell Zwergschnäpper und Waldlaubsänger, Sommer- und Wintergoldhähnchen. Dagegen harrten Tannen- und Haubenmeise noch lange im „toten" Wald aus, sofern einzelne lebende Fichten eine benadelte Krone ausbildeten, die ihnen Deckung auf der ansonsten kahlen Fläche bot. Auf Dauer erlitten sie allerdings ebenfalls hohe Bestandseinbußen – vor allem in Winter zogen sie sich aus der zerstörten Fläche zurück, da sie unter Nahrungsengpässen litt.

Doch es tauchten auch ganz eindeutige Gewinner der Situation auf, welche die nach Sturm und Insektenfraß einsetzende Dynamik der Pflanzen-, Nager- und Insektenwelt zu ihren Gunsten nutzten: Statt des dunklen Waldinneren mit seiner geringen Vielfalt an schattentoleranten Pflanzen – wenige Farne, Gräser und Zwergsträucher wie Heidelbeere – herrschten plötzlich lichte Verhältnisse, die eine entsprechende Pioniervegetation begünstigten. Rasch etablierten sich beerenreiche Sträucher, gefolgt von ersten Birken, Weiden und Vogelbeeren. Die offene Vegetation lockte laut Scherzinger sogar zeitweilig den Grünlaubsänger an, der normalerweise typisch ist für lückige Taigawälder in Sibirien oder Skandinavien und der in Deutschland aus natürlichen Gründen extrem selten vorkommt.

Erfreulich entwickelte sich die Situation zwischenzeitlich für die Spechte: Bis zu sechs Arten tummelten sich plötzlich gleichzeitig auf der

Zu den gefährdetsten Vogelarten Deutschlands gehört der Auerhahn: Er braucht reich strukturierte, ungestörte Wälder.

Windwurffläche – statt der vormaligen zwei im dichten Fichtenwald. Angelockt hatte sie der Insektenreichtum und vor allem die Masse an Borkenkäfern, die sich in den toten und halbtoten Fichten entwickelten. An erster Stelle vermehrte sich der Buntspecht, aber auch Schwarz- und Dreizehenspecht, der es besonders auf den Borkenkäfer abgesehen hat, nutzten die Gunst der Stunde. Teilweise bildeten sich richtige Arbeits- und Fraßgemeinschaften, in denen sich verschiedene Spechte zusammenschlossen. Besonders der Dreizehenspecht suchte die Nähe der größeren Spezies, um deren Grobarbeit bei der Entrindung der befallenen Fichten auszunutzen. Ihnen schlossen sich zudem zahlreiche Meisen, Kleiber, Waldbaumläufer und Finken sowie Eichelhäher an. Zur Überraschung Scherzingers ebbte die Zahl der Spechtarten und -individuen bald nach dem Ende der Borkenkäfer-Hausse wieder ab, obwohl weiterhin ausreichend Brutplätze und Insektenreichtum vorhanden waren – mangelnde Deckung vor Greifvögeln, vermutet der Biologe, könnte ein Grund hierfür gewesen sein.

Bis zum Abschluss der Studie boten sich für Vögel der Strauchschicht wie Heckenbraunellen, Zilpzalp, Fitis oder Mönchsgrasmücke sowie die Bewohner offener Waldländer wie Ringdrossel, Gartenrotschwanz oder Baumpieper positive Bedingungen. Zwar stören umstürzende tote Fichten oder abplatzende Rinde immer wieder die Bodenvegetation und die aufkommenden Jungbäume. Doch finden sie hier reichlich Insekten, Deckung und Nistplätze – manche Arten wie die Mönchgrasmücke verdreifachten deshalb sogar ihre Zahl. Mit zunehmender Regeneration der Fichten und Buchen werden sich die Verhältnisse langfristig aber wieder in Richtung typischer Waldarten verschieben, während Strauch- und Waldsteppenbewohner abnehmen.

Die regelrechte Explosion der Mäusebestände, für die sich die Bedingungen durch die schnellwüchsige neue Bodenvegetation mit ihrer reichhaltigen Nahrung deutlich verbessert hatte, zog wiederum den Mäusebussard sowie den Habichtskauz[2] und ganz speziell Kleineulen wie den Sperlingskauz vermehrt an. Daneben nutzten Habicht, Wanderfalke und Kolkrabe die Lichtung zur Jagd. In den Hochlagen des Bayerischen Waldes währte allerdings das Eulenglück nur zeitweise, denn in den harten Wintern konnten mangels Nahrung und Deckung kaum Kleinvögel überdauern, während die Mäuse unter dem hohen Schnee unerreichbar waren. Die Eulen mussten saisonal also abwandern, um zu überleben.

### Freud und Leid der Raufußhühner

Ähnliches galt für Auer- und das Haselhuhn, die beiden deutschlandweit stark bedrohten Raufußhühner, die im Bayerischen Wald einen ihrer letzten Verbreitungsschwerpunkte in der Bundesrepublik haben. Im Sommer boten gerade dem Haselhuhn die relativ warmen und sonnigen Störungsflächen optimale Möglichkeiten zur Jungenaufzucht: Das überdurchschnittlich gute Angebot an Beerensträuchern und die aufkommenden Laubbäume mit ihren Knospen lieferten ausreichend Futter, der Verhau aus umgestürzten Bäumen und rankenden Dorngewächsen wie Brombeere und Himbeere schützt vor Luchsen oder aufdringlichen Wanderern. Der Winter jedoch zwang die Hühnervögel stets zur Abwanderung in benachbarte Waldflächen oder tiefere Lagen.

Ob das Auerhuhn deshalb langfristig im Nationalpark auf deutscher Seite überdauert, ist ungewiss. Nach Auskunft von Wolfgang Scherzinger lebten Anfang der 1970er Jahre, als der Nationalpark gegründet wurde, rund sechzig Individuen im Schutzgebiet – mit abnehmender Tendenz. Mitte der 1980er Jahre war dann mit 16 balzenden Männchen ein Tiefpunkt erreicht [4], weshalb sich die Behörden zur Aussetzung von gezüchteten Tieren entschieden. Insgesamt wilderten die Parkmitarbeiter über 400 Auerhühner

2) Der Habichtskauz kommt in Deutschland momentan nur im Bayerischen Wald vor, wo die Art bis 1925 Brutvogel war, dann aber ausgerottet wurde. Seit 1975 läuft ein Auswilderungsprojekt mit dem Ziel, die Eule im Dreiländereck zwischen Österreich, Tschechien und Bayern wieder heimisch zu machen. Momentan leben etwa 15 bis 20 Paare im bayerisch-böhmischen Grenzgebiet, und die Art brütet auch seit einigen Jahren erfolgreich. Die Unterstützung der Population durch nachgezüchtete Tiere soll noch so lange laufen, bis etwa 40 Brutpaare in der Region leben.

Altholzreiche Wälder helfen dem Raufußkauz, denn dort findet er leichter eine geeignete Höhle zum Brüten.

aus[3], doch der Großteil – vor allem Handaufzuchten – erwies sich als nicht überlebensfähig in freier Wildbahn. Durch die Borkenkäferplage und das Absterben alter Fichtenbestände ging zusätzlich ein Teil des Lebensraums verloren, und die Auerhühner mussten zumindest zeitweise abwandern: Durch den Rückgang der Waldameisen fehlt den Küken wichtiges Futter und die starke Vergrasung sowie der nachwachsende dichte Jungwald auf den Freiflächen stört die Alttiere.

3) Im gesamten Großraum Bayerischer Wald waren es über 1000 Jungtiere.

Wie sich die natürliche Waldregeneration auf die Zukunft der stark bedrohten Art auswirkt, muss sich noch zeigen. Der Borkenkäfer lichtete allerdings ebenso angrenzende Staats- und Privatwaldflächen auf, jedoch nur inselartig, was das Auerhuhn schätzt. Zudem lebt auf der tschechischen Seite im angrenzenden Sumava-Nationalpark ein relativ gesunder Bestand von etwa 160 Auerhühnern, so dass in der gesamten Region Böhmer- und Bayerischer Wald bis zu 280 Tiere existieren könnten. In den letzten Jahren wurden auch wieder vermehrt Bruten registriert, was zumindest zu bescheidenen Hoffnungen Anlass gibt, die Art auch außerhalb des Alpenraumes zu erhalten.

Die Untersuchungen aus dem Bayerischen oder den Hochlagen des Schwarzwaldes – wo Stürme ebenfalls schon gewütet haben – kann man nicht völlig auf das Tiefland übertragen, dennoch gibt es viele Parallelen. Die winterlichen Bedingungen sind im Flachland allerdings weniger harsch, so dass Störungen durch Orkane sich für daran angepasste Arten noch viel positiver auswirken können. Dazu zählen neben den Raufußhühnern auch Waldschnepfe und Ziegenmelker sowie verschiedene Singvögel wie Neuntöter, Heidelerche, Goldammer oder Baumpieper. Viele dieser Arten sind in ihrem Vorkommen in Deutschland gefährdet und teilweise sogar akut vom Aussterben bedroht. Wie Wolfgang Scherzinger in seiner jahrelangen Arbeit zeigen konnte, nützt es nicht nur ihnen, wenn die Natur einfach einmal sich selbst überlassen wird. Schließlich gewinnt auch eine Vielzahl seltener Pilze und Insekten wie Totholzkäfer, Grabwespen oder Spinnen von entwurzelten Bäumen – billiger und sicherer ist diese natürliche Art der Sturmbewältigung ohnehin.

### Verlust des Lebensraums

Zwei Aspekte muss man allerdings bei dieser Rückkehr der Wildnis im Bayerischen Wald beachten (und wohl nicht nur dort): die öffentliche Meinung und die Flächengröße. Beides ist in Deutschland nicht immer zum Vorteil der Vögel. Als der Borkenkäfer sein Werk in den Fichtenwäldern vor Ort begann und die Schäden sichtbar wurden, formierte sich vor Ort wie auch in der bayerischen Politik rasch Widerstand – bis hin zur Gründung einer „Bürgerbewegung zum Schutze des Bayerischen Waldes“ [5]. Sie wollte, dass der Nationalpark nicht erweitert und der Borkenkäfer auch im Schutzgebiet bekämpft wird, was dem Ziel eines Naturreservats hingegen widerspricht: Schließlich soll sich das Ökosystem darin ungestört vom menschlichen Handeln entwickeln.

Die Initiative zog mit ihren Anliegen bis vor den Bayerischen Verfassungsgerichtshof, unterlag dort aber im März 2009 [6]. Immerhin rang sie der Politik als Kompromiss ab, dass in den Erweiterungszonen des Nationalparks rund um den Falkenstein und Rachel bis 2017 die Insekten bekämpft werden. Vor Ort brachen jedoch stets aufs Neue hitzige Kontroversen aus, inwiefern man Natur im Park Natur sein lassen darf – ungeachtet der Entwicklung in den Totholzgebieten, wo sich unter den abgestorbenen Fichten ein artenreicher, gesunder neuer Wald entwickelt [3, 7, 8]: Teilweise erreichen die nachwachsenden Bäume in tieferen Lagen der zerstörten Flächen Höhen von mehr als vier Metern.

Wie das Beispiel des Auerhuhns gezeigt hat, benötigen gerade empfindliche Arten große und vor allem unzerschnittene Lebensräume, die ihnen Ausweichmöglichkeiten bieten, sollten sich örtlich die Bedingungen verschlechtern. Im Nationalpark Bayerischer Wald und den angrenzenden Gebieten stimmen diese Dimensionen, dennoch hängt der Erhalt der Raufußhühner am seidenen Faden – zumal wenn sich Störungen und Zerstückelung des Waldlebensraums mehren wie etwa im Schwarzwald beim größten Restbestand des Auerhuhns außerhalb der Alpen [9].

Dunkle Fichtenforste sind artenarm und anfällig für Stürme oder Insektenplagen. Vielerorts wandeln die Waldbesitzer sie heute deshalb zu Mischwäldern um.

Noch zu Beginn des 20. Jahrhunderts lebten schätzungsweise 3000 bis 4000 balzende Auerhähne in den ausgedehnten Nadelwäldern des südwestdeutschen Mittelgebirges. Seitdem ist der Bestand drastisch abgestürzt und liegt heute bei etwa 320 Männchen, die zunehmend isoliert leben [10][4]: Die Vögel verteilen sich auf viele kleine, zerstückelte Teilpopulationen, die untereinander kaum in Kontakt stehen, weil ihre Habitate durch Landwirtschaft, für die Vögel wertlose Forste und Straßen großflächig getrennt werden [11]. Und: „Die Auerhühner des Schwarzwalds sind mindestens 50 Kilometer getrennt von den Populationen in den Vogesen und den Alpen", sagt Gernot Segelbacher vom Max-Planck-Institut für Ornithologie. Da die Tiere sich nicht weiter als zwei bis maximal zehn Kilometer von ihrem Geburtsort entfernen, durchmischen sich die Bestände des Schwarzwaldes nicht mit jenen benachbarter Regionen: Blutauffrischungen unterbleiben.

„Früher hatten die Auerhühner dagegen einen regen Austausch untereinander", so Segelbacher. „Die momentane genetische Struktur der Vogelpopulationen wurde also durch die Zerstückelung ihres Lebensraumes in jüngerer Zeit hervorgerufen." So unterscheiden sich die einzelnen Gruppen zwar stärker voneinander, mangels Verpaarungen über die künstlichen Barrieren hinweg verarmt jedoch ihr Erbgut innerhalb der Teilbestände – mit langfristig fatalen Folgen: Die kleinen Gruppen werden anfälliger für Krankheiten und Katastrophen bis hin zum Totalverlust. Eine Isolierung, die alle Reliktbestände des deutschen Auerhuhns außerhalb der Alpen betrifft: Seine Vorkommen im Schwarzwald, dem Bayerischen Wald, dem Fichtelgebirge oder dem Harz stehen nicht miteinander im Kontakt und beschränken sich meist auf sehr kleine Regionen. In der Lausitz erlosch die letzte Tieflandpopulation der Art 1998 [12].

Wegen seiner hohen Ansprüche an den Lebensraum – die Art bevorzugt lichte und strukturreiche alte Nadelmischwälder mit reichlich Bodenvegetation, die von Blaubeeren dominiert wird – gilt unser größtes Raufußhuhn als „Schirmart". Sie teilt sich quasi ihr Ökosystem mit einer Reihe weiterer, teils gefährdeter spezialisierter Vogelarten des Berglandes wie Haselhuhn, Zitronenzeisig, Dreizehenspecht oder Sperlingskauz [13]: Schützt man also diesen Biotoptyp und nutzt ihn maximal so, wie es der natürlichen Dynamik entspräche, so hilft man einer ganz Reihe bedrohter Waldspezies. In der Praxis sieht dies bisweilen aber völlig anders aus, wie die Biologen Pedro Gerstberger von der Universität Bayreuth und August Spitznagel vom Naturpark Fichtelgebirge rund um den Schneeberg und Ochsenkopf im Nordosten Bayerns beobachten mussten [14]: Mitten in der Brutzeit fanden 2006 und 2007 Waldarbeiten in Kernlebensräumen der Art am Osthang des Schneebergs und in der Königsheide statt – teilweise monatelang und mit schwe-

4) Seit einem absoluten Tief knapp nach der Jahrtausendwende zeichnet sich allerdings ein zaghafter Erholungstrend ab.

rem Gerät, obwohl die zuständigen staatlichen (!) Forstämter auf die Problematik aufmerksam gemacht wurden. Die Altvögel flohen aus dem Gebiet und Nachzuchten fanden selbstredend nicht statt, was den ohnehin dezimierten Bestand noch weiter gefährdet hat[5].

## Naturwaldreservate als Keimzellen

Dabei ließen sich wohl sowohl das Auer- als auch das Haselhuhn durch relativ einfache Maßnahmen retten – ohne dass deswegen die Waldbewirtschaftung eingestellt werden müsste [10, 14, 15]. Im Gegenteil: Viele Fichtenwälder Deutschlands sind heute immer noch dichte, dunkle Forste, die nutzungsoptimiert sind, in denen jedoch kaum etwas lebt. Solange dies nicht während der empfindlichen Balz- und Brutzeit der Tiere zwischen März und Juli geschieht, können und sollen Auflichtungen in diesen Wäldern vorgenommen werden. Sie fördern die Strauchschicht, in der die Vögel einen Großteil ihrer Nahrung finden, und sorgen dafür, dass die zuvor zu dichten jüngeren Bestände für Auerhühner wieder befliegbar gemacht werden[6].

Gleichzeitig müssen lichte Altholzbestände erhalten bleiben, was seit einigen Jahren auch durch so genannte Naturwaldreservate erreicht werden soll. In diesen Schutzgebieten – bisweilen auch als Naturwaldzelle, Bannwald oder Totalreservat bezeichnet – unterbleibt die wirtschaftliche Nutzung, damit sich die Vegetation völlig natürlich entwickeln kann: Im Idealfall kommt am Ende ein Ökosystem heraus, das Urwäldern entspricht. In der Bundesrepublik bestehen heute mehr als 700 derartige Naturwälder, die insgesamt jedoch nur eine Fläche von etwa 31.000 Hektar bedecken [16][7] – zum Vergleich: Der gesamte Waldbestand Deutschlands umfasst 107.000 Quadratkilometer [1].

Obwohl diese Flächen sehr klein sind, leisten sie ihren Beitrag zum Artenschutz, selbst wenn die Artenvielfalt von Vögeln im reinen Wirtschaftswald in einzelnen Fällen sogar höher ist, wie manche der bislang erschienenen Studien andeuten [17, 18, 19, 20] – aber hier muss man eben auch die entsprechend geringe Größe der Naturwälder berücksichtigen. Heiko Schumacher von der Universität Göttingen ermittelte in seiner Doktorarbeit allerdings, dass zumindest in nordostdeutschen Buchenwäldern – der für das

5) Immerhin gelang im südlichen Teil des Fichtelgebirges nach Jahren der Abwesenheit der Nachweis neuer Bruten.

6) Anfallendes Bruchmaterial, Kronenreste und Sägemehl sollten aber entfernt werden, da sie den Lebensraum für Auerhühner entwerten können – zumindest Altvögel meiden dieses Terrain dann.

7) Mit starken Unterschieden zwischen einzelnen Bundesländern: Nur in Bayern, Baden-Württemberg und Niedersachsen gibt es mehr als 100 Naturwaldreservate. Und nur 60 sind größer als 100 Hektar. Naturwaldreservate gibt es auch in der Schweiz und in Österreich.

Der Mittelspecht ist auf alte Laubwälder angewiesen und ein Indikator für naturnahe Lebensräume.

Tiefland hierzulande eigentlichen typischen Waldgesellschaft[8)] – in alten Naturwaldreservaten zwei- bis dreimal so viele Brutvögel leben wie in benachbarten genutzten Arealen. Sie bevorzugen die so genannten Terminal- und Zerfallsphasen der Waldgesellschaft: Entwicklungsstadien, die es im Forst praktisch nicht gibt. Geprägt werden diese Zeitabschnitte durch große Mengen an Totholz, Lücken durch umgestürzte Bäume, ersten Jungwuchs in den neuen Lichtungen und generell eine hohe Biodiversität [18].

Dies erklärt wahrscheinlich auch, warum seltenere oder an Zahl abnehmende Arten wie Grau-, Klein- und Mittelspecht, Hohltaube, Waldlaubsänger oder Baumpieper die Naturwaldflecken bevorzugen und dort in größerer Dichte vorkommen. Gerade Höhlenbrüter können durch Naturwaldreservate begünstigt werden: Mit wachsendem Alter der Bestände nimmt ihre Zahl deutlich zu, weil Spechte im anfallenden Totholz, absterbenden Bäumen und morschen Ästen leichter ihre Brutplätze einrichten können.

8) Die Rotbuche hat ihren weltweiten Verbreitungsschwerpunkt in Deutschland und war im Tiefland bis hinein in höhere Lagen der Mittelgebirge und die montane Stufe der Alpen die vorherrschende Baumart. Für ihren Erhalt trägt Deutschland eine globale Verantwortung, doch wachsen urwaldähnliche Buchenwälder nur auf einem verschwindend geringen Bruchteil des potenziellen Areals. In den letzten Jahren wurde der Wert der Buchenwälder etwas besser gewürdigt und Nationalparks eingerichtet wie Hainich, Kellerwald oder Müritz, die speziell dieses Ökosystem schützen sollen.

Damit schaffen sie Wohnraum für Hohltauben oder Eulen und mancherorts auch Dohlen. Verglichen mit einem 85-jährigen Buchenwald verdoppelt sich ihr Anteil in einem Bestand, der mehr als 180 Jahre auf dem Holz hat. Und noch deutlicher wird der Einfluss der strukturreichen älteren Wälder bei der die Siedlungsdichte vier Mal so hoch sein kann wie im jungen Wirtschaftswald [19].

Eine Art, die Totholz besonders schätzt, ist der Mittelspecht – ein Vogel, für dessen Erhalt Deutschland maßgeblich mitverantwortlich ist, da es ein Fünftel des Weltbestandes beheimatet [21][9)]. Wie Heiko Schumacher ermittelt hat, nimmt die Siedlungsdichte des Mittelspechts deutlich zu, je mehr Totholz in einem Waldstück stehenbleibt, in die er seine Höhlen bauen kann. Umgekehrt meidet er Areale, in denen dieses Totholz schlicht zersägt und für ihn damit unbrauchbar wird [18]. Im Gegensatz zu seinen größeren Verwandten Bunt- und Schwarzspecht meißelt er zudem störende Baumrinde nicht weg, wenn er nach Nahrung sucht. Vielmehr inspiziert er grobe und rissige Borke von Eichen, aber auch alter Buchen, die es im „normalen" Wirtschaftswald nur selten gibt, und sogar von Erlen [22, 23].

Für Martin Flade vom Landesumweltamt Brandenburg, der sich unter anderem intensiv mit der Erforschung von Waldvögeln beschäftigt, liegt es daher nahe, dass der Mittelspecht ursprünglich eine häufige Brutvogelart aller älteren Laubwälder des Tieflandes und der Mittelgebirge war. Heute beschränkt er sich dagegen vielfach auf Eichenwälder und alte Parks, weil die meisten Buchenbestände zu jung sind und ihm weder Nistplätze noch Nahrungsgründe bieten. Erst ab einem Alter von 200 Jahren – wenn die Bäume zum so genannten Altholz zählen – verbessern sich darin die Lebensbedingungen. Einen ähnlichen Zusammenhang hat man auch beim Halsbandschnäpper beobachtet, der ebenfalls als eine typische Eichenwaldart galt, weil an den von ihm gerne besiedelten überreifen alten Buchenwälder nahezu vollständiger Mangel herrscht [24].

## Wildnis im Wirtschaftswald

Wie beim eingangs erwähnten Beispiel des Bayerischen Waldes ist die flächendeckende Rückkehr von Wildnis und natürlicher Dynamik außerhalb von Großschutzgebieten kaum möglich – zu stark sind die gegen-

9) Neben dem allseits bekannten Rotmilan, von dem fast zwei Drittel des Weltbestandes in Deutschland brüten, gehören dazu weitere primäre Waldvögel wie das Sommergoldhähnchen, Misteldrossel, Ringeltaube und Sumpfmeise sowie der Girlitz. Von globaler Bedeutung sind daneben die Vorkommen von u.a. Schreiadler, Halsbandschnäpper, Hausrotschwanz und Kernbeißer. Von den Arten, für die Deutschland übergeordnet wichtig ist, gehört die Hälfte zu den Waldvögeln und davon ein großer Teil zu den Bewohnern von Eichen- und Buchenökosystemen.

läufigen Interessen der Forstwirtschaft und bisweilen die Widerstände von Teilen der Bevölkerung. Zumindest etwas „Wildnis" ließe sich aber dennoch in die forstliche Nutzung abseits der kleinen Naturwaldreservate integrieren: Alt- und Totholz können mit gutem Willen auch im Wirtschaftswald erhalten bleiben – zum Wohle der Artenvielfalt: Je älter und totholzreicher ein Wald ist (und geringer die Nutzungsintensität), desto besser für die Natur. Rund die Hälfte der Waldvogelarten benötigen Höhlen, und für ein Viertel aller Waldtierarten und zahlreiche Pilze ist Totholz ein überlebenswichtiges Strukturmerkmal [25]. Mehrere hundert Wespen- und Bienenarten, über 1300 Käfer- und 1500 Pilzspezies sind so eng an abgestorbenes Holz in den verschiedensten Zersetzungsgraden gebunden, dass sie ohne dieses aus dem Wald verschwinden [26].

Wie sich diese wertvollen Naturrelikte in den Wirtschaftswald integrieren lassen, zeigt ein Beispiel aus Brandenburg, das ebenfalls von Heiko Schumacher erforscht wurde [18, 27]. Dort, im „Schwarzen Loch", erfolgt die Bewirtschaftung seit 1994 unter Berücksichtigung von Naturschutzbelangen: Totholz bleibt verstärkt stehen und liegen, Altholz darf sich entwickeln, Naturverjüngung wird bevorzugt. Innerhalb von nur vier Jahren (von 1998 auf 2002) stellte sich mit der zunehmenden Naturnähe ein bemerkenswerter Zuwachs beim Bestand und der Artenzahl von Brutvögeln ein – Beleg genug, dass sich das Ökosystem schon durch wenige Maßnahmen deutlich für die Vögel verbessert hatte. Neu nachgewiesen werden konnten unter anderem Zwergschnäpper, Grauschnäpper und Mittelspecht, die als Leitarten für den Buchenwald des Tieflandes gelten[10]. Dazu traten weitere Höhlenbrüter wie die Schellente und der Waldkauz, die zuvor fehlten. Die Starenzahl verdreifachte sich gar – ein weiteres Indiz, dass sich mit der zunehmenden Menge an Totholz auch das Angebot an Nistmöglichkeiten verbessert hatte.

Nun könnte man einwenden, dass es bei den Waldvögeln prinzipiell besser aussieht als beispielsweise bei den Arten des offenen Kulturlandes oder der Gewässer. Tatsächlich profitierten viele Charakterspezies der Nadel-, Misch- und Laubwälder von der naturnäheren Bewirtschaftung, die sich in den letzten knapp 20 Jahren durchgesetzt hat – unter anderem der Verzicht auf Kahlschläge, die Umwandlung reiner Nadel- in Mischwälder, die Bevorzugung der Naturverjüngung und einheimischer Baumarten sowie die Tolerierung von Totholz [28]. Etwa die Hälfte der 52 häufigsten Waldvögel Deutschlands nahm seit 1990 zu – darunter verschiedene Meisen, Sommergoldhähnchen, Kleiber, verschiedene Spechte und Eulen sowie die Hohltaube, aber auch Arten des Unterholzes wie Mönchsgrasmücke, Rotkehlchen oder Zaunkönig.

10) Im Gegenzug verschwand mit dem Baumpieper nur eine Brutvogelart.

Tot- und Altholz kennzeichnen den wilden Wald – zur Freude von Spechten, Eulen und anderen Höhlenbrütern, die im morschen Geäst leicht Nistplätze finden.

Ein Großteil dieses Zuwachses geht allerdings auf das Konto von außerhalb des Waldes lebenden „Waldarten" wie beim Grün- und Buntspecht, Eichelhäher, Gimpel und Wintergoldhähnchen [29, 30]. Fünf Arten (Heidelerche, Schwanzmeise, Sumpfmeise, Zilpzalp und Rotkehlchen) dünnen im Wald sogar aus, legen außerhalb davon jedoch deutlich zu; nur bei wenigen Arten zeigt sich auch in ihrem ursprünglichen Lebensraum eine signifikante Zunahme (Mönchsgrasmücke, Buntspecht, Haubenmeise und Sommergoldhähnchen). Viele dieser Spezies wandern quasi zunehmend in Städte und Dörfer ein, wo sie in dicht begrünten Gärten, Parks und Friedhöfen mit altem Baumbestand gute Lebensbedingungen vorfinden. Viele Waldvögel wie Kleiber, Buntspecht oder Eichelhäher lassen sich heute gut im eigenen Garten beobachten, und bei Meisen oder der Amsel – bis vor wenigen Jahrzehnten ein klassischer Bewohner von Forst und Tann – vermutet man kaum mehr, dass sie eigentlich von „dort draußen" stammen.

Darüber hinaus leben in Wäldern auch klare Verlierer, die in den letzten Jahren markant abgenommen haben: Das betrifft vor allem Langstreckenzieher wie Waldlaubsänger, Fitis, Turteltaube, Baumpieper und Trauerschnäpper. Bei ihnen ist unklar, wie stark ihr Absturz in jüngerer Zeit etwas mit dem heimischen Lebensraum zu tun hat oder ob die Probleme nicht eher auf dem Zugweg liegen. Die Turteltaube etwa gehört zu den bevorzugten Zielen von Jägern in Südeuropa (siehe Kapitel 5), und der Trauerschnäpper leidet unter klimatischen Verschiebungen: Er kehrt zu spät aus dem Winterquartier zurück, um genügend Insektennahrung für seine Küken zu finden (siehe Kapitel 6).

Beim Waldlaubsänger reichen diese Erklärungsansätze nicht aus, meint Franziska Hillig von der Hessische Gesellschaft für Ornithologie und Naturschutz, die das Schicksal der Art in ihrer Diplomarbeit unter die Lupe genommen hat [31]. In den letzten 15 Jahren hat sich demnach die Zahl der Waldlaubsänger bundesweit auf 400.000 Tiere halbiert, wobei die Art im Westen stärker als im Osten betroffen war – insgesamt ein Verlust, der die Art nach Meinung der Fachleute zu einem Kandidaten für die Rote Liste macht. Ein ganzes Bündel an Problemen scheint ihn dorthin zu treiben: Wie Hillig beobachtet hat, bevorzugte der Waldlaubsänger im überdurchschnittlich warmen Frühling 2007 höhere Lagen im hessischen Untersuchungsgebiet als Brutrevier. Erst als die Temperaturen fielen, breitete er sich in tiefere Lagen aus[11)]. Sollte sich dieser Trend zukünftig fortsetzen, verliert der Waldlaubsänger große Teile seines Verbreitungsgebiets in Deutschland und zieht sich in die oberen Stufen der Mittelgebirge zurück. Wie viele andere Zugvögel kehrt allerdings auch dieser Singvogel heute früher aus dem Winterquartier zurück, um die Gunst des zeitigeren Frühlings zu nutzen: Man muss also abwarten, wie anpassungsfähig die Art sein kann.

Als Bodenbrüter werden ihre Eier und Küken leicht Opfer von Nesträubern wie Füchsen, Mardern, Waschbären oder Wildschweinen: Ihre Bestände haben sich in den letzten Jahren parallel zum Niedergang des Waldlaubsängers enorm vergrößert, doch inwieweit das eine das andere bedingt, bleibt mangels Daten im Dunkeln (zur Rolle von Nesträubern auf Bodenbrüter siehe auch Kapitel 8).

Auf alle Fälle beeinträchtigt jedenfalls die moderne Forstwirtschaft den Vogel, wie Hillig anhand ihrer Testflächen bemerkte: Ihr Untersuchungsobjekt mied alte Laubwälder mit über hundertjährigen Bäumen vollständig, weil ihm dort offensichtlich die als Singwarte nötigen Zweige und Äste im unteren Stammabschnitt fehlten. Aus seiner Sicht suboptimal fielen gleichermaßen Reviere aus, in denen junge Bäume dicht den Unterwuchs bedeckten und ihm die Sicht versperrten beziehungsweise den Nestbau erschwerten. Dagegen präferierte die Art gut durchmischte Areale, in denen Bäume unterschiedlichen Alters nebeneinander vorkommen: Hier zählte die Biologin die meisten Nester und empfiehlt daher, dass die Forstwirtschaft möglichst vielfältige Lebensräume schafft: neben „wilden" Altholzbeständen eben auch Areale mit jungem Stangenwald, Naturverjüngung und offenerem Unterwuchs.

11) Der Beobachtungszeitraum beschränkte sich allerdings auf dieses Jahr, er ist also nicht repräsentativ.

## Schwarzstorch und Schreiadler

Einen abwechslungsreichen Lebensraum beansprucht auch der Schreiadler – mittlerweile der am stärksten gefährdete Adler der Bundesrepublik. Aktuell beschränkt sich seine Verbreitung auf Mecklenburg-Vorpommern sowie Brandenburg und einen isolierten Restbestand in Sachsen-Anhalt, nachdem sich die Art aus weiten Teilen Norddeutschlands sowie Bayerns im vergangenen Jahrhundert zurückgezogen hat, wie Thorsten Langgemach und seinen Kollegen darlegen [32]. Dabei bleibt der Schreiadler seinem Revier eigentlich sehr treu – teilweise über Jahrzehnte. Das aber setzt voraus, dass sich dieses nicht zu seinem Nachteil verändert und seinen hohen Ansprüchen genügt. Und diese sind nicht ohne: Schreiadler bevorzugen unzerschnittene Landschaften, in denen sich Wälder mit extensiv genutzten feuchten Wiesen und kleinen Gewässern abwechseln. Windparks oder Straßenbau zwingen die Art dagegen, ihr Revier aufzugeben (zu den allgemeinen Problemen durch Windkraft siehe Kapitel 7).

Seine Horste baut er bevorzugt auf Bäume, die in alt- und totholzreichen, vielfältigen Wäldern mit dichtem Kronenschluss stehen – Reviere, wie sie noch heute in Nordostdeutschland zu finden sind, die aber dort wie im benachbarten Ausland seltener werden. Viele der bevorzugten Standorte sind nach Meinung von Thorsten Langgemach „reif für die Axt", zumal in Mecklenburg-Vorpommern mit seinen alten Buchen und Eichen, in denen der Schreiadler bevorzugt nistet. Ihr Schutz wird auch dadurch erschwert, dass der Greifvogel seinem Horst nicht unbedingt treu bleibt, sondern diesen häufig verlagert. Statische Horstschutzzonen, wie sie beim Schwarzstorch oder Seeadler erfolgreich eingesetzt wurden, führen hier also nicht zum Ziel – trotz des Wohlwollens und der aktiven wie intensiven Mithilfe, die viele Revierförster zum Schutze des Schreiadlers leisten.

Die Art benötigt also entweder große Naturwaldreservate oder flexibles Management, das im Revier des Adlers auch die Wechselhorste berücksichtigt und um diese nur sehr sanfte Nutzung durchführt – selbstverständlich stets außerhalb der Brutzeit und bestenfalls nur alle fünf Jahre. Da ein Paar etwa 60 Hektar extensiv bewirtschafteten Brutwald benötigt, bedeutet das für den Forstwirt einen entsprechenden Einkommensverlust, der ausgeglichen werden muss – und im Staatswald hingenommen werden sollte. Mit dem ebenso erforderlichen Schutz feuchter Wiesen für die Nahrungssuche, der Bewahrung eines unzerschnittenen Lebensraums frei von Straßen und Windparks und der Vermeidung von Störungen durch die Freizeitindustrie erscheint der Schutz des Schreiadlers wie eine Herkulesaufgabe [mehr zu den erforderlichen Maßnahmen unter [33]. Doch wie Langgemach und seine Kollege Jörg Böhner ermittelt haben, reicht schon eine sieben- bis zehnprozentige Steigerung des Bruterfolgs aus, um die Art langfristig in Deutsch-

Schwarzstorch: Der heimliche Verwandte von Adebar vollzieht seit einigen Jahren ein erstaunliches Comeback. Mittlerweile brüten Schwarzstörche wieder regelmäßig und in steigender Zahl in unseren Wäldern – dank koordinierter Schutzbemühungen von Förstern, Jägern und Ornithologen.

land zu erhalten [34][12)] – und diesen relativ kleinen Zuwachs sollten wir mit dem „Pommernadler" wohl wirklich schaffen.

Vielleicht stellt sich dann bald auch ein erfreulicher Zuwachs ein, wie ihn der Schwarzstorch seit einigen Jahren erfährt [35] – neben der „Wiederkehr" von See- und Fischadler oder Wanderfalke eine der ganz großen Erfolgsgeschichten im Vogelschutz Deutschlands. Der dunkle Vetter des Weißstorchs besitzt ganz ähnliche Habitatansprüche wie der Schreiadler und reagiert(e) ebenfalls ganz stark auf menschliche Störungen mit der Aufgabe von Brutplätzen. Bis in die 1950er Jahre hinein ging sein Bestand in Deutschland wegen Jagd und intensivierter Landwirtschaft stark zurück, bis

**12)** Gefahr droht dem Schreiadler ebenso auf dem Zug ins Winterquartier, auf dem er immer noch abgeschossen wird (siehe Kapitel 5)

er kurz vor dem Erlöschen stand. Seitdem hat sich seine Zahl durch intensive Schutzanstrengungen deutlich erholt: Statt 10 bis 20 Paare wie nach dem Zweiten Weltkrieg leben heute wieder knapp 500 Paare in der Bundesrepublik, und die Schwarzstörche erobern von Ost nach West zunehmend alte Lebensräume zurück [36].

Dies gelang, weil Naturschützer, Jäger und Förster an einem Strang zogen: So wurden vielfach die entdeckten Horstbäume erhalten und in deren Umfeld während der Brut weder gejagt noch gearbeitet. Schonende Bewirtschaftung des Waldes, in denen alte Bäume erhalten blieben, renaturierte Fließgewässer und neu angelegte Waldtümpel förderten die Art zusätzlich[13]. Womöglich hat die Art durch den Jagdstopp auch etwas ihre Scheu vor dem Menschen abgelegt, wie die zunehmenden Beobachtungen nach Nahrung suchender Schwarzstörche im Umfeld von Siedlungen vermuten lassen. Sowohl Schwarzstorch als auch Schreiadler sind Schirmarten, also Tiere, von deren Schutzmaßnahmen andere Lebewesen profitieren – etwa Kraniche und Spechte oder unzählige Insekten.

## Wie sieht die Zukunft aus?

Ob sich die in den letzten Jahren häufiger praktizierte ökologisch orientierte Forstwirtschaft und der überwiegend positive Trend bei den Waldvögeln in den kommenden Jahren fortsetzen wird, bleibt abzuwarten. Im Zuge der Klimaschutzdebatte gewann Holz als nachwachsender Rohstoff an Beliebtheit: In Form von so genannten Hackschnitzelkraftwerken und Holzpelletheizungen soll es den Strom- und Wärmebedarf Deutschlands decken helfen [37, 38]. Auf Grund hoher Preise und starker Nachfrage zog der Holzeinschlag in den letzten Jahren wieder an und machte sogar die Nutzung von Bruch- und Totholz oder Unterwuchs attraktiv (etwa für Pellets).

Bisweilen machten Rodungsarbeit mit schwerem Gerät und bis hin zum Kahlschlag selbst vor Schutzgebieten nicht halt – etwa wie im brandenburgischen Naturschutzgebiet Stechlin, im thüringischen Isserstedter Holz oder im hessischen Höllerskopf wie der NABU bemängelt. Und rigoros gerodet wurde auch in der Wentorfer/Wohltorfer Lohe in Schleswig-Holstein, obwohl sie auf der Nachrückerliste für das Nationale Naturerbe Deutschlands steht – Verfehlungen, die sich lange fortsetzen ließen. Sorge bereitet auch vielen Naturschützern, dass die Landesforstämter zu Landesforstbetrieben

13) Wahrscheinlich hat die Art auch von der Wiederansiedlung des Bibers profitiert, der in Deutschland bis auf Reste an der Elbe ausgerottet war. Heute lebt das Nagetier praktisch flächendeckend in Ostdeutschland und Bayern mit stark expansiven Tendenzen. Die Stauteiche, die der Biber häufig anlegt, begünstigen den Schwarzstorch, weil sie seine Nahrung wie Frösche und Fische fördern. Die Ausbreitung der Schwarzstörche folgt jener des Bibers.

Entgegen dem allgemeinen Trend der Waldvögel, die vielfach zunehmen, haben Vertreter lichter Wälder wie der Grünspecht Schwierigkeiten: Ihnen fehlen die lückigen Biotope, wo sie ihre Nahrung finden.

umgewandelt wurden oder werden, die wirtschaftlicher arbeiten müssen: Ökonomie vor Ökologie lautet das Motto, das eine gewinnorientierte Forstwirtschaft vor den Naturschutz stellten könnte [28]. Beobachtet werden muss zudem, welchen Einfluss der Klimawandel auf unsere Wälder nimmt und wie sich die Überdüngung durch Stickoxide aus der Landwirtschaft und dem Autoverkehr auf die Waldgesellschaften mit ihren Vögeln auswirkt. Denn zunehmend dichte Wälder verdrängen Arten wie Ziegenmelker, Heidelerche oder Wendehals, die auf eher lichte, lockere Waldhabitate angewiesen sind [28] – auf sie gilt es ebenfalls Rücksicht zu nehmen und geeignete Managementsysteme in ihren Kernlebensräumen zu entwickeln.

Noch wächst die bewaldete Fläche Deutschlands weiter und liegt der jährliche Holzzuwachs über den im gleichen Zeitraum eingeschlagenen Mengen [39][14)]. Dennoch sollten Naturschützer hier die Augen offen halten und die Bestände auch der häufigeren Arten überwachen: als Frühwarnsystem und wegen unserer besonderen globalen Verantwortung gegenüber den heimischen Waldvögeln.

14) 2004 (aus diesem Jahr stammen die aktuellsten Zahlen des Statistischen Bundesamtes) schlug die Forstwirtschaft 82 Prozent (35,4 Millionen Tonnen) der Menge des nutzbaren Holzzuwachses dieses Jahres ein. Seit 1992 wuchs die deutsche Waldfläche jährlich um 160 Quadratkilometer – das entspricht der Größe der Stadt Aachen.

Sorgen sollten wir uns auf alle Fälle wegen der Waldvernichtung in den Tropen Afrikas, wo viele unserer Zugvögel überwintern [30]. Im Senegal allein fielen zwischen 1954 und 1986 fast alle Galeriewälder an Flüssen der Axt zum Opfer, im Nordosten Nigerias schrumpfte die Waldsavanne innerhalb von zwei Jahrzehnten (1976 bis 1995) um knapp 15 Prozent, andere Landesteile verloren zwischen 1993 und 2002 vier Fünftel ihres Baumbestandes. Und die Regenwälder Westafrikas gelten heute sogar als einer der extremsten Fälle zerstörter Ökosysteme. Mit den Bäumen verschwinden auch die Zugvögel, wie Studien andeuten. Doch in welchem Ausmaß dies geschieht, ob die Arten Ersatzlebensräume aufsuchen, ja, zum Teil wo sie überhaupt überwintern, ist bislang noch weitest gehend unbekannt.

### Freizeitgesellschaft contra Bergwildnis?

Während sich in vielen Waldgebieten (und selbst in den Nationalparks wie dem eingangs erwähnten Bayerischen Wald) echte „urige“ Wildnis erst entwickeln muss, findet sie in den Bergen vielleicht letzte Refugien – wenn auch nur kleine: Gerade einmal vier Prozent der Alpen gelten als richtige Wildnis, zumeist die höchsten Lagen und steilen Felsen [40]. Im Vergleich mit dem Tiefland, in dem nahezu jeder Flecken vom Menschen seit Jahrhunderten vereinnahmt und beeinflusst wird, haben sich die Alpen aber selbst dort noch etwas von ihrer schroffen Wildheit bewahrt, wohin wir uns mit Landwirtschaft oder Tourismus gewagt haben.

Es ist daher kein Wunder, dass in den Alpen lange Zeit viele Wildtiere überdauert haben, die im Flachland längst ausgestorben waren: Bär, Wolf, Luchs, Bartgeier oder Steinadler fanden letzte Zufluchten und haben teils bis heute ausschließlich hier in Mitteleuropa überlebt. Für drei der vier Raufußhühnerarten Deutschlands bilden die Berge die stärkste Hochburg[15)]. Und trotz des kleinen Anteils des Gebirges an der Gesamtfläche der Bundesrepublik gehört es zu den artenreichsten Regionen hierzulande – mit rund 1900 Pflanzenarten wächst hier mehr als die Hälfte aller deutschen Gewächse. Folgerichtig finden sich hier einige der größten Naturschutzgebiete Deutschlands, Österreichs und der Schweiz – in der Bundesrepublik etwa der Nationalpark Berchtesgaden und die Naturschutzgebiete Allgäuer Hochalpen, Karwendel und Ammergebirge, die jeweils um die 200 Quadratkilometer groß sind.

Auf der anderen Seite gibt es allein in Bayern rund 1400 Bergalmen mit 40.000 Hektar Weidefläche für Milchvieh – eine Nutzungsform, die, wenn sie extensiv betrieben wird, der Artenvielfalt durchaus nützt [41]: Sie hält

15) Auer-, Hasel- und Birkhuhn, das Alpenschneehuhn kommt ohnehin nur hier vor.

Bergweiden mit zahlreichen Kräutern offen und vergrößert den Lebensraum alpiner Säugetiere und Vögel wie Murmeltier, Rotsterniges Blaukehlchen oder Steinadler, der hier gut jagen kann. Ihr Erhalt kann bei ökologischer Bewirtschaftung dem Naturschutz sehr gut zuträglich sein – abgesehen vom ästhetischen Wert dieser Kulturlandschaft, den Touristen schätzen.

Zwei gegenläufige Trends kennzeichnen heute die Almwirtschaft: Aufgabe und Intensivierung. Schwer zu erreichende Regionen und steile Hanglagen lohnen bisweilen den Betrieb nicht mehr, und die Bergbauern stellen die Nutzung ein. In den deutschen Alpen läuft dieser Prozess nach einer Studie des Bund Naturschutz Bayern (BN) nur gebremst ab [41]. Während das „Höfesterben" im Flachland jährlich um 2,7 Prozent voranschreitet, geben unter den Alpenlandwirten im gleichen Zeitraum nur 1,5 Prozent auf. Parallel dazu nahm der Viehbesatz im Gebirgsraum zwischen 1990 und 2001 deutlich geringer ab als außerhalb. Eine weniger intensive Beweidung auf den Almwiesen wäre allerdings im Sinne der Naturschützer, da dadurch Verbiss- und Trittschäden reduziert würden. Der BN bewertet zudem die Aufgabe einzelner Almen relativ unkritisch, da selbst Jahrzehnte nach Auslaufen der Nutzung viele Bergwiesen noch immer frei von Gehölzen sein können und den offenen Charakter bewahren – wie etwa auf der Bäckenalm im Ammergebirge geschehen, die seit 1956 nicht mehr bewirtschaftet wird und nun artenreiche Hochstaudenfluren beheimatet. Eine großflächige Nutzungsaufgabe wäre jedoch auch nach Ansicht des BN definitiv nicht wünschenswert.

Zerstörung im Namen des Tourismus: Dieser Berg in Kärnten wurde massiv umgestaltet, damit eine Skipiste eingerichtet werden konnte.

Häufiger geschieht auf den Almen das Gegenteil: eine intensivierte Nutzung, die bereits aus dem Kulturland im Tiefland eine artenarme Agrarwüste gemacht hat. Selbst auf Bergwiesen wurde und wird heute Kunstdünger ausgebracht, um die Weiden zu „verbessern". In einem Fall dokumentierte der BN sogar, wie Säcke mit Mineraldünger per Hubschrauber auf die Alm geflogen wurden. Großflächig verteilt, sorgen die zusätzlichen Nährstoffe dafür, dass das Mosaik aus fetten und mageren Flecken mit ihren Arten nivelliert und wenige durchsetzungsstarke Pflanzen gefördert werden.

Erleichtert hat diese Umstellung der in den letzten Jahren zügig vorangetriebene Wegebau: Von Bayerns rund 1380 Almen hatten im Jahr 2004 nur 108 noch keinen eigenen Straßenanschluss, sondern ließen sich nur über kleine Pfade erreichen [41]: Einige sollen in den nächsten Jahren eigene Zufahrtswege erhalten. Diese Infrastrukturmaßnahmen zerschneiden die Landschaft und Lebensräume, verstärken die Erosion und wandeln die Ökosysteme im Umfeld, da sie das Kleinklima verändern. Und die Straßen begünstigen den Massentourismus, den Ökologen im Gebirge wohl am meisten fürchten – denn mit zunehmender Touristenzahl und der Ausbreitung von Trendsportarten wachsen die Störungen und der Stress für empfindliche Arten wie die Raufußhühner oder Greifvögel, wie einige Studien gezeigt haben.

Früher beschränkte sich die Freizeitindustrie in den Alpen auf einige speziell angelegte Skipisten und Loipen, die zwar intensiv genutzt wurden, aber räumlich doch einigermaßen begrenzt waren. Heute dagegen gehören Mountainbiken, Schneeschuhlaufen, Variantenskifahren oder Gleitschirmfliegen zum Standardprogramm der Touristenorte – Aktivitäten, die keine festen Anlagen mehr benötigen, sondern fast die gesamte alpine Fläche nutzen können [42]. Damit geraten die Sportler zweifellos in Rückzugsgebiete und winterliche Ruheräume von Arten wie dem Auer-, Birk- und Haselhuhn oder Rothirsch und Gämsen. Häufig reagieren die Tiere darauf mit Flucht vor den Eindringlingen, was gerade im Winter kräftezehrend ist und den Stresspegel erhöht. Bisweilen verlieren die Vögel so viel Energie, dass sie ums Überleben kämpfen und im Frühling womöglich nicht erfolgreich brüten können[16]. Dies legt zumindest ein Vergleich touristisch stark genutzter Flächen mit ungestörten Arealen im Schwarzwald nahe [43]: Zwischen 1995 und 2005 zogen Auerhühner im Südschwarzwald – etwa rund um den Feldberg – in ruhigen Wäldern mehr Nachwuchs groß als in Gegenden, wo sie durch den Freizeitdruck stetiger Unruhe ausgesetzt waren. Die Untersuchung beruhte jedoch auf einem Zufallsmonitoring und hält daher strengen

16) Im Winter fressen die Vögel vor allem die Knospen und Spitzen von Fichten und Föhren – wenig nahrhafte Kost, die lange verdaut werden muss.

wissenschaftlichen Maßstäben nicht stand, einen Fingerzeig liefert sie trotzdem.

Zweifelsfrei erwiesen ist, dass verschiedene touristische Aktivitäten Auer- und Birkhuhn stressen, ihnen die Nutzung vieler ansonsten geeigneter Habitate verleiden und sie stets aufs Neue zur Flucht zwingen [44, 45, 46, 47]. Dominik Thiel von der Schweizerischen Vogelwarte in Sempach und Susanne Jenni-Eiermann von der Universität Zürich beispielsweise untersuchten, wie sich Auerhühner im Umfeld von Hotels, Biathlonanlagen, Langlaufloipen und alpinen Skipisten im Schwarzwald und den Pyrenäen im Sommer wie Winter verhalten. Im Schwarzwald, wo die Jagd auf die stattlichen Hühnervögel im Gegensatz zu den Pyrenäen verboten ist, flohen die Tiere umso früher je intensiver dort Wintersport betrieben wurde: Einen Gewöhnungseffekt konnten die Forscher nicht ausmachen. Und der Vergleich mit den Pyrenäen zeigte, dass es für die Auerhühner keinen Unterschied macht, ob ein Jäger oder „nur" ein Wanderer naht.

Im Sommer nutzten sie zudem das ganze Gebiet, während sie sich im Winter aus dem Umfeld von Hotels und Sportanlagen nahezu völlig zurückzogen – wagten sie sich doch dorthin, fand dies meist an Tagen mit schlechtem Wetter und wenigen Touristen statt. In den Wäldern entlang der Langlaufloipen hielten sie sich dagegen ganzjährig gleichmäßig auf, wohl weil dort die Störung für die Vögel besser kalkulierbar war. Zugleich ergaben die Kotproben, dass die Konzentration an Stresshormonen stieg, je häufiger Menschen in das Revier der Tiere eindrangen und diese aufschreckten oder nervös machten.

## Vogelfeindliche Skipisten

Wie stark Skipisten und andere Infrastrukturmaßnahmen für den Wintersport die Vogelwelt in Mitleidenschaft ziehen, zeigt eine Studie von Raphäel Arlettaz von der Universität Bern am Beispiel des Birkhuhns in den Schweizer Alpen [48]: Dieses Raufußhuhn bevorzugt den Übergang vom Bergwald zu den alpinen Rasen, wo noch einzelne Gehölze wachsen. Zugleich tummeln sich hier viele Wintersportler. Auf Dauer geht das nicht gut für den Vogel, wie die Biologen festgestellt haben: In Skigebieten leben nur halb so viele Birkhühner wie in Regionen ohne Skilifte und Seilbahnen. Der Vergrämungseffekt war selbst noch in 1,5 Kilometern Distanz zu den Masten und Seilen der Zubringer spürbar. In mehr als 40 Prozent ihres Verbreitungsgebietes in den Walliser und Waadtländer Alpen litten die Vögel unter dieser Nutzung – allein der alpine Skisport trug mindestens 15 Prozent zum Bestandsrückgang der Art bei, schätzen die Forscher. Darin noch nicht berücksichtigt: die schädlichen Einflüsse von Skiwanderungen, Tourengängern und Schneeschuhläufern[17].

Die wie Schneisen in die Landschaft geschlagenen Skipisten beeinflussen selbst weniger scheue Vögel und die Vegetation in ihrem Umfeld. Das zeigt ein Vergleich der Forscher von alpinen Skigebieten mit fernab gelegenen natürlichen Wiesen, auf denen Paola Laiolo und Antonio Rolando von der Universität Turin wesentlich mehr Tiere und mehr Arten sichteten als im zum Freizeitpark umgestalteten Gelände [49, 50]. In einem Drittel aller Abfahrtsgebiete beobachteten sie während ihrer Studien sogar keinen einzigen Vogel, selbst in den angrenzenden, nicht genutzten Arealen waren die Populationen dezimiert.

Empfindliche Arten wie Steinhühner – das vielleicht seit wenigen Jahren wieder in den deutschen Alpen brütet [51] –, Alpenkrähe oder Steinschmätzer leiden dabei nicht nur unter den direkten Störungen und Lebensraumveränderungen, wie sie durch das Planieren der Piste, den Massentourismus oder den Lärm künstlicher Beschneiung ausgelöst werden. Härter trifft sie der Nahrungsmangel auf den Pisten: Mit der Pflanzenvielfalt verschwinden Insekten und Spinnen unter den Ketten der Pistenraupen, die die Strecken abräumen und anlegen. Anschließend bepflanzen die Betreiber die Abfahrten mit wenigen Hochleistungsgräsern, um Erosion vorzubeugen. Noch ausdauernde Alpengewächse leiden anschließend unter der Berieselung mit Kunstschnee, da er kompakter fällt als natürlicher und entsprechend schlechter taut. Außerdem düngt er die Pisten, da sein Wasser oft aus extra angelegten Teichen stammt, in die selbst Nährstoffe eingetragen wurden.

Um zumindest die gröbsten Nachteile für die Vogelwelt zu verhindern, empfiehlt Rolando, nur die stärksten Unebenheiten und störende Felsen zu beseitigen, den Boden möglichst wenig aufzuwühlen oder wenigstens zur Renaturierung heimische Gräser und Kräuter zu säen. Mehr als Kosmetik dürfte das jedoch auch nicht sein: „Der Wintersport ist eine potenzielle Bedrohung für die Natur in den Alpen“, fasst Rolando schlicht zusammen.

Eine „Bedrohung“, die in naher Zukunft zunehmen dürfte: Im Jahr 2004 existierten in Bayern 52 Skigebiete mit über 340 Liften, die rund 3700 Hektar bedeckten, ein Zehntel davon wurde künstlich beschneit [52]. Da infolge der steigenden Temperaturen in den letzten Jahren, die Winter zunehmend milder und schneeärmer wurden, rüsteten viele Wintersportorte auf und investierten in Schneekanonen: Zwischen 1992 und 2006 hat sich die mit Kunstschnee überdeckte Fläche verzehnfacht [53] – weitere Anlagen sind beantragt. Großes Vorbild – und größter Konkurrent – sind die österreichischen Skigebiete, in denen mehr als die Hälfte der Pisten beschneit wird.

17) Wintersport gilt auch außerhalb der Alpen als maßgeblicher n Störaktor für Raufußhühner – etwa im Bayerischen Wald und im Fichtelgebirge. Dort trifft dieser negative Einfluss auf ohnehin schon ausgezehrte Populationen des Hasel- und Auerhuhns.

Verstärkte Schutzanstrengungen haben dafür gesorgt, dass der „König der Alpen“ wieder zahlreiche Brutreviere in unseren Bergen besetzt hält. Immer noch fallen Steinadler aber Bleivergiftungen zum Opfer oder werden durch Touristen bei der Brut gestört.

Gebaut werden auch Alternativen zum Skibetrieb wie der so genannte „Mega Flying Fox“ in Garmisch-Partenkirchen, mit dem Besucher frei schwebend an Drahtseilen vom Gipfel der Aschenköpfe zum Gipfel des Kreuzeck sausen sollen und dabei zwei Kilometer sowie 200 Meter Höhenunterschied in 20 Sekunden überbrücken. Gleiches ist an der Alpspitze und am Wendelstein geplant. Anlagen in Österreich bestehen bereits und machen die Alpen immer mehr zum lauten Rummelplatz.

## Rückzugsräume für die Natur

Um der Natur eine Chance zu gewähren, gilt es den – für das wirtschaftliche Überleben vieler Alpenorte notwendigen – Touristenstrom zumindest zu kanalisieren und Ruhezonen einzurichten. Ausgehend von seinen Daten empfiehlt Raphäel Arlettaz zur Rettung des Birkhuhns, dass im Umfeld von Skianlagen ausgewiesene winterliche Rückzugsräume ausgewiesen werden, die Menschen zu dieser Jahreszeit nicht betreten dürfen. Entsprechend gut geplant, müssen sie nicht einmal besonders groß sein, so lange die Tiere darin nicht gestört werden und ausreichend Nahrung finden.

Was mit gutem Willen möglich ist, zeigt der Steinadlerschutz in Bayern [54]. Mittlerweile besetzt der majestätische Greifvogel wieder alle potenziellen Revier der Region, nachdem er jahrhundertelang als „Raub"vogel verfemt worden war und fast ausgerottet wurde. Der bayerische Bestand brütete jedoch zu selten erfolgreich und brachte lange nicht ausreichend Nachwuchs hoch, um den Bestand stabil zu halten – ohne Zuwanderung wäre er also erneut hochgradig gefährdet. Naturschützer ziehen dafür mehrere Gründe in Erwägung, unter anderem Nahrungsmangel und Bleivergiftungen (siehe Kapitel 3), aber auch Störungen durch die Freizeitindustrie und Fluggeräte.

Um Letzteres zu minimieren, hat der bayerische Landesbund für Vogelschutz (LBV) in Zusammenarbeit mit Alpenverein, Kletterern und Behörden freiwillige Vereinbarungen getroffen, damit während der Brutzeit nicht an bekannten Horstplätzen geklettert wird[18]. Seit 2009 kooperiert die Organisation mit dem Oberstdorfer Drachen- und Gleitschirmfliegerverein und dem Deutschen Hängegleiterverband, um ebenfalls Konflikte zwischen Naturschutz und Sport zu vermeiden und die Steinadler nicht zu stören. Haben Vogelbeobachter ein Nest lokalisiert, weisen die Beteiligten Flugzonen aus, die in einem Abstand von 500 Metern um den Horst herumführen. Und zusammen mit dem Deutschen Alpenverein, dem Umweltministerium, der Polizei, Bundeswehr und Bergwacht sowie privaten Unternehmen bestehen Übereinkünfte, dass Hubschrauber, wo es geht, den Überflug der Adlernester vermeiden und sich von Mitte Februar bis Ende Juni ( in Ausnahmefällen auch länger) auf naturverträgliche Routen beschränken. Diese freiwillige Zusammenarbeit hat sich gelohnt für den Adler: Seit sie besteht, hat die Zahl der flüggen Jungvögel beträchtlich zugenommen[19].

18) Ähnliche Übereinkünfte hat der LBV mit dem Deutschen Alpenverein und Kletterern für die Felsen in der Fränkischen Schweiz getroffen, um Uhu und Wanderfalke zu helfen – ein bundesweit als vorbildlich geltendes Projekt, das sehr viel zum Aufschwung der beiden Arten in der Region beigetragen hat.

19) Zwischen 2002, kurz nachdem viele Kooperationen begannen, und 2004 verdoppelte sich der Bruterfolg und nahm die Zahl der Brutabbrüche stark ab.

## Gezähmte Flüsse

Aus den Alpen strömen einige der letzten Flüsse Deutschlands, die noch streckenweise wild sind: Isar, Iller, Inn, Lech oder Mangfall. Sie transportieren ungeheure Mengen Geschiebe mit sich – Schotter, den sie aus den Bergen abtragen und unterwegs als Kiesbänke ablagern. Die Perle unter diesen Flüssen dürfte wohl die Ammer sein, die einen Teil des Ammergebirges südwestlich von Oberammergau entwässert. Auf ihren rund 70 Kilometern zwischen Quelle und Mündung in den Ammersee strömt sie weit gehend naturbelassen durch Schutzgebiete und die Ammerschlucht – ein canyonartiges Tal, das auf Grund seiner Naturbelassenheit in Deutschland nur wenig Konkurrenz hat. Nur ein einziges kleines Wasserkraftwerk ohne Stausee hindert sie in ihrem Lauf – auch etwas einmaliges im Voralpenland.

Der Fluss und seine Auen wie Kiesbänke beheimaten andernorts vom Aussterben bedrohte Arten [55]. Dazu zählt etwa die Deutsche Tamariske – ein Strauch, der als Pionierpflanze frisch aufgeschüttete Schotterflächen besiedelt und wegen der zahlreichen menschlichen Eingriffe in Wildflüsse sehr selten geworden ist: Sie steht sowohl in Deutschland wie in Österreich in der höchsten Kategorie der Roten Liste und gilt in der Schweiz als potenziell gefährdet. Das gleiche gilt für die Insekten Kiesbankgrashüpfer, Turkdornschrecke und gefleckte Schnarrschrecke, die hier in kleinen Resten vorkommen. Die Fischfauna ist ungewöhnlich artenreich und reicht von typi-

Unter dem Freizeitdruck leidet unter anderem der Flussuferläufer: Die Kiesbänke, auf denen er bevorzugt brütet, sind auch beliebte Anlegestellen für Kanuten und Badeplätze.

schen Vertretern kalter Fließgewässer wie Bachforelle, Äsche und Mühlkoppe über Nase, Huchen, Barbe, Aitel, Hasel und Gründling, die wärmere Temperaturen bevorzugen, bis hin zu Spezies, die eigentlich in Stillgewässern leben wie Bitterling, Karausche und Rotfeder. Und an den Ufern leben Wasseramsel, Eisvogel und Schwarzstorch.

Das meiste Interesse der Ornithologen ziehen allerdings der Flussuferläufer und der Flussregenpfeifer auf sich – zwei Vogelarten, die in Deutschland mittlerweile selten geworden sind: Ihnen fehlen geeignete Nistplätze aus frischen Kiesbänken, wie sie an der Ammer noch vorkommen. Der Flussuferläufer – ein Watvogel – leidet unter einem Bündel verschiedenster Probleme, die ihn in weiten Teilen Mitteleuropas aussterben ließen: Der Mensch regulierte, kanalisierte und staute Flüsse, machte sie schiffbar und beraubte sie ihrer Dynamik. Schotter wurden abgebaggert und damit Nistplätze zerstört. Andernorts blieben die Fluten wegen der Flussverbauungen aus, Kiesbänke überwucherten und wurden als Brutgebiet gemieden. Dazu kommen Störungen durch Freizeitnutzung: Kanuten und Bootsfahrer landen direkt neben Nestern an, Angler halten die Altvögel stundenlang vom Nachwuchs fern und Badende belagern die Kiesbänke als Liegeplatz [siehe auch 56, 57, 58][20).

In ganz Mitteleuropa haben den Flussuferläufer (und Arten mit ähnlichen Lebensraumansprüchen wie Flussregenpfeifer und Flussseeschwalbe[21)) empfindliche Bestandseinbußen getroffen: In Deutschland, Österreich und der Schweiz brüten noch zwischen je 150 und 400 Paare[22), die sich vornehmlich an den wilden Oberläufen der Alpenflüsse konzentrieren – wie etwa an der Ammer: Mindestens zehn Brutpaare hatten 2006 ihr Glück versucht [59].

Zum Schutze des Vogels herrschen dort mittlerweile strenge Befahrungsregeln, die unter anderem das Anlanden auf Inseln und Kiesbänken untersagen oder Kanuten dazu anhalten, diese potenziellen Brutgebiete zügig zu passieren. Generell ist das Gebiet nur zwischen Mai und Mitte Oktober freigegeben, um Störungen für die Tierwelt zu minimieren. Diese Vorgaben werden zwar nicht immer eingehalten, aber ein Vergleich mit der oberen Isar zeigt, dass sie dem kleinen Watvogel helfen können: So schlüpften zwischen 1996 und 2002 zwar an beiden Flüssen in vier Fünftel aller Brutversuche auch Junge, doch an der oberen Isar – wo es keine Einschränkungen gibt – wurden nur in etwas mehr als der Hälfte aller begonnenen Bru-

**20)** In einer Studie für die Regierung von Oberbayern wurde beobachtet, dass Flussuferläufer in einer Saison neun Nester aufgaben, weil sie nachweislich Fußgänger, Kanuten und Angler störten. Dem standen fünf fehlgeschlagene Versuche durch Hochwasser oder Fressfeinde gegenüber.

**21)** Diese beiden Arten wichen in der Folge auch verstärkt auf andere Habitate wie Kiesgruben, landwirtschaftliche Flächen und sogar Flachdächer aus (Flussregenpfeifer) oder konzentrieren sich auf Schutzgebiete mit künstlichen Nisthilfen (Flussseeschwalbe).

**22)** Von einst 5000 bis 8000 Paaren.

ten auch Küken flügge, an der Ammer dagegen immerhin bei zwei Dritteln. An der oberen Isar betreuten die Eltern zudem nur selten drei und niemals vier Küken wie andernorts [60][23)]. Schon kleine Schutzmaßnahmen könnten dabei viel bewirken wie Michael Schödl, der LBV-Gebietsbetreuer an der Isar, festgestellt hat: Von April bis August markieren er und seine Helfer an bestimmten Stellen Kiesbänke mit rot-weißen Bändern, damit Erholungssuchende nicht die Nester des Flussregenpfeifers zertrampeln oder Eltern und Küken trennen. Allein mit dieser simplen und billigen Hilfe verdreifachte sich in den letzten Jahren die Zahl der überlebenden Jungvögel, weil sich die Menschen tatsächlich seltener in diesen abgegrenzten Zonen niederlassen [62].

Die Wildheit des Flusses zieht nicht nur Sportler und Tiere an, sie weckt auch das Interesse von Stromproduzenten, die die Kraft des Wassers nutzen möchten. Und so soll das einzige Kleinkraftwerk am Oberlauf der Ammer bald Gesellschaft bekommen, wenn es nach dem Willen verschiedener Unternehmer geht [55]. Insgesamt 11 Anträge für neue Anlagen liegen nun dem Freistaat Bayern vor (Stand September 2009)[24] – eines davon, das so genannte Schnalzwehr, befände sich mitten in der Ammerschlucht, die in weiten Abschnitten ein Naturschutzgebiet von europäischem Rang ist.

Würden sie genehmigt, hätte das für den Fluss und seine Bewohner katastrophale Folgen: Durch die Stauungen und zusätzlichen Wehre verändert sich die Dynamik, der Fluss hat weniger Kraft und schleppt weniger Kies. Auf Dauer zerstört dies die Schotterbänke flussabwärts, die sich nicht mehr erneuern und zuwuchern, und damit die Kinderstube des Flussuferläufers. Weil das Wasser langsamer fließt und sich in den Staubecken erwärmt, wandelt sich die Fischfauna und kälteliebende Arten wandern ab. Und die Turbinen zerhäckseln die Fische oder verletzen sie schwer. Werden sie durch Rechen abgedeckt, verhindert das zwar den Fischtod, doch unterbindet dies die Wanderung der Tiere und den Austausch der Populationen – nicht alle Fische nutzen die bisweilen angebotenen Kletterhilfen, die das Hindernis überbrücken sollen.

Nach Ansicht der Gegner, die sich in der Ammer-Allianz zusammengefunden haben, sind die Kraftwerke aber nicht nur aus Naturschutzsicht widersinnig, sondern bringen auch dem Klimaschutz nichts: Die im Jahr 2007 vorhandenen rund 4000 kleinen Wasserkraftwerke liefern gerade einmal acht Prozent des insgesamt durch Wasserkraft erzeugten Stroms in Bayern – sie beeinflussten jedoch 1000 Bäche und Flüsse im Freistaat nachteilig. Erst die Erhöhung der Einspeisevergütung für den so gewonnenen Strom

**23)** Aus unbekannten Gründen schrumpfte der Bestand an der Ammer zwischen 1999 und 2005 deutlich. Touristische Einflüsse haben aber wohl weniger eine Rolle gespielt als Veränderungen im Lebensraum [61].

**24)** Weitere acht sollen an der Iller entstehen, wo ebenfalls renaturiert werden sollte.

um ein Viertel auf knapp 13 Cent pro Kilowattstunde macht den Bau der Anlagen an der Ammer attraktiv – auf Kosten des Steuerzahlers und der Natur wohlgemerkt.

„Die negativen ökologischen Auswirkungen dieser kleineren Anlagen müssen angesichts ihres geringen Nutzens hinterfragt werden", meint auch Andreas von Lindeiner, Artenschutzreferent des LBV, angesichts zahlreicher Neuanträge für Wasserkraftwerke. Und: „Ungeachtet der Tatsache, dass die bayerischen Flüsse für die Wasserkraft bereits übererschlossen sind, tragen insbesondere die ‚kleinen' Wasserkraftanlagen bei weitem nicht zur Lösung unserer Energieprobleme bei." Das Wasserwirtschaftsamt Weilheim plant ohnehin ganz anderes: Es möchte vorhandene Wehre und Sohlschwellen in der Ammer schleifen und den Fluss weiter renaturieren. Die Entscheidung liegt nun in der Hand des bayerischen Umweltministeriums.

### Trend zur Natürlichkeit

Angesichts zahlreicher verheerender Hochwasser in den letzten Jahren – etwa am Rhein zur Weihnachtszeit 1993, Pfingsten 1999 und August 2005 im Voralpenland, im Oderbruch 1997, an der österreichischen Donau und der Elbe 2002, in der Schweiz 2007 – lautete das Motto in der Folge „Gebt den Flüssen ihren Raum"[25]. Eine Forderung, die Naturschützer schon sehr lange vertreten, die aber erst in den letzten Jahren auch unter Politikern und Behörden richtig Gehör fand. Vielerorts handeln sie allerdings immer noch gegen diese Maxime, wie sich am Beispiel des letzten Stückchens frei fließender Donau zwischen Straubing und Vilshofen zeigt: Während der bayerische Umweltminister Markus Söder sich gegen Staustufen im Fluss ausspricht, beharren viele seiner Parteikollegen auf deren Bau, weil angeblich nur diese die ganzjährige Schiffbarkeit des Stroms gewährleisten können. Auch an der Elbe, einer der letzten weit gehend unreguliert fließenden Tieflandflüsse der Republik, wird immer wieder der Ausbau diskutiert [Überblick bei 63]. Schon jetzige Maßnahmen beeinträchtigen Arten wie Flussregenpfeifer, Flussseeschwalbe, Uferschwalbe, Eisvogel und den Elbebiber, der bis vor wenigen Jahren überhaupt nur an der Elbe in Deutschland überlebt hatte. Die Vertiefung der Unterelbe und der Weser, die damit für große Containerschiffe befahrbar gemacht werden sollen, bedroht wiederum Süßwasserwatte, Röhrichte und die Brutgebiete seltener Arten wie der Lachseeschwalbe. Zwei Drittel der ursprünglichen Auen Deutschlands gelten als zerstört.

25) Vom damaligen Bundeskanzler Helmut Kohl angesichts der Oderflut 1997 geäußert.

Abseits der großen Flüsse mit ihrem wirtschaftlichen Potenzial und der daraus resultierenden Bauwut wandelte sich dagegen tatsächlich das Bewusstsein und wird der Natur wieder der Lauf gelassen: Wasserwirtschaftsämter, Naturschutzbehörden und Ökologen initiierten mehr und mehr die Renaturierung von Bächen, Flüssen und ihren Auen – etwa an Schwalm, Isar (zum Teil mitten in München), Inn, Emscher, Schlatbach, Sieg, Menach, Wuhle, Weschnitz, Schwarzer Regen oder Unterer Havel. Ein besonders gelungenes Beispiel findet sich am fränkischen Obermain und der Rodach, die über die Jahrhunderte als Transportweg für Baumstämme aus dem Frankenwald und Fichtelgebirge genutzt und dafür begradigt wurden. Ab 1992 baute das Wasserwirtschaftsamt Bamberg die beiden Fließgewässer auf 15 Kilometern Länge im Hinblick auf ökologischen Hochwasserschutz wieder um, damit sich natürliche Auendynamik einstellen kann [64].

Bagger beseitigten die Kanalisierungen, entfernten die Bepflasterung am Ufer und flachten die Böschungen ab, damit ausgedehnte Rückhalteräume für Hochwasser entstanden. Teilweise holzte man Pappeln ab, um die Stämme als schützende Baumbuhnen zu verwenden: Sie sollten in den Anfangsjahren die Erosion vermindern und die aufkommende Auenvegetation schützen. Von Zwängen befreit entwickelten die beiden Flüsse rasch eine eigene Dynamik: Hochwasser verlagerten Kies und Sand, Inseln entstanden und vergingen wieder, Seitenarme, Gleit- und Prallhänge bildeten sich.

Seit 1999 überwachen Biologen der Universität Bayreuth diese Rückkehr der Wildnis – mit beeindruckenden Ergebnissen [64, 65, 66, 67]: Rasch siedelten sich auf den renaturierten Flächen zahlreiche Kräuter und Sträucher (insbesondere Weiden) an, und diese Pionierpflanzen finden stets neue Flächen, sollten sich die Bedingungen an manchen Standorten zu ihren Ungunsten verändern. Dafür sorgen die wiederkehrenden Hochwasser. Den Pflanzen folgten die Insekten, die sich teilweise explosionsartig mehrten, auch was die Vielfalt anbelangt: Laufkäfer, Spinnen, Heuschrecken und Wildbienen tauchten nach langer Abwesenheit wieder auf, darunter Arten wie die Sandbiene, die lange als verschollen galten.

Erfreulich entwickelte sich die Vogelfauna: Blaukehlchen und Rohrammern eroberten die Weidengebüsche, Eisvögel machten Jagd auf Fische, Flussregenpfeifer und auch der Flussuferläufer begannen wieder zu nisten: 2001 brütete die gefährdete Art mit drei Paaren ausschließlich auf Renaturierungsflächen – bei weiteren vier bestand zumindest Brutverdacht. Und obwohl sich der Kormoran als starker Fischjäger eingefunden hat, geht es auch mit den Fischpopulationen nach oben. Barben, Nasen, Rutten und Rotfedern nutzen die gut strukturierten, renaturierten Flussabschnitte, in denen sie relativ sicher laichen und leben können: Das im Wasser verbliebene Totholz bietet ihnen sichere Rückzugsräume, in die sie bei Attacken durch Fischfresser fliehen können – im Vergleich zu den unveränderten Gebieten ist ihr Bestand hier um die Hälfte größer [68][26)].

Ob sich diese positive Entwicklung wie an den Oberläufen weiter stromabwärts zukünftig fortsetzt, erscheint allerdings fraglich: Zu groß wirken gegenwärtig die wirtschaftlichen Ansprüche an die großen Ströme, wie man an den oben erwähnten Beispielen Elbe oder Donau sehen kann. Sie sollen als Wasserstraßen für den Gütertransport ausgebaut werden, auch wenn dies auf Kosten wertvoller Lebensräume geht: An der Donau beispielsweise bedroht die Kanalisierung die Auen an der Isarmündung, die Naturschützer gerne als den „Amazonas Bayerns" bezeichnen. Auf nur 0,5 Prozent der Landesfläche leben entlang des letzten naturnahen Stücks Donau mehr als die Hälfte der bedrohten Vogel- und 85 Prozent der Fischarten des Freistaats – darunter Tüpfelsumpfhuhn, Rohrdommel, Schwarzmilan und Blaukehlchen oder Zingel und Streber [70].

Einen Vorgeschmack, was passieren könnte, wenn sich die Staustufenbefürworter durchsetzen, erlebten Mitarbeiter vom Bund Naturschutz und LBV bereits im Februar 2009. Angeblich zum Hochwasserschutz wollte die Rhein-Main-Donau AG (RMD), die verantwortlich ist für die Wasserstraße Donau, 40 Hektar Auwald an der Isarmündung roden – darunter sehr wertvolle Altbestände mit Höhlenbäumen –, obwohl schonende Alternativen wie das Freilegen von verlandeten Altwasserrinnen selbst nach Ansicht der RMD möglich gewesen wären [71]. Erst ein vom BN in Auftrag gegebenes Gutachten durch den Karlsruher Wasserbauexperten Hans-Helmut Bernhart, der den RMD-Berechnungen zur Stauwirkung der Bäume gravierende Fehler nachwies, und öffentlicher Protest stoppte die weiteren Abholzungen, die schon begonnen hatten. Ob, wann und wie die Donau zwischen Straubing und Vilshofen flussbaulich in ein Korsett gezwungen wird, ist noch offen – neue Gutachten sollen eingeholt und irgendwann das Raumordnungsverfahren eingeleitet werden. Vorerst fließt das Wasser hier noch frei den Fluss hinunter.

26) Ein Zusammenhang, der mittlerweile in vielen Fließgewässern nachgewiesen wurde und den Kormoran sowie den Gänsesäger teilentlastet. Ihre Zuwächse im Binnenland durch strengen Jagdschutz machten verschiedene Seiten für die Gefährdung bedrohter Fischarten verantwortlich. Viel stärkeren Einfluss hatten jedoch flussbauliche und ökologische Veränderungen wie eben der Mangel an Laichplätzen. Der gefährdeten Äsche – die ebenfalls vom Kormoran gejagt wird – hilft Totholz allerdings nicht: Sie bevorzugt offene Gewässersohlen. Ob der Kormoran, der erwiesenermaßen Äschen frisst, dennoch ursächlich ist für ihren Rückgang, bleibt fraglich [69]. In Franken gingen die Bestände des Fischs nach Angaben des LBV schon stark zurück, lange bevor der Kormoran auftauchte.

## Moore für den Klimaschutz

Wesentlich schwieriger und langwieriger als die Wiederherstellung von Flüssen und Auen, die sich von Natur aus rasch von „Katastrophen“ erholen, ist die Regeneration von Mooren – ein Biotoptyp, der in Deutschland großflächig zerstört wurde: Nur noch ein Prozent der ursprünglichen Moorflächen soll intakt sein [72]. Ursprünglich bedeckten diese nassen Lebensräume mit ihren Torfschichten 1,5 Millionen Hektar in der Bundesrepublik mit Schwerpunkten in der Norddeutschen Tiefebene und im süddeutschen Alpenvorland – das entsprach etwas mehr als vier Prozent der Landesfläche und machte Deutschland zu einem der moorreichsten Länder.

Doch über die Jahrhunderte hat sich ihre Ausdehnung dramatisch verkleinert. Sie wurden entwässert und „urbar“ gemacht, damit man sie als Acker, Weide oder für die Forstwirtschaft nutzen konnte. Häufig bauten Torfstecher die dicken Lagen aus organischem Material ab, das getrocknet ein gutes Brennmaterial ähnlich der Braunkohle ergibt, mit dem früher Häuser beheizt und sogar ganze Kraftwerke betrieben wurden. Heute nutzen Gärtner das Substrat noch gerne zur Auflockerung und verbesserten Wasserspeicherung ihrer Böden und die Wellnessindustrie verlangt danach, um Moorbäder anbieten zu können. Insgesamt verarbeitet die deutsche Torf- und Humuswirtschaft jedes Jahr allein für den Gartenmarkt bis zu zehn Millionen Kubikmeter Torf, wovon etwa 40 Prozent so genannter Weiß-

Feuchtwiesen und Moore besitzen in Deutschland heute fast schon Seltenheitscharakter. Für viele Wiesenbrüter bilden sie aber wichtige Brutplätze.

torf[27] sind. Zu einem großen Teil muss dieses Material aus dem Baltikum importiert werden, weil die hiesigen Moore das nicht mehr hergeben [73].

Moore entstehen überall dort, wo Wasser nur schlecht abläuft – sei es, weil sich Niederschläge sammeln, das Grundwasser sehr hoch steht oder Quellen austreten und nicht abfließen. Die in der dauerhaften Nässe stehenden Pflanzen zersetzen sich unter diesen Bedingungen mangels Sauerstoff und reichhaltigem Bodenleben kaum, ihre Überreste bilden den Torf, der über die Jahrtausende mehrere Meter mächtig werden kann[28]. Je nach Wasserregime spricht man von einem Hochmoor, wenn es ausschließlich von Regen oder Schnee getränkt wird, und von einem Niedermoor, wenn es zusätzlich unter dem Einfluss von Quell- und Grundwasser oder generell Gewässern steht[29].

Viele Moortypen existieren heute in Deutschland praktisch nicht mehr und müssen als vollständig zerstört gelten [74]. Von den Hochmooren Nordwestdeutschlands und des Nordschwarzwaldes blieb beispielsweise kein einziges unberührt erhalten: Sie wurden alle entwässert, bilden keinen neuen Torf mehr und zerfallen größtenteils. Besser sieht es in den Mittelgebirgen und in Süddeutschland aus, wo unter anderem das relativ große Murnauer Moos und das Wurzacher Ried intakt blieben. Großflächig kultiviert wurden auch alle Arten an Niedermooren wie die Versumpfungs- und Durchströmungsmoore, die früher jeweils ein knappes Drittel der gesamten Biotopfläche ausmachten. Letztere entstanden in den großen Flusstälern und Becken der von den eiszeitlichen Gletschern geprägten Landschaft und hatten mitunter Dimensionen von mehreren tausend Hektar. Davon überdauerten die Nutzungsgeschichte des Menschen ebenfalls nur ausgewählte Beispiele in Süddeutschland wie Murnauer Moos und Loisach-Moor in Bayern sowie das Hinterzartener Moor im Südschwarzwald. Im Norden hingegen wurden sie alle unter den Pflug genommen oder in Weiden verwandelt.

Als Relikte der nacheiszeitlichen Landschaft beherbergen Moore eine Vielzahl speziell angepasster Tier- und Pflanzenarten, die außerhalb davon hierzulande nicht existieren können – so genannte Relikte. Als lange Zeit unzugängliche „Wildnis“ boten sie darüber hinaus Lebewesen eine Zuflucht, die in der Kulturlandschaft mehr und mehr verdrängt wurden [75]. Charakteristische Moorpflanzen sind neben Moosen beispielsweise Moorbirken und -kiefern, zahlreiche Weiden, Seggen und Orchideen, Moosbeere, Glockenheide, Wollgras und fleischfressende Pflanzen wie der Sonnentau. Allein in den süddeutschen Mooren leben 450 Schmetterlingsarten mit

27) Beim Weißtorf lässt sich noch die Struktur der abgestorbenen Pflanzen erkennen, mit zunehmender Zersetzung entwickelt sich Braun- und schließlich Schwarztorf. Letzterer wird noch in ausreichendem Maße in Deutschland abgebaut und kaum importiert.

28) Sobald die Torfschicht 30 Zentimeter mächtig wird, spricht man von einem Moor.

29) Sie lassen sich in zahlreiche Untertypen einteilen – etwa Kessel-, Versumpfungs- oder Überflutungsmoor (siehe [72]).

Namen wie Heidekraut-Bunteule, Rauschbeeren-Fleckenspanner, Hochmoor-Perlmutterfalter und Hochmoor-Bläuling, Großes Wiesenvögelchen oder Hochmoor-Gelbling. Sie und andere auf dieses Ökosystem spezialisierte Libellen- oder Laufkäferarten stehen zumeist in den höchsten Kategorien der Roten Liste und gelten als vom Aussterben bedroht [76].

Gleiches lässt sich von der Vogelwelt sagen: Bekassine, Brachvogel und Wachtelkönig tummeln sich in den Feuchtwiesen, Braunkehlchen, Neuntöter oder Raubwürger nutzen Hochstaudenfluren und Gebüsche, Knäk- und Krickente siedeln auf Moorweihern, die Wasserralle und das Tüpfelsumpfhuhn verstecken sich im Röhricht, und über allem jagen Sumpfohreule und Wiesenweihe. Für das Birkhuhn bilden Moore, neben Heiden die letzten Refugien außerhalb der Alpen.

### Die Letzten seiner Art

Besonders hart traf es eine Art, die heute weltweit als vom Aussterben bedroht gilt: den Seggenrohrsänger. Noch zu Beginn des 20. Jahrhunderts galt der kleine braune Singvogel als weit verbreitet in Norddeutschland und bis in die Niederlande hinein [77]. Gute Bestände lebten demnach in den Niedermooren und Seggenrieden am niedersächsischen Dümmer-See, im brandenburgischen Luch und Rhinluch sowie im Tal der Peene in Mecklenburg-Vorpommern. Riesige Kultivierungs- und Entwässerungsmaßnahmen haben danach seinen Lebensraum zunehmend eingedampft, wobei der Großteil der Verluste in Ostdeutschland erst zwischen 1950 und 1970 passierte. Heute verläuft die westliche Verbreitungsgrenze des Seggenrohrsängers entlang der Oder und Peene [78].

In Deutschland brütet die Art wohl nur noch im Nationalpark Unteres Odertal mit wenigen Paaren. Zusammen mit weiteren kleinen Vorkommen in Polen bildet sie die so genannte pommersche Population, die sich genetisch und womöglich auch vom Zugverhalten vom wesentlich größeren Kernbestand in Weißrussland, Ostpolen und der Ukraine unterscheidet. Dem Erhalt der etwa 80 bis 100 Brutpaare kommt also globale Bedeutung zu [79].

Nichtsdestotrotz verschlechterte sich im einzigen verbliebenen deutschen Vorkommen die Lebensverhältnisse für den Vogel weiter und die Art stürzte von vierzig bis fünfzig singenden Männchen um 1975 auf aktuell nur noch acht bis zehn ab – zehn Prozent der übrig gebliebenen pommerschen Seggenrohrsänger [80][30)]. Jochen Bellebaum vom Institut für Angewandte Ökologie in Neu Brodersdorf und Franziska Tanneberger von der Universität

30) Im Jahr 2008 sang sogar nur noch ein einziges Männchen [30].

Greifswald versuchen deshalb zu ergründen, warum es dem einst so zahlreichen Sänger mittlerweile sogar an seinem letzten Zufluchtsort so schlecht geht. Da der Seggenrohrsänger mangels Vorkommen nicht mehr auf sein natürliches Habitat zurückgreifen kann, muss er auf landwirtschaftlich genutzte Ersatzbiotope zurückgreifen, wie die beiden Biologen in Deutschland wie in Polen beobachtet haben.

Das aber bringt seine Nester in Gefahr: Entweder sie werden zu früh ausgemäht oder durch Beweidung zerstört. Auf der anderen Seite sollen im Schutzgebiet mehr und mehr Wiesen aus der Nutzung genommen werden, was bei nicht unterbundener Entwässerung rasch dazu führt, dass der Bewuchs zu dicht und hoch wird. Statt der vom Seggenrohrsänger bevorzugten niedrigen und artenreichen Feuchtwiesen mit Sumpfdotterblumen, Hahnenfuß und Fuchssegge sowie reichem Insektenleben machen sich Schilf und Weiden breit, die der Vogel meidet – eine Entwicklung, die sich in den nährstoffreichen Flusstälern der Region rasch einstellt. Schon ein Jahr nach dem letzten Schnitt verschmähten die Tiere die zuwuchernden Areale, so die Forscher [81].

Umfangreiche Managementmaßnahmen sind daher gefordert und werden im Rahmen eines EU-Projekts zum Schutz der Art auch bereits umgesetzt – beispielsweise die Wiedervernässung ehemaliger, nährstoffarmer Niedermoore oder späte Mahd mit anschließender Nutzung der anfallenden Biomasse als Energieträger. Im polnischen Moor Rozwarowo, wo etwa die

Die Rohrdommel ist in Deutschland vom Aussterben bedroht, da sie ausgedehnte Schilfbestände benötigt – und diese sind mittlerweile Mangelware.

Hälfte der verbliebenen pommerschen Seggenrohrsänger brüten, schneiden Rohrweber im Winter das Ried und schaffen dadurch eine von Farnen, Gilbweiderich und Steifer Segge dominierte, kleinwüchsige Vegetation zum Wohle des Vogels. Für das Untere Odertal empfehlen Bellebaum und Tanneberger dagegen vorerst eine rotierende Landnutzung, die Nistplätze während der Brutzeit von der Mahd ausspart und andernorts die Seggen kurz hält.

Diese Situation ist eigentlich untypisch für die meisten Lebensräume, in denen der Seggenrohrsänger lebt. Nur weil sie in Mitteleuropa flächendeckend zerstört wurden, musste er sich dorthin zurückziehen. Eine dauerhafte Zukunft hat die Art also vielleicht nur, wenn sein ursprüngliches Ökosystem neu auflebt – ein Unterfangen, das seine Zeit braucht, wie Michael Succow vom Botanischen Institut Greifswald meint: „Bis zum generellen Wiederentstehen der einst vorherrschenden nährstoffarmen Moore dürften Jahrhunderte vergehen."

Möglich ist sie dennoch, wie verschiedene Beispiele aus Norddeutschland und dem Alpenvorland andeuten: Das Kiesheimer Moor in Ostvorpommern etwa wurde bereits 1823 entwässert und nachfolgend abgetorft, die zunehmend trockene Fläche bewaldete sich rasch und dicht, viele Moorpflanzen und -tiere verschwanden. Seit das Gebiet im Zuge der Renaturierung wieder vernässt wird, sterben die Bäume ab, dafür haben es Krickenten, Seeadler, Kraniche und Waldwasserläufer oder der Moorfrosch zurückerobert. An der Recknitz und Trebel – ebenfalls in Mecklenburg-Vorpommern – wird seit 1998 auf mehreren tausend Hektar ein Flusstalmoor regeneriert, was ebenfalls rasch belohnt wurde. Kurz nach der Wiedervernässung stellten sich braunmoosreiche Seggenbestände ein, die den ökologisch wertvollen Torf aufbauen. Im Winter rasten zahlreiche Gänse, Enten, Schwäne und Kraniche, Wespenbussard, Waldwasserläufer und Waldschnepfe brüten – und Naturschützer hoffen auf die Ansiedlung des Schreiadlers, der hier optimale Bedingungen vorfände [82]. Und im unteren Tal der Peene kehrten dank umfangreicher Renaturierungsmaßnahmen nach 90-jähriger Abwesenheit Zwergsumpfhühner nach Ostdeutschland zurück; zugleich ist das Gebiet eine Hochburg für Tüpfel- und Kleines Sumpfhuhn, die hier dicht an dicht brüten [83]: sensationelle Ergebnisse, die Hoffnung machen für die Wiedervernässung von weiteren 130.000 Hektar ehemaliger Moore, wie sie das nordöstliche Bundesland in den nächsten Jahren plant.

Im südlichen Chiemgau schließlich versuchten Behörden und Ökologen ab 1995 ein Hochmoor, die Kendlmühlfilzen, wieder herzustellen – eines der größten Projekte Süddeutschlands. Rund 500 Dämme sollten verhindern, dass Wasser aus dem ausgetrockneten und teilweise abgebauten Hochmoor abfließen kann. Rasch lösten Moose, Pfeifen- und Wollgras, Binsen und Seggen die Heidegewächse ab, die sich nach der Drainage angesie-

Deutschland hat eine globale Verantwortung für den Erhalt des Rotschenkels, da ein bedeutender Anteil seines Weltbestandes hier brütet.

delt hatten. Krickente, Braunkehlchen, Bekassine, Wiesenpieper und Kiebitz brüteten bald im Gebiet, Bruchwasserläufer, Grünschenkel und Rotschenkel nutzten es zumindest als Rastplatz auf dem Zug [84].

Diese Projekte – und der Schutz von Mooren allgemein – hat einen ungemein positiven Einfluss auf den Klimawandel: Moore sind aktive, große Kohlenstoffspeicher und damit Kohlendioxidsenken, da sich das organische Material nur über sehr lange Zeit abbaut und folglich kaum $CO_2$ abgibt. Durch die Entwässerung verliert die Natur diese Fähigkeit, die toten Pflanzen zerfallen rasch und geben Kohlendioxid und Stickoxide an die Atmosphäre ab. Die Zerstörung der Moore gilt daher weltweit als einer der wichtigsten Faktoren für den Klimawandel [85]. Dabei kann jeder Vogelfreund leicht seinen Beitrag zum Moor- und damit Klima- wie Vogelschutz in Deutschland und Osteuropa leisten – indem er auf Torf für den Garten verzichtet und stattdessen auf Humus oder Rindenmulch setzt.

## Wattenmeer: Schutzlos im Schutzgebiet?

Neben den Alpen bildet das Wattenmeer Deutschlands zweiten großen Naturraum von internationalem Rang, was die Unesco kürzlich mit der Ernennung zum Welterbe der Menschheit adelte. Zu Recht: Millionen von

Ein typischer Anblick an der Nordseeküste ist der Austernfischer.

Enten, Wat- und Seevögeln nisten oder rasten hier, 15.000 Seehunde bevölkern die Sandbänke, und selbst die zeitweise völlig von deutschen Stränden verschwundene Kegelrobbe ist wieder in kleiner Zahlen nach Helgoland oder bei Amrum zurückgekehrt. Das flache Schelfmeer bietet wichtigen Speisefischen wie Scholle, Hering oder Seezunge eine vergleichsweise ruhige und sichere Kinderstube, von den ungezählten Weichtieren, Krebsen oder Würmern ganz zu schweigen. Wegen dieser Vielfalt und Produktivität wurde das Gebiet vor zwanzig Jahren zum Nationalpark erklärt – unterteilt in die drei Teile Niedersächsisches, Hamburgisches sowie Schleswig-Holsteinisches Wattenmeer und gegen teils heftigen Widerstand vor Ort.

Die Gründung des international anerkannten Schutzgebiets gelang deshalb nur mit vielen Ausnahmegenehmigungen [86]: So wird mitten im Watt auf der Mitteplate-Plattform nach Öl gebohrt, Gaspipelines und Stromtrassen ziehen sich durch den Schlick und vor der Küste sollen Windenergieanlagen entstehen (siehe dazu auch Kapitel 7). Bisweilen übt sogar das Militär im Watt und nutzt es als Schießstand [87]: In der Meldorfer Bucht nördlich der Elbemündung testen Rüstungsfirmen unter Aufsicht der Bundeswehr Waffen und Munition. Der Betrieb wurde in den letzten Jahren immerhin auf 10 bis 20 Tage eingeschränkt und während der Mauser der Brandgänse im Oktober gänzlich ausgesetzt. Und bis Anfang der 1990er Jahre war die Jagd auf Vögel erlaubt: Als sie verboten wurde, erholten sich Ringel- und Weißwangengänse rasch, und die Tiere wurden zutraulicher – zur Freude von Naturtouristen.

Der Tourismus bereitet Naturschützern allerdings auch Sorgen, zumal wenn er ungelenkt in sensible Bereiche vordringt, in denen seltene Vogelarten brüten. Wie das im Einzelfall ablaufen kann, hat Bernd-Olaf Flore an einem Brutbestand von Seeregenpfeifern und Zwergseeschwalben auf Juist, Baltrum und in Bensersiel beobachtet [88]. Beide Arten nisten bevorzugt auf Muschelschillfeldern, zwischen Dünen und auf Sandflächen – mithin Strandareale, die auch Menschen gerne zur Erholung aufsuchen. Während der Brutzeit betraten nach den Schätzungen des Biologen jeweils mehrere tausend Menschen die Zonen um Bensersiel und Baltrum, was die Vögel erheblich stört. Spaziergänger und Badegäste verhindern, dass die Tiere Nester anlegen oder vertreiben sie von diesen: Eier und Küken kühlen aus oder werden leichte Beute von Fressfeinden wie Möwen. Die Saison mit dem schlechtesten Bruterfolg und geringsten Zahl an Seeregenpfeiferpaaren fiel auf das Jahr 1994, als das Wetter am besten war und sich die meisten Besucher auf dem Strand tummelten.

Eine ähnliches Meideverhalten hat man bei rastenden Watvögeln entdeckt [89], die sich während der Beobachtungszeit am Pakenser Groden bei Wilhelmshaven im April und Mai gerne aufhielten, im August die Gegend aber scheuten. Genau umgekehrt verhielt es sich auf der Vogelinsel Mellum, zu der Besucher keinen Zutritt haben: Die Vögel sammelten sich hier während der touristischen Hochsaison auf dem Festland. Dort notierten die Forscher, wie die Vogelschwärme immer wieder vor nahenden Menschen flohen und in Abschnitte auswichen, in denen sich niemand aufhielt. Wurden die Störungen zu groß, flohen sie schließlich ganz. Besonders empfindlich reagierte der Brachvogel, der an Tagen mit Touristen nicht zu sehen war.

Umgekehrt verzeichnete das Ostende Juists – der Kalfamer, wo Juist wächst und sich neue Dünen anhäufen – nach Sperrungen während der Brutzeit und gezielter Besucherlenkung einen starken Zuwachs an Seeregenpfeifern und Zwergseeschwalben. Zeitweise sammelte sich hier sogar die größte Kolonie der Seeschwalben im niedersächsischen Wattenmeer. Der gleiche Effekt stellte sich in einem Primärdünengebiet bei St. Peter-Böhl[31)] in Schleswig-Holstein ein, wo sich rasch beide Arten ansiedelten, nachdem Touristen diesen Strandabschnitt nicht mehr betreten durften. Da solche Maßnahmen häufig auf Unmut stoßen, richtete der Nationalpark in der Folge einen Naturlehrpfad ein, von dem aus Besucher das Brutgeschäft der Vögel beobachten können, ohne diese zu verscheuchen [90].

Mit diesen Lenkungsmaßnahmen gelang es zumindest bei der Zwergseeschwalbe nach ihrem absoluten Tief Ende der 1980er Jahre zeitweise eine Trendumkehr einzuleiten [51]: Zwischen 700 und 940 Paare brüteten zwi-

31) Ein Ortsteil des bekannteren St. Peter-Ording.

Der Säbelschnäbler hat sich in den letzten Jahren prächtig entwickelt und gehört zu den Erfolgsgeschichten im Watvogelschutz.

schen 1997 und 2006 an der Nordsee – allerdings mit neuerlich leicht abnehmender Tendenz [91]. Beim Seeregenpfeifer konnte der Negativtrend nicht gestoppt werden: Nur noch 200 bis 230 Paare finden sich entlang der Nordseeküste, an der Ostsee ist er so gut wie ausgestorben, und auch europaweit nimmt er massiv ab wie Daten aus Schweden, Dänemark und den Niederlanden belegen [51]. Fachleute fordern daher umfassendere Schutzmaßnahmen als bislang für ihn und den nahe verwandten Sandregenpfeifer[32)]: Sie sammeln sich nicht in Kolonien wie die Seeschwalben, sondern brüten verstreut und sind eher scheu. Dementsprechend müssten größere Strand- und Primärdünenareale früh vor dem Brutbeginn abgesperrt werden. Zugleich gilt es, möglichst einen Ausgleich zwischen dem nötigen Küstenschutz und maximaler Küstendynamik zu finden, der die Entstehung neuer Sand- und Muschelschillflächen erlaubt.

All dies nützt aber nichts, wenn der gute Wille mancher Touristen nicht vorhanden ist. Immer wieder dokumentiert der Mellumrat, eine Naturschutz- und Forschungsgemeinschaft, die 1925 zum Schutz der Insel Mellum gegründet wurde, gravierende Verstöße gegen Nationalparksregeln – selbst in streng geschützten Zonen: Boote landen mitten in Kolonien von Seeschwalben an, Leichtflugzeuge überqueren im Tiefflug Nistplätze. Und der Wattenrat – ein Zusammenschluss verbandsunabhängiger Naturschüt-

32) Dessen Population mehr als halbierte sich von 1900 bis 2300 Paaren 1994 auf maximal 920 im Jahr 2005.

zer aus der Küstenregion Ost-Frieslands – bemängelt einen illegalen Golfplatz auf Langeoog und Kitesurfer, die trotz Verbot mitten hinein in Ruhezonen des Nationalparks rauschen [92, 93].

## Aus Mangel an Nahrung

Sorge bereitet den Ökologen auch die ungeregelte Fischerei, die weiterhin in großen Teilen des Wattenmeers aktiv ist und neben Krabben oder Schollen vor allem die Muschelbänke nutzt [94]. Im Deutschland wie in den Niederlanden beispielsweise dürfen Kutter nach Angaben des WWF fast auf der kompletten Fläche nach Krabben fischen, und selbst im verbliebenen kleinen Restareal notierten die Umweltschützer illegale Übergriffe. Die Krabbenfischerei wie auch die Jagd auf Scholle oder Flunder beeinflusst zudem nicht nur die gewünschten Zielarten: „Wir sehen vor allem die Baumkurren- und andere Grundschleppnetz-Fischerei mit Sorge. Hier wird ein Netz über den Boden gezogen und dabei die Bodenfauna zerstört. Zudem haben die Fänge extrem hohe Beifangraten", so Biologin Iris Menn von Greenpeace Deutschland. Der WWF Deutschland kalkuliert, dass für jedes Kilogramm Krabben weitere neun Kilogramm an Jungfischen, Seesternen oder zu kleine Garnelen gleich wieder über Bord gehen – zur Freude der Möwen, deren Bestände immerhin wachsen[33].

Das Abernten von Miesmuscheln wurde nach Gründung des schleswig-holsteinischen Parkteils sogar noch intensiviert und ausgeweitet: Standen anfänglich 1300 Hektar Kulturflächen – auf denen extra ausgebrachte kleine Muscheln zur Marktreife heranwachsen – zur Verfügung, nahmen die „Züchter" bis 1997 insgesamt 2800 Hektar in Betrieb. Erst in den Folgejahren verringerte sich diese Fläche wieder auf 2000 Hektar. Wenigstens erreichten die Parkverwaltungen ein Verbot der Miesmuschelfischerei auf trockenfallenden Wattflächen sowie im größten Teil der Kernzonen. Die Entnahme von Herzmuscheln wurde schließlich völlig untersagt, da sie den empfindlichen Wattboden umwühlt; die Niederlande folgten diesem Schritt 2005.

Die Miesmuschelfischerei darf in Niedersachsen auf zirka achtzig Prozent des trockenfallenden Watts in Wildmuschelbänken durchgeführt werden, damit sie dort so genannte Saatmuscheln gewinnen kann – selbst in strengen Schutzzonen. Diesen Nachwuchs ziehen die Fischer an anderer Stelle des Watts bis zur Marktreife groß. Das mechanische Abreißen der Muscheln beschädigt die Bänke und gefährdet die Wiederbesiedelung. Neben dem wärmeren Nordseewasser und der Verdrängung durch die einwan-

33) Nicht unbedingt zur Freude der Ornithologen, denn Möwen plündern bei Gelegenheit gerne Nester von bedrohten Arten.

Eiderenten überwintern in großer Zahl an der Nordseeküste. Bisweilen leiden sie unter Nahrungsmangel, weil Muscheln zu knapp sind.

dernde, exotische Pazifische Auster gilt diese Ernte als mitverantwortlich für den Rückgang der Miesmuschelbänke auf ein Drittel der ursprünglichen Verbreitung (siehe Kapitel 6).

Muscheln ernähren jedoch viele Vogelarten wie Austernfischer, Eiderenten oder den Knutt – einen rot gefärbter Watvogel – und liefern ihnen während der Rast oder Brut energiereiche Kost, die sie zum Überleben benötigen. Eine Studie von Jan van Gils und seinen Kollegen vom Royal Netherlands Institute for Sea Research auf Texel enthüllte, wie die industrialisierte Ernte von Herzmuscheln im niederländischen Nordseegebiet den Zusammenbruch der rastenden und überwinternden Knutt-Bestände im gesamten Wattenmeer zu einem großen Teil verursachte [95].

Während 1960 geschätzte 2000 Tonnen der als Delikatesse geltenden Weichtiere pro Jahr mit der Hand eingesammelt wurden, steigerte sich diese Menge bis Ende der 1980er Jahre auf knapp 80.000 Tonnen, die von nur 22 Schiffen durch Hochdruckpumpen aus dem Schlick gesaugt wurden. Gleichzeitig ging die Zahl der Knutts ab Beginn der Zählungen 1975 bis 2002 um rund 80 Prozent zurück – allein für die Zeit ab 1998 kalkulieren die Forscher etwa 58.000 zusätzliche Todesfälle unter den Vögeln. Sie verhungerten oder mussten den erhöhten Strapazen auf der Suche nach Ausweichquartieren Tribut zollen.

Silbermöwen, Austernfischer und Eiderenten leiden wiederum unter der fortgesetzten Nutzung der Miesmuscheln und können nicht auf die Pazifischen Austern ausweichen, weil deren Schale zu hart zu knacken ist

[96, 97]. So fraßen Austernfischer außerhalb von Fangverbotszonen viel weniger Muscheln, was ihr Sterberisiko durch Verhungern oder Stress um fast die Hälfte erhöhte – für die Forscher ein wesentlicher Grund für den Rückgang des Watvogels in manchen Regionen. Das Schicksal betraf Männchen stärker als Weibchen, weil diese weniger auf die Schalentiere angewiesen sind. Überwinternde Eiderenten litten im Winter 1999/2000 im niederländischen Wattenmeer unter Nahrungsmangel, weil wegen der Übernutzung zu wenige Muscheln vorhanden waren: Mindestens 21.000 Tiere starben.

Überhaupt stellten Wissenschaftler wie Franz Baierlein vom Institut für Vogelforschung in Wilhelmshaven einen bedenklichen Trend fest – zumindest für die Zeit zwischen 1987 und 2004 [98]: Bei mehr als einem Drittel der 34 Vogelarten, die das Wattenmeer als wichtigen Trittstein während ihres Zugs aufsuchen, schwanden die eintreffenden Schwärme teils sehr markant – und das noch lange nach Gründung der Nationalparks. Nur acht Arten nahmen während dieser Zeit zu. Erfreulichen Zuwächsen beim Löffler, Kormoran, Sanderling und verschiedenen Gänsen standen bedenkliche Abnahmen bei vielen Watvögeln[34)] und Enten gegenüber.

Betrachtet man nur die hiesigen Brutbestände der Watvögel sieht es sogar noch schlechter aus [30, 99]: Nur drei von 17 Arten weisen einen positiven Trend auf, bei sieben Spezies hat sich hingegen der Umfang der Population halbiert[35)]. Nicht alles davon hängt mit direkten Störungen durch den Menschen zusammen, manche Ursachen liegen auf dem Zug, im Winterquartier oder gehen auf den Klimawandel zurück (siehe Kapitel 5 zur Jagd und 6 zum Klimawandel). Da Deutschland Hauptanrainer des Wattenmeers ist und dieses das weltweit größte seiner Art darstellt, haben wir eine besondere Verantwortung, es als unvergleichliche Naturlandschaft zu erhalten.

Schon heute haben die drei Wattenmeer-Nationalparks in Deutschland viel erreicht: Der Löffler hat sich wieder als Brutvogel etabliert [100], Brandgänse oder Säbelschnäbler finden hier Rastplätze von europaweiter Bedeutung [101], die Seehundzahlen haben sich erholt, und die Kegelrobbe ist zurückgekehrt. Insgesamt ernährt das Wattenmeer 10 bis 12 Millionen Vögel – darunter viele Zugvögel, für die das Wattenmeer der wichtigste Halt auf dem Weg von der Arktis ins Winterquartier ist. Auf der anderen Seite übt der Mensch weiterhin und in wachsendem Maße Druck auf das Ökosystem aus: Das fängt bei rund 30 Millionen Übernachtungen von Touristen an, geht über die Interessen von Fischern und Stromproduzenten und hört noch

34) Das Schwinden der Watvögel ist mittlerweile ein weltweites Phänomen. Nicht nur mehr als die Hälfte der Watvogelpopulationen in Europa, Vorderasien und Afrika ist rückläufig – dieser Rückgang beschleunigt sich zusehends –, sondern auch in Australien und Nordamerika mehren sich die schlechten Nachrichten.

35) An der Ostseeküste sieht es noch schlechter aus: Dort droht 11 Bodenbrütern das Aussterben.

Ein kleiner Erfolg des Naturschutzes: nach jahrzehntelanger Abwesenheit brüten Löffler wieder in kleiner Zahl an der Nordseeküste.

lange nicht bei der Schifffahrt auf. Immer noch mahnt das Schicksal der „Pallas“, jenes Holzfrachters, der 1998 vor Amrum Feuer fing, unterging und die Küste mit Öl verschmutzte: Mindestens 16.000 Trauer- und Eiderenten starben an den Folgen. Die Havarie eines Chemiefrachters oder eine Ölpest größeren Ausmaßes hätte katastrophale Folgen für das Wattenmeer. Hier ist die Politik gefordert: Sie muss einen Ausgleich finden zwischen den – berechtigten – wirtschaftlichen Interessen der Bevölkerung vor Ort und der Natur, die in diesem Ökosystem von Weltrang ebenfalls zu ihrem Recht kommen muss. Der Welterbetitel sollte deshalb nicht nur Zierrat, sondern Verpflichtung sein, das Wattenmeer für kommende Generationen zu erhalten.

## Literatur


[1] Steinecke, K., Venzke, J.-F. (2003) Wald und Forst heute, in (Leibniz-Institut für Länderkunde, Hrsg.) *Nationalatlas von Deutschland, Band 3: Klima und Vegetation*, Spektrum Akademischer Verlag, Heidelberg, S. 92–93.

[2] Scherzinger, W. (1995) Der große Sturm, wie meistern Tiere diese „Katastrophe“?, in (Nationalparkverwaltung Bayerischer Wald, Hrsg.) *Nationalpark Bayerischer Wald. 25 Jahre auf dem Weg zum Naturwald*, Neuschönau, S. 146–184.

[3] Scherzinger, W. (2006) Reaktionen der Vogelwelt auf den großflächigen Bestandeszusammenbruch des montanen Nadelwaldes im Inneren Bayerischen Wald, Vogelwelt 127, S. 2009–263.

[4] http://www.regierung.niederbayern.bayern.de/wirfuersie/artenschutz001/06.pdf (23.09.2009).

[5] http://www.bayerwald-schutzverein.de/start.htm (23.09.2009).

[6] http://www.pnp.de/nachrichten/artikel.php?cid=29-23501128&Ressort=bay&BNR=0 (23.09.2009).

[7] Bauer, M.L. (2002) Walddynamik nach Borkenkäferbefall in den Hochlagen des Bayerischen Waldes, unveröff. Dissertation, TU München.

[8] Fischer, A., Lindner, M., Abs, C., Lasch, P. (2002) Vegetation dynamics in central european forest ecosystems (near-natural as well as managed) after storm events, Folia Geobotanica 37, S. 17–32.

[9] Segelbacher, G., Manel, S. Tomiuk, J. (2008) Temporal and spatial analyses disclose consequences of habitat fragmentation on the genetic diversity in capercaillie (*Tetrao urogallus*), Molecular Ecology 17, S. 2356–2367.

[10] Suchant, R., Braunisch, V. (2008) Rahmenbedingungen und Handlungsfelder für den Aktionsplan Auerhuhn. Grundlagen für ein integratives Konzept, Forstliche Versuchs- und Forschungsanstalt Baden-Württemberg, Freiburg. zum Erhalt einer überlebensfähigen Auerhuhnpopulation im Schwarzwald.

[11] Braunisch, V., Suchant, R. (2007) A model for evaluating the 'habitat potential' of a landscape for capercaillie *Tetrao urogallus*: a tool for conservation planning, Wildlife Biology, 13, S. 21–33.

[12] http://www.mbjs.brandenburg.de/cms/media.php/lbm1.a.2338.de/bvtafel3.pdf (26.09.2009).

[13] Suter,W., Graf, R.F., Hess, R. (2002) Capercaillie (*Tetrao urogallus*) and avian biodiversity: testing the umbrella-species concept. Conservation Biology 16, S. 778 – 788.

[14] Gerstberger, P., Spitznagel, A. (2008) Abschlussbericht über das INTERREG III A – Projekt: „Grenzüberschreitender Biotopverbund für Raufußhühner in der Euregio Egrensis", Bayreuth (http://sonnet.de/html/downloads/abschlussbericht-raufusshuehner.pdf).

[15] Klaus, S., Bergmann, H.H. (2004) Situation der waldbewohnenden Raufußhuhnarten Haselhuhn *Bonasa bonasia* und Auerhuhn *Tetrao urogallus* in Deutschland – Ökologie, Verbreitung, Gefährdung und Schutz. Vogelwelt 125, S. 283–295.

[16] http://www.naturwaelder.de/nwr_flaechen.cfm (26.09.2009).

[17] Hardersen, S., Markgraf-Maué, M. (2003): Vergleichende ornithologische Siedlungsdichteuntersuchungen einer Naturwaldzelle mit einem naturnah bewirtschafteten Wald. Charadrius 3, S. 105–113.

[18] Schumacher, H. (2006) Zum Einfluss forstlicher Bewirtschaftung auf die Avifauna von Rotbuchenwäldern im nordostdeutschen Tiefland. Cuvillier Verlag, Göttingen.

[19] Winter, S. (2009) Mikrohabitate und Phasenkartierung als Kern der Biodiversitätserfassung im Wald, in (Bayerische Forstverwaltung, Hrsg.) *30 Jahre Naturwaldreservate in Bayern*, Berichte der Bayerischen Landesanstalt für Land- und Forstwirtschaft 61, LWF, Freising, S. 52–56.

[20] Löb, B., Kiefer, S., Hoffmann, M. (2009) Siedlungsdichte der Vögel im Naturwaldreservat Goldbachs- und Ziebachsrück (Hessen). Untersuchungszeitraum 1995, in (Flechtner, G.; Dorow, W. H. O., Kopelke, J.-P.) *Naturwaldreservate in Hessen. Band 11/2.1. Goldbachs- und Ziebachsrück. Zoologische Untersuchungen 1994–1996*, Teil 1. Mitteilungen der Hessischen Landesforstverwaltung 45, S. 282–323.

[21] Flade, M. (1998) Kleiber oder Wiedehopf? Neue Prioritäten im deutschen Vogelschutz, Falke 45, S. 348–355.

[22] Flade, M.; Hertel, F.; Schumacher, H.; Weiß, S. (2004) Einer, der auch anders kann: Der Mittelspecht und seine bisher unbeachteten Lebensräume, Falke 51, S. 82–86.

[23] Südbeck, P., Flade, M. (2004) Bestand und Bestandsentwicklung des Mittelspechts in Deutschland und seine Bedeutung für den Waldnaturschutz. Vogelwelt 125, S. 319–326.

[24] Winter, S., Schumacher, H.; Möller, G., Flade, M, (2002) Vom Reichtum des Alterns. Buchenaltholzbestände und ihr Beitrag zum Erhalt der Lebensgemeinschaft von Tieflandbuchenwäldern im

nordostdeutschen Tiefland – Projektvorstellung und Zwischenergebnisse. Beiträge zur Forstwirtschaft und Landschaftsökologie 36, S. 69–76.
[25] http://www.deutschewildtierstiftung.de/_downloads/projekte/DerSchwarzspecht.pdf (26.09.2009).
[26] http://www.walderlebnispfad-freising.de/download/Hintergrund_Alt-_und_Totholz.pdf (26.09.2009).
[27] http://www.natur.bsl-ag.de/fileadmin/user_upload/bl/news/Naturschutz_im_Wald.pdf (26.09.2009).
[28] Flade, M., Baumann, S., Südbeck, P. (2004) Die Situation der Waldvögel in Deutschland – Einführung und Synopse, Vogelwelt 125, S. 145–150.
[29] Flade, M., Schwarz, J. (2004) Bestandsentwicklung von Waldvögeln in Deutschland 1989–2003, Vogelwelt 125, S. 177–213.
[30] Sudfeldt, C., Dröschmeister, R., Grüneberg, C., Jaehne, S., Mitschke, A. und J. Wahl (2008) Vögel in Deutschland 2008, DDA, BfN, LAG VSW (Hrsg.), Münster.
[31] Hillig, F. (2009) Bleibt er noch oder geht er schon? Der Bestandsrückgang des Waldlaubsängers, Falke 56, S. 60–63.
[32] Meyburg, B.-U., Langgemach, T., Graszynski, K., Böhner, J. (2004) The Situation of the Lesser Spotted Eagle *Aquila pomarina* in Germany: The need for an Action Plan and active Conservation, in (Chancellor, R. D., Meyburg, B.-U., Eds.) *Raptors Worldwide*, World Working Group on Birds of Prey and Owls, Berlin, S. 601–613.
[33] http://www.nabu.de/imperia/md/content/nabude/vogelschutz/19.pdf (28.09.2009).
[34] Böhner, J., Langgemach, T. (2004) Warum kommt es auf jeden einzelnen Schreiadler *Aquila pomarina* in Brandenburg an? Ergebnisse einer Populationsmodellierung. Vogelwelt 125, S. 271–281.
[35] Lingenhöhl, D. (2003) Rückkehr verdrängter Tierarten, in (Leibniz-Institut für Länderkunde, Hrsg.) *Nationalatlas von Deutschland, Band 3: Klima und Vegetation*, Spektrum Akademischer Verlag, Heidelberg, S. 142–143.
[36] http://www.dda-web.de/downloads/texts/adebar/adebar1_komplett.pdf (28.09.2009).
[37] Beyer, G., Krüger, J.-A. (2006) Ist die Nachhaltigkeit im Wald ein Auslaufmodell? Forst &Technik 8/2006, S. 14–17.
[38] Schaber-Schoor, G. (2009) Produktion von Waldenergieholz und Nachhaltigkeit von Totholz unter Berücksichtigung der Biodiversität, Forst und Holz, 2/2009, S. 14–17.
[39] Statistisches Bundesamt Deutschland, Pressemitteilung Nr. 268 vom 06.07.2006.
[40] http://www.dnr.de/publikationen/news/docs/Doku_mehrWildnis_komplett.pdf (28.09.2009).
[41] http://www.bund-naturschutz.de/fileadmin/download/alpen/BN-Alpenstudie.pdf (29.09.2009).
[42] Ingold, P. (2005): Freizeittourismus im Lebensraum der Wildtiere. Haupt, Bern.
[43] http://www.vogelwarte.ch/includes/aktuell/veranstaltungen/archiv/tagung_auerhuhn%20(Bericht).pdf (29.09.2009).
[44] Arlettaz, R., Patthey, P., Baltic, M., Leu, T., Schaub, M., Palme, R. and Jenni-Eiermann, S. (2007) Spreading free-riding snow sports represent a novel serious threat for wildlife. Proceedings of the Royal Society B, Biological Sciences 274, S. 1219–1224.
[45] Thiel, D., Jenni-Eiermann, S., Braunisch, V., Palme, R., Jenni, J. (2008) Ski tourism affects habitat use and evokes a physiological stress response in capercaillie *Tetrao urogallus*: a new methodological approach, Journal of Applied Ecology 45, S. 845–853.
[46] Thiel, D. Jenni-Eiermann, S., Jenni, L. (2008) Der Einfluss von Freizeitaktivitäten auf das Fluchtverhalten, die Raumnutzung und die Stressphysiologie des Auerhuhns *Tetrao urogallus*, Der Ornithologische Beobachter 105, S. 85–96.
[47] Jenni-Eiermann, S., Arlettaz, R. (2008) Does Ski Tourism affect Alpine Bird Fauna? Chimia 62, S. 301.
[48] Patthey P., Wirthner S., Signorell, N., Arlettaz, R. (2008) Impact of outdoor winter sports on the abundance of a key indicator species of alpine ecosystems. Journal of Applied Ecology, doi 10.1111/j.1365-2664.2008.01547.x.

[49] Rolando, A., Laiolo, P. (2005) Forest bird diversity and ski-runs: a case of negative edge effect, Animal Conservation 8, S. 9–16.

[50] Rolando, A., Caprio, E., Rinaldi, E., Ivan, E. (2007) The impact of high-altitude ski-runs on alpine grassland bird communities, Journal of Applied Ecology 44, S. 210–219.

[51] Boschert, M. (2005) Vorkommen und Bestandsentwicklung seltener Brutvogelarten in Deutschland 1997 bis 2003, Vogelwelt 126, S. 1–51.

[52] http://www.lfu.bayern.de/natur/fachinformationen/freizeitnutzung_wintersport/skipistenuntersuchung/doc/skipisten.pdf (29.09.2009).

[53] http://www.bund-naturschutz.de/fileadmin/download/alpen/BN_Hintergrund_Schneekanonen_190307.pdf (29.09.2009).

[54] http://www.steinadlerschutz.de/ (29.09.2009).

[55] http://www.ammersee-region.de/ammer-allianz-information.pdf (29.09.2009).

[56] Bezzel, E., Fünfstück, H.J., Kirchner, J. (1995) Der Flussuferläufer *Actitis hypoleucos* im Werdenfelser Land 1966 bis 1994: Lebensraum, Durchzug, Brutbestand und Schutzprobleme. Garmischer Vogelkundliche Berichte 24, S. 47–60.

[57] Aßmann, O., Burbach, K., Beckmann, A., Beckmann, M. (1997) Grundlagen und Vorschläge für ein Gesamtkonzept zur Regelung von naturschutzrelevanten Einflüssen auf die Ammerschlucht, Gutachten im Auftrag der Regierung von Oberbayern, unveröff.

[58] http://www.np-gesaeuse.at/download/forschung/Hammer_2006_Flussuferlaeufer.pdf (29.09.2009).

[59] http://www.lbv.de/fileadmin/www.lbv.de/artenschutz/AGSB-Bericht_2006.pdf (29.09.2009).

[60] Schödl, M. (2002) Brutzeitraum und Daten zu Schlupf und Flüggewerden des Flussuferläufers *Actitis hypoleucos* an Ammer und Oberer Isar, Oberbayern, Ornithologischer Anzeiger 42, S. 51–56.

[61] Schödl, M. (2006) Bestandsentwicklung und Bruterfolg des Flussuferläufers *Actitis hypoleucos* an bayerischen Flüssen sowie Auswirkungen von Schutzmaßnahmen, Ornithologischer Beobachter Band 103, S. 197–206.

[62] Schödl, M. (2007) Schutzmaßnahmen erhöhen den Bruterfolg des Flussregenpfeifers *Charadrius dubius* an der Oberen Isar, Ornithologischer Anzeiger 46, S 121–128.

[63] http://www.flussbuero.de/ (29.09.2009).

[64] von Heßberg, A. (2003) Redynamisierungsprojekt Obermain und Rodach (Bayern), in (Eidgenössische Anstalt für Wasser-versorgung, Abwaserreinigung und Gewässerschutz, Hrsg.) *Gerinneaufweitungen – Eine geeignete Massnahme zur Entwicklung naturnaher Fluss-Systeme?* EAWAG, Kastanienbaum, S. 36–38.

[65] Speierl, T., Hoffmann, K.H., Klupp, R., Schadt, J., Krec, R. und Völkl, W. (2002) Fischfauna und Habitatdiversität: Die Auswirkungen von Renaturierungsmaßnahmen an Main und Rodach. Natur und Landschaft 77, S. 161–171.

[66] Mader, D., Völkl, W. (2002): Flussredynamisierung – eine Chance für Wildbienen. Artenschutzreport 12, S. 26–29.

[67] Metzner, J., von Heßberg, A., Völkl, W. (2003) Entstehen durch Flussrenaturierung Primärhabitate? Bestandsentwicklung ausgewählter Vogelarten nach dem Wiederzulassen dynamischer Prozesse am Main. Naturschutz und Landschaftsplanung 35, S. 74–82.

[68] Bayerisches Landesamt für Wasserwirtschaft (Hrsg., 2005) Totholz bringt Leben in Flüsse und Bäche, München.

[69] http://www.bfn.de/fileadmin/MDB/documents/service/skript204.pdf#page=102 (29.09.2009).

[70] http://www.bn-deggendorf.de/download/info_natura-2000_150dpi.pdf (29.09.2009).

[71] http://www.bund-naturschutz.de/uploads/media/BN-Magazin_Natur_Umwelt_zur_Donau.pdf (29.09.2009).

[72] Succow, M., Joosten, H. (2001$^2$) Landschaftsökologische Moorkunde, Schweizerbart, Stuttgart.

[73] Falkenberg, H. (2008): Torfimporte aus dem Baltikum – Bedeutung für die Torf- und Humuswirtschaft in Deutschland. Bergbau 03/08, S. 132–135.

[74] Jeschke, L., Joosten, H. (2003) Moore – gefährdete Lebensräume, in (Leibniz-Institut für Länderkunde, Hrsg.) *National-*

*atlas von Deutschland, Band 3: Klima und Vegetation*, Spektrum Akademischer Verlag, Heidelberg, S. 142–143.

[75] Couwenberg, J., Joosten, H. (2006) Peatlands, Climate, Biodiversity, in (Korn, H., Schliep R., Stadler, J., Hrsg.) *Biodiversität und Klima – Vernetzung der Akteure in Deutschland II*. Bundesamt für Naturschutz, Skripten 180, S. 35–37.

[76] Landesanstalt für Umweltschutz Baden-Württemberg (Hrsg., 2001) Biotope in Baden-Württemberg 9 „Moore, Sümpfe, Röhrichte und Riede", LfU, Karlsruhe.

[77] Schulze-Hagen, K. (1991) *Acrocephalus paludicola* (Vieillot 1817) – Seggenrohrsänger, in (Glutz von Blotzheim, U. N., Bauer, K.M., Hrsg.) *Handbuch der Vögel Mitteleuropas*, Band 12, Aula-Verlag, Wiesbaden, S. 252–291.

[78] Helmecke, A., Sellin, D., Fischer, S., Sadlick, J. und Bellebaum, J. (2003) Die aktuelle Situation des Seggenrohrsängers *Acrocephalus paludicola* in Deutschland, Berichte zum Vogelschutz 40, S. 81–89.

[79] Tanneberger, F., Tegetmeyer, C., Dylawerski, M., Flade, M., Joosten, H. (2009): Slender, sparse, species-rich – winter cut reed as a new and alternative breeding habitat for the globally threatened Aquatic Warbler. Biodiversity and Conservation. DOI 10.1007/s10531-008-9495-0

[80] Tanneberger F., Bellebaum J., Fartmann T., Haferland H.J., Helmecke A., Jehle P., Just P. und Sadlik J. (2008) Rapid deterioration of Aquatic Warbler *Acrocephalus paludicola* at the western margin of the breeding range, Journal of Ornithology 149, S. 105–115.

[81] http://www.nationalpark-unteres-odertal.de/files/literature/Seggenrohrs%C3%A4nger%20im%20Nationalpark%20Unteres%20Odertal.pdf (29.09.2009).

[82] http://www.nabu.de/naturerleben/schutzgebiete/mecklenburg-vorpommern/05803.html (29.09.2009).

[83] http://www.brehm-fonds.de/rallenprojekt.html (29.09.2009).

[84] http://ec.europa.eu/environment/life/project/Projects/files/brochure/Hochmoorrenaturierung.pdf (29.09.2009).

[85] Lhttp://www.naturschutzinfo.de/fileadmin/MDB/documents/service/Skript252.pdf#page=20 (29.09.2009)

[86] Lozan, J. L., Rachor, E., Reise, K., Sündermann, J., Westernhagen, H. v. (2003) Warnsignale aus Nordsee und Wattenmeer. Eine aktuelle Umweltbilanz, Wissenschaftliche Auswertungen Hamburg.

[87] http://www.zeeinzicht.nl/vleet/index-dui.php?use_template=ecomare.html&item=wattenmeer&pageid=militarische-ubungsgelande.htm (29.09.2009)

[88] Flore, B.-O. (1997) Brutbestand, Bruterfolg und Gefährdungen von Seeregenpfeifern *Charadrius alexandrinus* und Zwergseeschwalben *Sterna albifrons* im Wattenmeer von Niedersachsen, Vogelkundliche Berichte Niedersachsen 29, S. 85–102.

[89] Dietrich, K., Koepff, C. (1994) Auswirkungen der Erholungsnutzung auf die Watvogelbestände an einem Hochwasserrastplatz im Niedersächsischen Wattenmeer, Artenschutzreport 94, S. 22–26.

[90] http://www.wattenmeer-nationalpark.de/archiv/mitteilungen/97/pr13-7.htm (29.09.2009).

[91] Sudfeldt, C., Dröschmeister, R., Grüneberg, C., Mitschke, A., Schöpf, H. und J. Wahl (2007) Vögel in Deutschland 2007, DDA, BfN, LAG VSW (Hrsg.), Münster.

[92] http://www.mellumrat.de/ (29.09.2009).

[93] http://www.wattenrat.de/index.htm (29.09.2009).

[94] http://www.wwf.de/fileadmin/fm-wwf/pdf_neu/Hintergrund_Fischerei_Wattenmeer.pdf (29.09.2009).

[95] van Gils, J.A., Piersma, T., Dekinga, A., Spaans, B. Kraan, C. (2006) Shellfish Dredging Pushes a Flexible Avian Top Predator out of a Marine Protected Area, PloS Biology 4, e376.

[96] Verhulst, S., K. Oosterbeek, A. L. Rutten, and B. J. Ens. (2004) Shellfish fishery severely reduces condition and survival of oystercatchers despite creation of large marine protected areas. Ecology and Society 9, S. 17–27.

[97] Camphuysen, C.J., Berrevoets, C.M., Cremers, H.J.W.M., Dekinga, A., Dek-

ker, R., Ens, B.J., Have, TM. van der, Kats, R.K.H., Kuiken, T., Leopold, M.F., Meer, J. van der and Piersma, T. (2002) Mass mortality of Common Eiders (*Somateria mollissima*) in the Dutch Wadden Sea, winter 1999/2000: starvation in a commercially exploited wetland of international importance. Biological Conservation 106, S. 303–317.

[98] Reineking, B. & Südbeck, P., 2007. Seriously Declining Trends in Migratory Waterbirds: Causes-Concerns-Consequences. Proceedings of the International Workshop on 31 August 2006 in Wilhelmshaven, Germany. Wadden Sea Ecosystem No. 23, Common Wadden Sea Secretariat, Wadden Sea National Park of Lower Saxony, Institute of Avian Research, Joint Monitoring Group of Migratory Birds in the Wadden Sea, Wilhelmshaven, Germany.

[99] Delany, S., Dodman, T., Stroud, D. and Scott, D. (Hrsg., 2009) An Atlas of Wader Population in Africa and Western Eurasia. Wetlands International, Wageningen.

[100] http://www.ornithologie-schleswig-holstein.de/pdf/loeffler_2007.pdf (29.09.2009).

[101] Flade, M., Grüneberg, C., Sudfeldt, C., Wahl, J. (2008) Birds and Biodiversity in Germany – 2010 Target, DDA, NAB, DRV, DO-G, Münster.

## Reisende soll man nicht aufhalten

Jagd tötet immer noch Millionen Zugvögel, doch Widerstand lohnt

Sigmars Reise endete früh. Ein Schuss holte den brandenburgischen Schreiadler im letzten September schwer verletzt von Maltas Himmel. Obwohl Naturschützer ihn bald aufsammelten und per Flugzeug in die Tierklinik der Freien Universität Berlin bringen ließen, überlebte er nicht. Trotz intensiver Behandlung mussten die Ärzte den Greifvogel wenige Wochen später wegen einer infizierten Wunde einschläfern. Ein bitterer Verlust: In Deutschland leben nur noch 90 Paare der Art, und auch auf Sigmar ruhten Hoffnungen, sie hierzulande zu erhalten.

Erwischt hat es den jungen Adler auf seinem Jungfernflug ins afrikanische Winterquartier – ein Schicksal, das er vielfach teilt: „Insgesamt dürfen etwa 120 Millionen Vögel legal getötet werden. Dazu kommen weitere 30 bis 100 Millionen gewilderte Tiere", rechnet Alexander Heyd vom Bonner Komitee gegen den Vogelmord die jährlichen Jagdstrecken in Europa zusammen. Und womöglich ist auch diese Zahl noch zu niedrig gegriffen: „Es fehlen Zahlen über angeschossene und später verendete Vögel. Schließlich muss hinterfragt werden, ob Jäger tatsächlich immer die richtigen Zahlen nennen", schränkt Heyd ein.

Zudem dürfen in Italien Arten wie Buch- und Bergfink geschossen werden, die nach EU-Recht eigentlich nicht jagdbar sind: Sie tauchen in keiner Statistik auf. Gleiches gilt für – legal – in Katalonien mit Leimruten gefangene Vögel oder in Frankreich in Netzen oder Schlingen erbeutete Tiere. Mindestens 200 Millionen Tiere: So viele Fasane, Tauben, Rallen, Enten, Gänse, Sing- und Watvögel könnten jährlich in 25 Staaten der Europäischen Union, der Schweiz und Norwegen der Jagd zum Opfer fallen – genug, um 7000 Lastwagen mit 66.000 Tonnen Wildbret zu füllen.

Die Zahlen des Komitees gegen den Vogelmord aus Bonn sind zudem auch nur ein Teil der Wahrheit. Denn nicht enthalten sind Daten vom Balkan, aus der Ukraine, Weißrussland und Russland sowie dem Nahen Osten und Nordafrika, wo es ebenfalls eine aktive Vogeljägerschaft gibt. „Die wenigen Feuchtgebiete an der östlichen Adriaküste werden für Arten, die in Kroatien, Montenegro, Bosnien und Albanien ankommen, zur Todesfalle", beschreibt Martin Schneider-Jacoby von EuroNatur, einer Organisation, die sich ebenfalls für den Zugvogelschutz stark macht, die „alarmierende" Situation in Südosteuropa.

### 200 Millionen tote Vögel – jährlich

Nur ein Teil der europaweiten Beute entfällt dabei auf sehr häufige Spezies wie Ringeltaube und Stockente oder den zumindest von Jägern in Deutschland vielfach gehegten Fasan – schließlich erlaubt die EU nach den Vorschriften der Europäischen Vogelschutzrichtlinie [1][1)] das Erlegen von 82 Arten. Die meisten davon sind Zugvögel, und sie zahlen insgesamt auch den höchsten Blutzoll: Wachteln, Drosseln, Lerchen und Nachtigallen ebenso wie seltene Falken oder Watvögel [2][2)].

Doch fällt dies überhaupt ins Gewicht, angesichts der riesigen Zahl an Tieren, die alljährlich den kalten Norden verlassen, um im warmen Süden zu überwintern? Steffen Hahn, Silke Bauer und Felix Liechti von der Schweizerischen Vogelwarte in Sempach schätzen immerhin, dass jeden Herbst mehr als zwei Milliarden Singvögel aus 55 Arten sowie 13 näher zu dieser Gruppe stehende Nichtsingvogelspezies wie Wendehals, Wiedehopf, Blauracke, Segler, Kuckuck oder Turteltaube von Europa nach Afrika südlich der Sahara fliegen [3]. Dazu kommen noch hunderte Millionen Wat- und Greifvögel, Störche, Kraniche, Enten und Gänse sowie jene Arten, die nur bis an die Mittelmeerküste ziehen wie Blaukehlchen, Mönchsgrasmücken, Stare oder Rotkehlchen.

Diese Wanderer zwischen den Kontinenten sind aber vielleicht nur noch ein Teil jener gigantischen Schwärme, die zu früheren Zeiten ins Winterquartier und zurück reisten – zumindest wenn die einzige andere Schätzung dazu von Reginald Ernest Moreau aus dem Jahr 1972 richtig sein sollte [4]. Er berechnete, dass in den 1950er Jahren mehr als fünf Milliarden Landvögel – darunter 4,3 Milliarden Singvögel – aus Eurasien nach Afrika zogen. Seine Zahlen sind allerdings nicht unumstritten, da sie sich vor allem auf die Bestandsgrößen finnischer Vögel bezogen. Zudem umfassten sie auch Teilpopulationen, die östlich des Urals brüten und damit nicht mehr zum

1) Die Vogelschutzrichtlinie – ausführlich: Richtlinie 79/409/EWG über die Erhaltung der wildlebenden Vogelarten – der Europäischen Union trat 1979 in Kraft. Sie regelt den Schutz dieser Arten und ihrer Lebensräume in der Europäischen Union. Mit dieser Richtlinie haben sich die Mitgliedstaaten der EU zur Einschränkung und Kontrolle der Jagd ebenso wie zur Einrichtung von Vogelschutzgebieten als eine wesentliche Maßnahme zur Erhaltung, Wiederherstellung beziehungsweise Neuschaffung der Lebensräume wildlebender Vogelarten verpflichtet.

2) Die Schätzungen für die 82 Arten belaufen sich auf 37,3 Millionen Singvögel, 33,5 Millionen Hühnervögel, 18,6 Millionen Tauben, 4,1 Millionen Watvögel, 391.000 Rallen sowie 7,6 Millionen Enten und Gänse pro Jahr.

Die Jagd auf dem Balkan macht auch vor Watvögeln nicht Halt. Der Austernfischer ist daher an der östlichen Adriaküste nahezu ausgestorben.

eigentlichen europäischen Kontinent zählen. Ihre Zahl unterliegt weiterhin sehr groben Schätzungen.

Allgemein anerkannt ist jedoch, dass hierzulande gerade Langstreckenzieher seltener werden: Neben den Bodenbrütern der Kulturlandschaft sind vor allem sie überproportional gefährdet und von rückgängigen Populationszahlen betroffen, wie der Statusbericht „Vögel in Deutschland 2008“ warnt [5]. Bei zwei Dritteln aller Vogelarten, die südlich der Sahara überwintern, zeigt der Trend nach unten und gilt das Überleben langfristig als fraglich, schätzen die Experten. Und dieser Trend zieht sich quer durch alle Vogelfamilien, die nach Afrika fliegen: Er betrifft die einzige Ente mit Langstreckenzug (Knäkente) ebenso wie den einzigen Schreit- (Zwergdommel) und Hühnervogel (Wachtel), einen Großteil der Greifvögel mit dieser Strategie (Wespenbussard, Schreiadler, Wiesenweihe oder Baumfalke), unter den Watvögeln beispielsweise den Kiebitz, den Wendehals als ziehenden Specht und Singvögel wie Baumpieper, Teichrohr- oder Waldlaubsänger. Ein ähnliches Bild vermitteln die Zahlen aus Großbritannien, wo in den letzten vier Jahrzehnten Langstreckenzieher wie Grauschnäpper, Turteltaube und Baumpieper um 80 Prozent zurückgegangen sind, Fitis, Sumpfrohrsänger und Gartengrasmücke um 75 Prozent und der Kuckuck um knapp zwei Drittel. Neuntöter und Wendehals starben sogar aus. Von den 36 durch die Royal British Society for the Protection of Birds (RSPB) untersuchten Arten, befinden sich 21 im Sinkflug [6].

Viele der genannten Arten stehen durch eine ganze Reihe von Faktoren unter Druck wie Klimawandel und Veränderungen in der Landnutzung. Die Jagd nimmt sie allerdings noch zusätzlich in die Zange, wie die Abschusszahlen zeigen. So fallen jedes Jahr mehrere Millionen Waldschnepfen, Wachteln und Turteltauben der Jagdleidenschaft zum Opfer, obwohl diese Arten seit Jahren im Bestand sinken. Bekassinen, Brachvögel und Goldregenpfeifer stehen bereits auf der Roten Liste, und dennoch holen Schützen sie zu Hunderttausenden vom Himmel. Vielerorts sind nach massiven Einbrüchen die Feldlerchen aus der Kulturlandschaft Deutschlands oder der Niederlande verschwunden. Die Europäische Union hindert es trotzdem nicht daran, jährlich den Abschuss von 2,5 Millionen Individuen freizugeben [7].

Gleiches gilt für den Kiebitz, der früher typisch war für Deutschlands Feuchtwiesen. „Er steht in Deutschland auf der Roten Liste, wird aber in Frankreich legal bejagt", moniert Martin Schneider-Jacoby von EuroNatur. 435.000 Abschüssen in unserem Nachbarland stehen hierzulande nur noch maximal 104.000 Tiere gegenüber. Ähnliches gilt für den Brachvogel, ergänzt Heyd: „In Deutschland brüten noch 5000 Paare des Brachvogels, die teilweise sehr aufwändig geschützt werden. Allein in Frankreich landen jedoch bis zu 4000 Stück jedes Jahr im Kochtopf. Gerade Limikolen gehen unglaublich stark zurück, das liegt auch an der Jagd." Sogar noch schlimmer sieht es bei der Wachtel aus, meint Hans-Günther Bauer vom Max-Planck-Institut für Ornithologie in Radolfzell: „Die Jagd ist ein dramatischer Bestandsfaktor für die Wachtel. Allein in Spanien dürfen jedes Jahr zwei Millionen Exemplare geschossen werden – das ist mehr als ihr europaweiter Bestand und nur möglich, weil pro Jahr allein in Katalonien mehrere hunderttausend Tiere ausgesetzt werden."

Auch auf dem Balkan gehören Wachteln zu den bevorzugten Opfern, wie Schneider-Jacoby aus Montenegro berichtet: „Selbst in Schutzgebieten herrscht ein riesiger Jagddruck. Wir haben schon beobachtet, wie bis zu zehn Autos angefahren kamen und die gesamte Fläche abgeräumt wurde. Das ist immer wieder erschreckend." Die Jäger setzen dazu auch Klangattrappen ein, die die Tiere anlocken, obwohl diese Technik sowohl nach dem alten als auch nach dem neuen Jagdgesetz des Landes verboten ist. Allein am relativ kurzen Küstenabschnitt des kleinen Balkanlandes dürften jedes Jahr 10.000 Wachteln abgeschossen werden, so die Schätzungen des EuroNatur-Wissenschaftlers – was im Hinterland, in dem nicht weniger gejagt wird, geschieht, bleibt bislang im verborgenen [8].

Geschossen werden darf dabei auf alles, was nach EU-Richtlinie auch erlaubt ist – neben Kiebitz, Turteltauben und Feldlerchen, Wachteln und Knäkenten auch Besonderheiten wie Kampfläufer oder Brachvögel. „Das sind alles Arten, die europaweit zurückgehen und bedroht sind. Seit Langem diskutieren wir, warum diese Arten überhaupt noch im Jagdrecht stehen. Die

Nachdem die Jagd in Italien immer mehr erschwert wurde, weichen die Jäger nun verstärkt nach Osten aus, wo Gesetze und deren Durchsetzung noch laxer gehandhabt werden.

Jagdlobby hat bislang jedoch verhindert, dass die Richtlinie entsprechend geändert wird", weist Alexander Heyd auf einen Widerspruch in der Gesetzgebung hin. Denn: „In der Richtlinie steht, dass Bejagung eigentlich nur erlaubt ist, wenn sie nachhaltig erfolgt. Das kann sie aber nicht sein, wenn die Bestände schrumpfen – zum Teil dramatisch. Die Zahl der Feldlerchen etwa halbierte sich in den letzten Jahrzehnten. Dennoch werden viele von ihnen jedes Jahr in Italien und Frankreich geschossen."

Kaum verwunderlich also, dass auch auf Grund dieses derart massiven Aderlasses manche Vogelspezies auf breiter Linie verschwinden: Mehr als ein Viertel der „erlaubten" Arten muss nahezu europaweit sinkende Zahlen hinnehmen. „Neben Veränderungen in der Landnutzung spielen die Abschüsse eine wichtige Rolle beim Artenrückgang. Bisweilen treffen sie ins Herz der Bestände", bestätigt Bauer.

### Auch wer überlebt, leidet

Die Jagd kann das Wohl der Vögel – und ihren Bestand – selbst dann gefährden, wenn die Tiere den Schüssen nicht zum Opfer fallen. Die Knäkente beispielsweise: Sie überquert die Sahara und das Mittelmeer und müsste eigentlich in den Feuchtgebieten der Adriaküste rasten, um neue Energie zu tanken. Wegen der vielen Schüsse schrecken die Enten häufig auf, was an ihren Kräften zehrt. Oder sie ruhen gleich draußen auf dem Meer, um nachts weiter ins Brutgebiet zu ziehen, ohne neue Reserven angelegt zu haben. Zugleich sind sie häufig vor der Küste harschen Wetterbedingungen ausgesetzt, was ebenfalls Spuren hinterlässt. „Sie kommen so erschöpft in ihrer Heimat an, dass sie nicht mehr brüten können. Das muss die Bestände stark beeinflussen. Und wenn schon die Kernpopulationen wie in Polen den Bach hinunter gehen, zwingt das die Art in den Randgebieten ihrer Verbreitung erst recht in die Knie“, so Schneider-Jacoby, den es nicht wundert, dass Knäkenten in Deutschland allenfalls noch sporadisch brüten, obwohl ihre wichtigen Brutplätze hierzulande allesamt geschützt sind. Vor allem wegen der Jagd ging ihre Zahl in Westeuropa von einst bis zu 22.500 Paaren (1970) auf nur maximal 8.000 heute zurück, meint der Ornithologe.

Nicht jeder Schuss tötet zugleich, sondern verletzt die Vögel: Regelmäßig beobachten Naturschützer auf Malta Tiere, die sichtbare Schusswunden aufweisen – etwa zerfetzte Flügel, durchlöcherte Schwanzfedern oder blutende Verletzungen [9]. Werden diese Tiere nicht gefunden, sterben sie häufig einen qualvollen Tod, weil sie nicht mehr jagen oder fliegen können. Zumeist jagen die Waidmänner auch mit Bleischrot, der im Körper schleichend sein Gift abgibt und die Vögel vergiftet oder ihr Immunsystem schwächt: Auch sie fallen häufig für die Brut aus. Bisweilen nehmen die Vögel das Schwermetall auch indirekt auf, indem sie den Bleischrot beim Fressen von Aas oder Wasserpflanzen verschlucken (siehe auch Kapitel 3).

Der Biologe Rafael Mateo vom Instituto de Investigación en Recursos Cinegéticos im spanischen Ciudad Real sieht daher einen Zusammenhang zwischen der Verwendung von Bleischrot und dem Rückgang vieler Entenarten, die in Gebieten mit entsprechend hohem Jagddruck überwintern [10]. Die Populationen von Spieß- und Tafelenten, die beide laut einer Studie im Winterquartier sehr viele Bleikügelchen beim Fressen zu sich nehmen, schrumpften in den letzten Jahrzehnten drastisch: die der Tafelente je nach Region um 30 bis 70 Prozent, jene der Spießente zwischen 1967 und 1993 um jährlich mehr als sechs Prozent. Unter anderem wegen des Schwermetalls haben die weiblichen Tafelenten, die offensichtlich besonders darunter leiden, eine um ein Drittel höhere Sterberate als ihre Partner.

### Besonders riskant: Frankreich, Malta, Zypern und der Balkan

Selbst stark bedrohte Vögel fallen Schrot und Korn zum Opfer – illegal. Ein ganz heißes Pflaster ist diesbezüglich Malta, das europaweit wohl mit die höchste Dichte an Jägern aufweist. Auf dem kleinen Eiland warten stets im Frühling und Herbst mindestens 16.000 Waidmänner – bei einer Gesamtbevölkerung von 400.000 Menschen – auf die ziehenden Schwärme, die Malta als wichtigen Rastplatz bei der Mittelmeerquerung nutzen möchten. „Frühjahr für Frühjahr werden tausende Rohrweihen, Wespenbussarde, Stelzenläufer oder Purpurreiher abgeschossen. Das ist selbst nach maltesischem Recht verboten. Aber wie sollen wir diese Verstöße effektiv aufdecken und verfolgen, wenn gleichzeitig auf der ganzen Insel legal hunderttausendfach Schüsse auf Tauben und Wachteln knallen?“ klagt Joseph Mangion, Vorsitzender von BirdLife Malta.

Auch getötete Fisch- und Schreiadler, Blauracken, Löffler, Flamingos und Falken sammeln die Naturschützer immer wieder ein – oder müssen tatenlos zusehen, wie sie mit der Flinte vom Himmel geholt werden. Im Gegensatz zum Balkan, wo die Beute zumeist im Kochtopf landet, stehen hinter der Jagd auf Malta andere Gründe, meint Schneider-Jacoby: „Auf Malta haben es viele Jäger vor allem auf Trophäen abgesehen – sie wollen den Rosa Flamingo besitzen oder den Schreiadler. Ihnen geht es um Vielfalt in der Sammlung.“

Auf der Insel selbst sind viele Arten von der Schleiereule bis zum Wanderfalken deshalb bereits ausgerottet – Malta ist nach Angaben von Birdlife

Bei der Jagd auf Enten setzen Waidmänner auch auf illegale Methoden wie Lockenten, die Wasservögel zur Landung auf vermeintlich sicherem Terrain einladen sollen.

International der einzige europäische Staat, in dem keine Greifvögel mehr brüten [11]. Die Jäger sind also auf die Zugvögel für ihre „Leidenschaft" angewiesen. Ein Großteil der Jagd findet illegal statt, und so gibt es nur wenige Zahlen, die das ganze Ausmaß dokumentieren. Eine der wenigen Angaben stammt von dem maltesischen Journalisten Natalino Fenech [12]: Demnach starben zu Beginn der 1990er Jahre jährlich drei Millionen Finken, je 500.000 Drosseln und Schwalben, 80.000 Pirole und 50.000 Greifvögel im Bleihagel. Nach dem Beitritt Maltas zur Europäischen Union sanken diese Zahlen womöglich, da das Land eine Reihe von gesetzlichen Einschränkungen der Jagdzeit und der jagdbaren Arten einführen musste. Rund zwei Millionen Vögel fallen dennoch jedes Jahr von Schüssen getroffen vom Himmel.

Mitarbeiter von EuroNatur wiederum sammelten im Rahmen einer Studie, die den ökologischen Wert des Bojana-Buna-Deltas an der Grenze zwischen Montenegro und Albanien erfassen sollte, eine lange Reihe an gewilderten Arten ein. Zum einen belegte sie die immense Bedeutung der Flussmündung als Zugvogelrastplatz, zum anderen zeigte sie das ganze Ausmaß des Jagdfrevels: Neben Graureihern, Mäusebussarden, Rotschenkeln und Austernfischern, die keinerlei Bedeutung als Nahrungsmittel haben, fanden sich Zwergscharben und Großtrappen, die beide auf der Roten Liste stehen und als global bedroht gelten [13]. In Deutschland etwa leben nur rund 100 Großtrappen, die allerdings keine Zugvögel sind.

In der benachbarten Saline von Ulcinj hatten Martin Schneider-Jacoby und sein slowenischer Kollege Borut Stumberger 2005 einen Dünnschnabel-Brachvogel aus Sibirien beobachtet – eine sensationelle Entdeckung, denn die Art gilt im höchsten Maße vom Aussterben bedroht und wurde in den letzten Jahren nur sehr selten und vereinzelt gefunden. Zwei Jahre später mussten sie mit ansehen, wie italienische Jagdgäste vor Ort versuchten, vier anfliegende kleine Brachvögel mit Tonbandaufnahmen anzulocken, um sie abzuschießen. Auch wenn es in diesem Fall wahrscheinlich „nur" Regenbrachvögel waren, so ist das Risiko immens, dass es tatsächlich einmal einen der letzten Dünnschnabel-Brachvögel erwischen könnte [14][3)].

Andernorts landen Seltenheiten dagegen nicht selten auch auf dem Tisch, wie der Ortolan in Frankreich, der als Delikatesse gilt – ein Rezept für seine Zubereitung findet sich sogar im „Grand Livre de Cuisine". Der ehemalige französische Präsident François Mitterand galt als großer Liebhaber der zweifelhaften Speise: Nach einer Schilderung des anwesenden Journalis-

3) Als einer der Hauptgründe für das fast sichere Aussterben des Dünnschnabel-Brachvogels gilt die exzessive Jagd, die auf die Art im 19. und zu Beginn des 20. Jahrhunderts betrieben wurde. In vielen Ländern, die der Vogel während des Zugs aufsucht, wurde und wird stark gejagt. Die Bestandsschätzungen von Birdlife International belaufen sich auf weniger als 50 Tiere.

Rotkehlchen in Bogenfalle: Bogenfallen gehören zu den archaischsten Vogelfallen der europäischen Kulturgeschichte. Ein kleines Stöckchen und eine Schnur halten den Drahtbogen auf Spannung, bis ein Vogel in die Falle gelockt ist. Berühren sie den Stock, schnellt der Bogen auseinander und hält die Tiere kopfüber mit zerquetschten Beinen im Fanggerät, sie sterben aber meist nicht sofort.

ten Georges-Marc Benamou verzehrte er angeblich noch auf dem Sterbebett zwei Ortolane [15]. Angesichts derart mächtiger Fürsprecher und bei Preisen bis zu 150 Euro pro Tier auf dem Schwarzmarkt verwundert es nicht, dass trotz des Fangverbots seit 30 Jahren immer noch knapp 2000 Fallensteller allein im Département Landes den kleinen Sängern nachstellen – allerdings mit sinkender Tendenz. Und 2006 wurde ein Gastwirt zu einer Geldstrafe von 2500 Euro verurteilt, weil er illegal Ortolane gefangen und verkauft hatte.[4)]

Trotzdem enden weiterhin mindestens 65.000 Ortolane pro Jahr gemästet und in Alkohol ertränkt auf dem Teller. Zugleich befindet sich der Bestand im freien Fall. Selbst in früheren Revieren, in denen sich am Lebensraum nichts geändert hat, verschwanden die Vögel wie in Unterfranken: Dort schrumpfte die Zahl der singenden Männchen laut einer Studie des Ornithologen Manfred Lang aus Kitzingen in knapp 20 Jahren um mehr als 70 Prozent auf nur noch 235 Tiere [16]. In Nordrhein-Westfalen ist die Art wohl schon gänzlich erloschen.

Exzessiv werden Vögel als vermeintliche Delikatesse gleichermaßen auf Zypern gejagt. Die Jägerschaft der Insel ist die viertgrößte der Europäischen Union, und im Schnitt tummeln sich auf jedem Quadratmeter acht Waidmänner – nur auf Malta ist die Dichte höher. Sie schießen jährlich 3,7 Millionen Vögel, ein Fünftel davon illegal. Dazu kommt: „Innerhalb Europas ist Zypern wahrscheinlich der Schwerpunkt der Fallenstellerei“, sagt Martin Hellicar von Birdlife Zypern. Allein zwischen März 2007 und Februar 2008 starben mindestens 1,1 Million Singvögel in Netzen und an Leimruten – Mönchsgrasmücken, Rotkehlchen und Singdrosseln an vorderster Stelle. Obwohl Fallen wie Konsum verboten sind, tauchen Gerichte mit Singvögeln (genannt Ambelopoulia) immer noch auf Speisekarten einiger Restaurants auf – bei Preisen von bis 35 Euro pro Teller wohl auch kaum ein Wunder; zumal nach Angaben von Hellicar 2008 nur neun Restaurants dafür mit Bußgeldern belegt wurden.

Traditionsgemäß verwenden die Zyprioten die Klebfallen, um Singvögel für den Kochtopf zu erbeuten – schließlich verhindert man damit das Problem, Schrotkügelchen mühsam aus den kleinen Tieren picken zu müssen. Nach Schätzungen des Bonner Komitees gegen Vogelmord erfreut sich diese Methode seit dem EU-Beitritt des Landes 2004 zunehmender Beliebtheit – wahrscheinlich weil sie unauffälliger ist als die Jagd mit dem Gewehr. Bisweilen überziehen die Fallensteller ganze Berghänge mit zahllosen Leimruten: Allein an der Südküste Zyperns könnten es 30.000 bis 50.000 derartiger Klebfallen sein, so Alexander Heyd. Ähnliches gilt für die Jagd mit Netzen, deren Anzahl sich seit 2000 womöglich verzehnfacht hat [17].

Da die Fangmethoden nicht selektiv sind, landen neben häufigen Arten stets auch Seltenheiten in den Fallen: Mindestens ein Drittel der bislang in den Netzen und an Leimruten entdeckten 150 Spezies fallen in die Katego-

4) Dieser Darstellung in der Biografie des französischen Präsidenten widersprachen zuerst einige der an diesem Abend anwesenden Personen. Doch sieben Jahre nach dem Tod Mitterands bestätigte ein enger Mitarbeiter das von Benamou beschriebene Essen.

rie schützenswert – darunter der seltene Rötelfalke sowie die nur auf Insel vorkommenden Zypern-Steinschmätzer und Schuppengrasmücke, dazu Kuckucke, Bienenfresser und kleine Eulen.

Dass durch diese Jagd tatsächlich Vögel aus Deutschland betroffen sind, lässt sich häufig zielsicher bis zum regionalen Abstammungsgebiet zurückverfolgen. Denn die Naturschützer finden immer wieder gewilderte Vögel mit Ringen. EuroNatur-Mitarbeiter etwa sammelten geschossene Wiedehopfe in Montenegro und Albanien auf, die aus Brandenburg stammten – Nachwuchs der nur noch 400 Brutpaare, die es hierzulande gibt: „Die Wilderei an der östlichen Adria gräbt den Vogelschützern hierzulande das Wasser ab", schließt daraus der EuroNatur-Geschäftsführer Gabriel Schwaderer. Das Gleiche gilt für Malta, über das nachgewiesenermaßen Vögel aus mindestens 48 Staaten fliegen – als zentralen Rastplatz im Mittelmeer steuern rund 170 Arten die Insel an, um Kraft zu tanken. Eine nicht repräsentative Studie über abgeschossene Totfunde von Birdlife Malta zeigt, dass überdurchschnittlich viele der getöteten Tiere mit Ring aus Finnland, Schweden und Deutschland stammen – darunter zahlreiche Greifvögel wie Schreiadler „Sigmar", Fischadler und Wespenbussard, Reiher, Turteltauben und Wachteln, die streng unter Schutz stehen oder einem negativen Bestandstrend unterliegen [18].

Man kann allerdings nicht nur mit dem Finger nach Süden zeigen: Selbst in Deutschland erwischt es manchen Zugvogel. Laut des DJV-Handbuchs „Jagd 2006" erlegten Waidmänner hierzulande mehr als 15.000 Waldschnepfen, obwohl sie auf der Roten Liste der bedrohten Arten stehen [19][5]. Gerechtfertigt werden diese Strecken mit dem großen Bestand der Tiere in Osteuropa und Russland, wo mehrere Millionen Schnepfen leben sollen und von denen nur ein kleiner Teil während des Zugs abgeschöpft werde. So ähnlich wird auch im Zusammenhang mit Gänsen diskutiert, die jeden Winter in großer Zahl aus der Arktis nach Deutschland zum Überwintern kommen. Vogelschützern wie Alexander Heyd kommt es dabei allerdings weniger auf die Menge der gejagten Tiere an: „Viele Gänsearten sind sehr häufig. Problematisch ist es eher, wenn die Jagd wie in Niedersachsen oder Nordrhein-Westfalen auch in Schutzgebieten wieder erlaubt wird, die extra für die Tiere eingerichtet wurden. Dort verweilen bisweilen sehr seltene Arten wie Zwerggans oder Singschwan. Auch wenn ein Jäger nur eine Gans erlegen möchte, so jagt er 100.000 Vögel in die Luft. Das darf eigentlich nicht sein."

Die Landesregierungen begründen die Freigabe der Gänsejagd unter anderem mit den landwirtschaftlichen Schäden, die die Grasfresser auf Äckern und Weiden anrichten. Wo sie lange und in großer Zahl rasten,

5) Laut der Statistik waren es in der Saison 2007/2008 sogar mehr als 18.000 Tiere.

kommt es tatsächlich zu Fraßschäden auf Nutzflächen, gesteht der Naturschutzbund NABU zu. „Doch leider wird schnell übersehen, dass mit der Störung der Gänse letztlich das Gegenteil erreicht wird", merkt NABU-Präsident Olaf Tschimpke an. Bejagte Gänse würden scheu, flüchteten bereits auf große Distanzen, und benötigten durch häufiges Umherfliegen entsprechend mehr Energie – und damit auch mehr Futter. Zudem suchten sie dann gezielt nach Flächen, wo sie nicht geschossen werden, sie konzentrieren sich dann in größerer Zahl auf kleineren Flächen, was letztlich die Überweidung noch fördert. Eine Einschätzung, die von einer Untersuchung durch Helmut Kruckenberg und Johan Mooij gestützt wird [20][6].

Zu diesen unerwünschten Nebenwirkungen tritt noch ein zweiter Aspekt, der die Gänsejagd hierzulande problematisch macht: Unter den rund 40.000 Gänsen, die in den letzten Jahren pro Saison geschossen wurden, befanden sich nach Angaben der Autoren auch einzelne Zwerggänse, die in ihrer skandinavischen Heimat mittlerweile vom Aussterben bedroht sind [20][7].

Neben der Jagd in Reservaten und auf bedrohte Arten finden Ornithologen und Naturschützer besonders verwerflich, dass rund um das Mittelmeer nicht nur im Herbst geschossen wird, wenn zahlreiche Jungvögel die Bestände auffüllen. „Der Frühlingszug beschränkt sich vor allem auf die Vögel, die den Winter und die anstrengende Reise überlebt haben. Sie bilden den Kernbestand, den Tiere brauchen, um ihre Population zu erhalten", erklärt Schneider-Jacoby. Ein Standpunkt, den der britische Forscher Ian Newton vom Centre for Ecology and Hydrology in Monks Wood, ebenfalls vertritt: „Entnimmt man im Frühling durch Jagd Vögel aus dem Bestand, der den Winter überlebt hat, so trägt das zusätzlich zu den Sterblichkeitsraten der Arten bei. Dadurch verringern sich die Brutpaare, was wiederum weniger Tiere im Herbst ergibt. Wird zu beiden Jahreszeiten geschossen, kann das langfristig zum Rückgang des Gesamtbestands führen."

Die Regierungen auf Zypern, Malta und vor allem dem Balkan hinderte das aber lange nicht daran, genau gegenteilig zu handeln, so Schneider-Jacoby: „In Kroatien dürfen Bekassinen bis Ende Februar geschossen werden und in Montenegro Knäkenten lange sogar bis Mitte März. Beides betrifft

6) Problematisch ist die Gänsejagd in Niedersachsen und Nordrhein-Westfalen nach Ansicht der Autoren auch aus wirtschaftlichen Gründen: In den letzten Jahren hatte sich dort eine Art Gänsetourismus entwickelt, weil viele Menschen, das grandiose Schauspiel zehntausender rastender Gänse beobachten wollten. Werden die Tiere wieder scheuer, so erschwert dies deren Beobachtung.

7) Die Zwerggans ist ein weiteres trauriges Beispiel für eine Tierart, die durch den Jagddruck bis an den Rand des Aussterbens gedrängt wird: Von den ehemals mehr als 10.000 Brutpaaren in Skandinavien sind heute nur noch wenige übrig – der Rest fiel weit gehend der Jagd im Überwinterungsgebiet auf dem Balkan zum Opfer. Eine Initiative plant nun junge Zwerggänse per Ultraleichtflugzeug nach Mitteleuropa zu lotsen, damit sie hier ein neues Winterquartier finden und so die Art gerettet wird.

Konfiszierte Beute: Rotkehlchen verenden am häufigsten in den Bogenfallen. Rein statistisch fängt man mit 7 Fallen pro Tag einen Vogel. Stellt ein Jäger 70 Fallen auf, kann er während der dreimonatigen Hauptjagdzeit bis zu 900 Vögel töten.

eindeutig Vögel, die auf dem Rückweg in ihre Brutgebiete und bei uns bedroht sind. Leider wird die lange Jagdsaison in den Frühling hinein dann auch genutzt, um andere Arten abzuschießen."

### Archaische Methoden

Häufig widersprechen die angewandten Mittel jeglichem Jagdethos, wie er sonst Wild gerade auch in Deutschland eigentlich zuteil wird: Auf Malta dürfen Jäger Enten und Gänsen mit Schnellbooten auf hoher See nachstellen, wo sich die Tiere erschöpft pausieren wollen. Ähnlich sieht es im Neretva-Delta in Bosnien aus, wo ebenso Schnellboote zum Einsatz kommen. Euro-Natur-Mitarbeiter mussten auch schon mitverfolgen, wie mitten im montenegrinischen Nationalpark Skutarisee – einem international bedeutenden Feuchtgebiet – ein mit Vogeljägern besetztes Motorboot Treibjagden auf Wasservögel veranstaltete. Aus den ausgedehnten Schwimmblattzonen am Ufer scheuchten die Waidmänner sämtliche Vögel heraus – darunter auch einen Schwarm von rund 1000 der vom Aussterben bedrohten Moorenten, die normalerweise nur selten den Schutz der Vegetation verlassen.

In Frankreich erlaubten die Behörden 2005 wieder lokal den Einsatz von so genannten Steinquetschfallen – eine besonders qualvolle Methode. Sie besteht aus einer Kalksteinplatte, die von kleinen Stöckchen gehalten und mit verlockendem Futter bestückt wird. Wollen Vögel an die Beeren gelangen, werfen sie die Stützen um und lösen den Fallmechanismus aus. Haben sie Glück, erschlägt der Stein sie sofort, doch Beobachtungen durch Helfer des Komitees gegen Vogelmord zeigen eher, dass die Tiere verbluten, ersticken, verdursten oder am Stress der Gefangennahme verenden.

Überhaupt Frankreich: Keine andere große westeuropäische Nation widersetzt sich so konsequent der Umsetzung der europäischen Vogelschutzrichtlinie und gewährt entsprechend viele Ausnahmen für so genannte jagdliche Traditionen, so Heyd: „Die europäische Gesetzgebung verbietet den Einsatz von Fallen, weil sie nicht selektiv fangen und folglich auch gefährdete Arten erwischen können. Die meisten Staaten der EU halten sich daran, und wo dies nicht geschieht wie in Italien, kann man vor Verwaltungsgerichte ziehen und gegen die Freigabe von Netzen klagen. Das funktioniert. Es gibt nur eine Ausnahme: Frankreich. Viele Departements haben altertümliche, mittelalterliche und steinzeitliche Fallen freigegeben." Die französische Regierung beruft sich dabei auf Gutachten, die belegen sollen, dass die Vögel unversehrt unter den Steinplatten gefangen werden, ohne dass ihnen Leid geschieht. Heyd und seine Kollegen wollen deshalb 2009 im Zentralmassiv wieder Daten sammeln, um das Gegenteil zu belegen.

Eine ebenfalls sehr qualvolle Methode stellen Rosshaarschlingen dar, wie sie zahlreich in den Ardennen aufgestellt werden. Leuchtend rote Beeren locken Amseln, Rot-, Sing- und Wacholderdrosseln in die Falle, doch erwischt es häufig auch Rotkehlchen, Meisen oder Grasmücken. Sie verfangen sich und ersticken, wenn sie sich zu befreien versuchen, weil sich die Schlinge immer weiter zuzieht. Ebenfalls beliebt sind neben feinmaschigen

Sie gilt auf Zypern als Delikatesse, die Ambelopoulia: ein Gericht aus Singvögeln, das teuer verkauft wird. Fang und Handel der Tiere sind allerdings verboten, doch der Verkauf geht bislang mehr oder weniger offen weiter.

Netzen, in denen sich kleinere Singvögel verheddern sollen, klebrige Ruten, wie sie in Katalonien im spanischen Nachbarland eingesetzt werden. Mit Gezwitscher vom Band locken die Fallensteller die Tiere in ein Gewirr aus verleimten Zweigen und Ästen in extra dafür zurechtgeschnittenen Bäumen. Obwohl seit 1979 untersagt, sind die perfiden Fallen etwa im Hinterland von Valencia weiterhin allgegenwärtig – trotz einer Verfügung des Europäischen Gerichtshofs von 2004, die Fanganlagen zu schließen. Immerhin: Als Katalonien dies 2008 offiziell wieder legalisieren wollte, scheiterte das Vorhaben an massiven internationalen Protesten unter Bezug auf die Vogelschutzrichtlinie.

Elektronische Lockanlagen stehen gesetzeswidrig auf Malta und Zypern oder entlang der Adriaküsten Montenegros: In der Erde vergraben und per Autobatterie mit Strom versorgt, beginnen sie von einer Zeitschaltuhr gesteuert während des Wachtelzugs nachts zu rufen. Angezogen von ihren vermeintlichen Artgenossen lassen sich die Hühnervögel in Kornfeldern nieder, wo sie am nächsten Tag von Hunden zur Jagd aufgestöbert werden. Während einer Suchaktion machte das Komitee gegen Vogelmord im Herbst 2007 über 150 derartige Anlagen auf Malta ausfindig und meldete sie der Polizei.

Entlang des so genannten Adriatic Flyways – des Zugkorridors an der östlichen Adriaküste – verschanzen sich Jäger mit Unterständen mitten in geschützten Feuchtgebieten oder am Strand, was eigentlich illegal ist: Sie sind jagdfreie Zonen. Teilweise werden richtige Teiche ins Schilf gebaggert, damit die Vögel auf offenen Wasserflächen rasten, wo sie besser zu sehen sind. Klangattrappen und Lockvögel aus Kunststoff sollen Enten, aber auch Watvögel anziehen. Sobald sie vom Meer anfliegen, nehmen Schützen – die teilweise als Jagdtouristen aus Italien anreisen – sie mit halbautomatischen Waffen ins Visier und holen ganze Schwärme vom Himmel, wie der Autor selbst in Montenegro beobachten musste. Alle diese Jagdmethoden sind nach den Landesgesetzen widerrechtlich.

### Gut, aber nicht gut genug: die Vogelschutzrichtlinie

Und dies widerspricht der Vogelschutzrichtlinie der EU. Dieses Gesetzeswerk von 1979 leistet einen wichtigen Schritt zur Bewahrung der Zugvögel, doch hapert es in einzelnen Ländern wie Frankreich oder Malta noch immer an dessen wirksamer Durchsetzung oder durchlöchern diese Ausnahmeregelungen. Der Grund: „Der Einfluss der Jagdlobby ist erheblich. Gerade dort, wo sie sehr stark ist wie in Frankreich, Malta, Zypern oder Deutschland, ist eine Änderung der Jagdgesetze fast unmöglich. Das gilt auch für die EU-Ebene, auf der sich der europäische Jägerzusammenschluss FACE sehr dafür einsetzt, dass die Vogelschutzrichtlinie nicht verbessert wird", erläutert Alexander Heyd. Auch Hans-Günther Bauer erkennt prinzipiell den positiven Charakter des Gesetzes an, doch geht ihm der Vogelschutz zu zäh voran. „Wir verlieren weiterhin jedes Jahr Millionen Vögel. Und es werden längst nicht alle Arten geschützt, denen es schlecht geht", kritisiert der Ornithologe.

Stein des Anstoßes auch unter Naturschützern ist vor allem die Artenliste im Anhang 2 der Richtlinie. Die im Teil 1 dieses Anhangs angeführten Spezies dürfen im gesamten Gebiet der EU gejagt werden, Arten aus Teil 2 nur in den jeweils angeführten Mitgliedsländern. Viele von diesen Vögeln schrumpften in ihrem Bestand jedoch, seit die Richtlinie in Kraft trat. Alexander Heyd fordert deshalb: „Alle Arten, die nach den offiziellen Zahlen der EU bedroht sind, müssen komplett, ersatzlos und sofort aus dem Anhang 2 gestrichen werden." Einem Ansinnen, dem beispielsweise Birdlife International skeptisch gegenübersteht, da die Organisation langwierige Diskussionen und vor allem auch kontraproduktive Entscheidungen der EU fürchtet – etwa den Austausch bestimmter Arten gegen andere, die momentan nicht bejagt werden dürfen. Zudem fürchtet sie, dass die zumindest auf dem Papier bestehende Unterstützung der meisten europäischen Jagdverbände für die Richtlinie dann fallen könnte [21].

Albanischer Jäger: Im Gegensatz etwa zu Frankreich oder Italien leistet die Jagd in den armen Regionen des Balkans bisweilen auch noch ihren Beitrag zur täglichen Ernährung.

Das Unterlaufen der Richtlinie und die Wilderei nehmen Naturschützer wie Heyd dennoch nicht tatenlos hin. Sie leisten teilweise seit Jahrzehnten Widerstand und sammeln verbotene Netze oder Leimfallen ein, erstatten Anzeigen, informieren die Öffentlichkeit und erzeugen politischen Druck. Das zahlt sich zunehmend aus – in Italien etwa, das lange als klassisches Jägerparadies galt. „Italien ist das beste Beispiel, was Aufklärung und strengere Durchsetzung der Gesetze bewirken", lobt Alexander Heyd. Von einst 2,6 Millionen Waidmännern blieb nur etwas mehr als ein Viertel übrig. Die Zahl legaler Fanganlagen schrumpfte auf ein Hundertstel. Verkauf und Import getöteter Singvögel wurden verboten, die Zahl der „erlaubten" Arten wie die Jagdzeiten drastisch eingeschränkt, und ein Fünftel der Landesfläche ist für die Jagd gesperrt.

Selbst die früher notorische Wilderei ist vielerorts gebannt. „Italiens Forstpolizei bekämpft die illegale Jagd sehr effektiv. Mittlerweile hat wohl auch der letzte Vogelfänger realisiert, dass wir eng mit den Behörden kooperieren und dass ein Angriff auf uns eine ganze Armada von Polizisten auf den Plan ruft", lobt Heyd. Auch prominente Funktionäre bekämen dies zu spüren: Der Präsident des süditalienischen Jagdverbandes musste ebenso büßen wie ein bekannter Feinkoch von Ischia, der Nachtigallen für die Küche fing. „Es ist das „Wunder von Süditalien", so Alexander Heyd enthusiastisch, „die heutige Situation ist kein Vergleich mehr zu früher." Martin Schneider-Jacoby schließt sich an: „Da viele Schutzgebiete nun tabu sind für die Jagd, kehren seltene Vögel wie der Löffler nach Italien zurück."

## Fortschritte auf dem Balkan

Auch über Fortschritte auf dem Balkan freut sich der Radolfzeller Naturschützer: „Im Januar 2008 stieg die Zahl der überwinternden Vögel im montenegrinischen Teil des Skutari-Sees auf über 150.000 Tiere an – mehr als viermal so viele wie vor drei Jahren, als dort noch legal gejagt wurde." Und noch zwei weitere Beispiele, was möglich wäre, wenn die Jagd deutlich reduziert oder völlig eingestellt würde, kann Martin Schneider-Jacoby melden – wenngleich eines einen etwas makabren Hintergrund hat: die Vogelgrippe im Jahr 2006. Kein Jäger wagte es damals zu schießen, weil er nicht mit möglicherweise verseuchten Enten in Kontakt geraten wollte: „Im montenegrischen Bojana-Delta an der Adria ruhten plötzlich Unmengen von Vögeln. Beim normalen Durchzug zählen wir vielleicht 100 Knäkenten, plötzlich waren es 9000 – ein Prozent des europäischen Bestandes. Selbst Pelikane, die nicht bejagt werden, profitierten von der Ruhe: Statt der sonst üblichen 50 Tiere hatten wir 100." Immerhin hat das hartnäckige Nachhaken des Naturschützers mit dafür gesorgt, dass die Regierung des Balkanstaates die Jagdzeiten deutlich verkürzt hat: Nach dem EU-Staat Slowenien ist Montenegro nun das zweite Land an der östlichen Adria, das die Vogeljagd mit dem 15. Januar einstellt und damit eine Forderung der EU-Vogelschutzrichtlinie umsetzt. Bislang war die Jagd auf Vögel in Montenegro bis 15. März erlaubt [23].

Zugleich bricht Schneider-Jacoby eine Lanze zumindest für einen Teil der Jägerschaft: „In der serbischen Provinz Vojvodina haben wir ein tolles Projekt zusammen mit Jägern entwickelt, die dort innerhalb der letzten 20 Jahre eine Ramsar-Seite geschaffen haben. Sie wurde mittlerweile zum Schutzgebiet erhoben, und 15.000 Kraniche machen dort jedes Jahr einen Zwischenstopp. Im eigenen Revier mit den eigenen Mitteln haben sie fantastischen Naturschutz geleistet. Wir haben selten so einen guten Partner wie diesen Jagdverein in der Vojvodina. Das ist nur leider die Ausnahme."

## Erfolge machen Hoffnung

Erfolgreich waren Kampagnen aber auch andernorts: Belgien untersagte den Fang von Singvögeln, die Niederlande schränkten die Jagd auf Gänse ein, die als arktische Gäste im Wattenmeer überwintern. Die Slowenen sind nach Schneider-Jacoby sogar die „Musterknaben" Europas: „Sie schießen keine Zugvögel mehr. Das ist die konsequente Umsetzung der Vogelschutzrichtlinie." In Zypern soll zumindest im Mai nicht mehr geschossen werden; verbesserte Umsetzung der Gesetze und Aktionen von Vogelschützern haben nach Schätzungen von Birdlife International in den letzten acht Jahren womöglich sogar 63 Millionen Vögeln das Leben gerettet. Und Malta musste sich wegen einiger Verstöße vor dem Europäischen Gerichtshof immerhin bereits verantworten.

Die weiterhin recht bleihaltigen Verhältnisse bleiben jedoch Grund genug, dort verstärkt aktiv zu werden – mit ersten Lichtblicken: „Wohl erstmals seit Ritterszeiten wurde 2008 die Frühjahrsjagd auf Malta verboten", so Heyd. Und auch 2009 blieb sie untersagt. Der Widerstand erzürnt die Jäger und radikalisiert sie bisweilen: „Probleme mit aufgebrachten Wilderern sind an der Tagesordnung: Sie zerstechen Autoreifen oder schädigen aus Protest alte Tempel auf der Insel." Bisweilen gehen manche Jäger auch sehr aggressiv gegen ihre Gegner vor: Im Februar 2008 beispielsweise setzten Unbekannte die Autos freiwilliger Helfer von Birdlife Malta in Brand – einer Organisation, die sich stark gegen die Jagd engagiert. Gleichfalls auf Malta zerstörten Vandalen Reservate von Birdlife, indem sie junge Bäume absägten und Öl in Tümpel gossen.

Diese gewilderten Knäkenten und Graureiher wurden nach dem Schützenfest einfach achtlos in den Jagdunterstand geworfen.

Doch das ist ein Eigentor: „Die Malteser sind zunehmend genervt, denn die Jäger ruinieren das Image des Landes", meint Alexander Heyd, der generell nichts von einem Touristenboykott hält: „Das bringt nichts. Im Gegenteil: Wir haben die Erfahrung gemacht, dass eine Region umso moderner wird, je mehr Touristen dorthin fahren. Und desto eher hören die archaischen Methoden auf." Auch vor anderen Selbstinitiativen rät der Bonner Vogelschützer ab: „Manche Fallen sind erlaubt, ich kann deshalb nicht dazu raten, sie zu zerstören. Dies führt nur dazu, dass Jäger militanter werden und aus Trotz erst recht jagen. Wir müssen das auf europäischer Ebene und im Parlament regeln." Auch auf Malta sind die Jäger schon in die Defensive geraten, selbst wenn die Angst vor Stimmenverlusten bei Wahlen Politiker und ihre Behörden noch zögern lässt, strengere Gesetze zu erlassen.

Die Einsätze der Vogelschützer zeigen dennoch Wirkung: Mehr Vögel überleben den Flug über den wichtigen Trittstein im Mittelmeer auf dem Weg von und nach Afrika. „Wir beobachteten 2008 viele seltene Vögel, die statt gehetzt weiter zu ziehen singend auf Leitungen und Bäumen saßen", freut sich Heyd über die Ermunterung und verspricht: „Wir machen weiter."

## Literatur


[1] http://www.bfn.de/0302_vogelschutz.html (04. Juli 2009)

[2] Hirschfeld, A., Heyd, A. (2005) Jagdbedingte Mortalität von Zugvögeln in Europa: Streckenzahlen und Forderungen aus Sicht des Vogel- und Tierschutzes, Berichte zum Vogelschutz 42, 7–74.

[3] Hahn, S., Bauer, S., Liechti, F. (2009) The natural link between Europe and Africa – 2.1 billion birds on migration, Oikos 118, 624–626.

[4] Moreau, R. E. (1972) The Palaearctic-African Bird Migration Systems, Academic Press, London, New York.

[5] Südbeck, P. (2007) Rote Liste der Brutvögel Deutschlands, 4. Fassung, 30. November 2007, Berichte zum Vogelschutz 44, 23–81.

[6] Royal Society for the Protection of Birds (Hrsg., 2007) The state of the UK's birds 2007, http://www.rspb.org.uk/Images/sotukb07_tcm9-196751.pdf (20.Juni.2009)

[7] Hirschfeld, A., Heyd, A. (2005) Jagdbedingte Mortalität von Zugvögeln in Europa: Streckenzahlen und Forderungen aus Sicht des Vogel- und Tierschutzes, Berichte zum Vogelschutz 42, 7–74.

[8] Schneider-Jacoby, M. (2008) Wachteljagd in Montenegro (unveröffentl.)

[9] Raine, A. (2008): Illegal Hunting and Trapping Report 2007. Birdlife Malta, La Valetta.

[10] Mateo, R. (2009) Lead Poisoning in wild Birds in Europe and the Regulations adopted by different Countries, in *Ingestion of Lead from Spent Ammunition: Implications for Wildlife and Humans* (Hrsg. Watson, R. T., Fuller, M., Pokras, M. and Hunt W. G.), The Peregrine Fund, Boise, Idaho, USA. 10.4080/ilsa.2009.0107.

[11] Raine, A. 2008.

[12] Fenech, N.: Fatal Flight (1992) The Maltese Obsession With Killing Birds. Quiller, London.

[13] EuroNatur (Hrsg., 2009): Tatort Adria – Vogeljagd auf dem Balkan. Augenzeugenberichte. Radolfzell.

[14] Delany, S., Dodman, T., Stroud, D. and Scott, D. (Hrsg., 2009) An Atlas of Wader Population in Africa and Western Eurasia. Wetlands International, Wageningen.

[15] Benamou, G.-M. (2005) Le dernier Mitterrand. Plon, Paris.

[16] Lang, M. (2007) Niedergang der süddeutschen Ortolan-Population *Emberiza hortulana* – liegen die Ursachen außerhalb des Brutgebiets? Vogelwelt 128 (4), 179–196.

[17] http://www.komitee.de/index.php?berichtzypern2009 (20.Juni 2009)

[18] Raine, A. (2007) The international impact of hunting and trapping in the Maltese Islands. Birdlife Malta, La Valetta.

[19] http://www.jagd-online.de/datenfakten/jahresstrecken (21. Juni 2009)

[20] Kruckenberg, H., Mooij J.H. (2007) Warum Wissenschaft und Vogelschutz die Gänsejagd in Deutschland ablehnen, Berichte zum Vogelschutz 44, 107–119.

[21] N.N. (2008) Jagd auf Zugvögel. Konstatin Kreiser im Gespräch mit Der Falke, Der Falke 55 (3), 104–108.

[22] Pressemitteilung von EuroNatur vom 9.6.2009

# Im Schwitzkasten

## Der Klimawandel bringt den Rhythmus der Natur durcheinander und verschiebt Verbreitungsgebiete. Können sich alle Vögel anpassen?

Er war lange nur einer der Lebenspartner von Deutschlands bekanntester Störchin. Im zeitigen Frühling 2007 machte Jonas dann selbst Schlagzeilen: Der zeitweise mit der Weißstörchin „Prinzesschen“ erfolgreich verbandelte Vogel kehrte über zwei Wochen früher als üblich und erwartet aus seinem Winterquartier zu seinem heimatlichen Horst in Sachsen-Anhalt zurück. Und wie seine ehemalige Partnerin, die bis zu ihrem Tod Anfang 2007 der Forschung indirekt überragende Dienste geleistet hatte, könnte Jonas wertvolle neue Erkenntnisse zum Phänomen Vogelzug liefern.

Denn die frühe Anreise des Weißstorchs ist insgesamt gesehen beileibe kein Einzel- oder gar Zufall in der Vogelwelt – vielmehr steht sie symptomatisch für die Entwicklungen der letzten Jahre und die Beobachtungen der Ornithologen. Zunehmend registrieren Wissenschaftler wie Katrin Böhning-Gaese von der Universität Mainz, Peter Berthold und Wolfgang Fiedler von der Vogelwarte Radolfzell oder Daniel Nussey vom Niederländischen Institut für Ökologie, dass sich die europäische Vogelwelt in einem zunehmend raschen Wandel befindet. Eine der Hauptursache: die Erwärmung der Erde, die auch vor Europa nicht Halt macht.

Um durchschnittlich 0,7 Grad Celsius haben sich laut IPCC die Temperaturen während des letzten Jahrhunderts weltweit erhöht [1][1]; in Deutschland betrug der Anstieg sogar 1,1 Grad Celsius [2][2]. Die absolut überwiegende Mehrheit der Klimaforscher führt dies auf den stark gestiegenen Anteil von Kohlendioxid, Methan und anderen Abgasen in der Erdatmosphäre aus Kraftwerken, von Autos, Reisfeldern, Rindermägen oder Brandrodung zurück. Diese Veränderungen klingen zwar wenig dramatisch, sie dürfen aber nicht täuschen, denn bei einer Jahresmitteltemperatur von gerade zehn

1) Der IPCC, im Deutschen auch Weltklimarat genannt, fasst für die Vereinten Nationen die Erkenntnisse tausender Wissenschaftler aus aller Welt zum Thema Klimawandel zusammen und veröffentlicht daraus einen Report, der die Grundlage von Klimaschutzverhandlungen bilden soll.

2) Räumlich gesehen fällt die Erwärmung im Südwesten der Bundesrepublik am stärksten aus, im Nordwesten Deutschlands dagegen geringer. In den Gebirgen stieg die Frostgrenze in den letzten 50 Jahren um 210 Meter in die Höhe. Extrem tiefe Temperaturen wurden seltener, extrem hohe dagegen häufiger gemessen. Auch die Niederschlagsverteilung hat sich im letzten Jahrhundert gewandelt: Die Winter wurden um fast ein Fünftel feuchter, die Sommer um ein knappes Zehntel trockener.

Der Weißstorch ist eigentlich ein klassischer Zugvogel: Dank milder Winter und hilfsbereiter Menschen, die ihn füttern, verbringen manche Weißstörche aber auch schon die kalte Jahreszeit hierzulande.

bis elf Grad Celsius in Deutschland machen 1,1 Grad Zunahme ökologisch sehr viel aus. Und während in den Tropen der Anstieg momentan nur minimal ausfällt, beträgt er in der Arktis oder im Hochgebirge regional bereits zwischen 2,5 und 4,5 Grad Celsius. Zudem fallen zwölf der 13 heißesten Jahre seit Beginn der Wetteraufzeichnungen 1850 in den Zeitraum von 1993 bis 2006 – mit entsprechenden Folgen für Tiere und Pflanzen. Und wie üblich teilt sich die Natur auf in Gewinner und Verlierer.

## Neue Zugrouten

Unter den Zugvögeln gibt es dafür klassische Beispiele – die Mönchsgrasmücke etwa zählt zu den Begünstigten [3]. Der kleine Sänger verbrachte bis vor rund einem halben Jahrhundert den Winter vornehmlich in den warmen Regionen des westlichen Mittelmeerraums, wo es ganzjährig ausreichend Insekten und Beeren gibt. Nach Mittel- und Nordeuropa flogen sie dagegen nur zum Brüten. Nach dem Zweiten Weltkrieg begann sich dies jedoch langsam zu ändern, wie Forscher um Stuart Bearhop von der Universität in Belfast feststellten. Unter anderem durch Auswertung tausender, teils sehr alter Beobachtungsdaten von Hobby-Ornithologen und durch Ringfunde entdeckten sie, dass ab etwa 1960 nicht nur einheimische Mönchsgrasmücken öfter in Großbritannien überwinterten, auch vom Festland zogen immer mehr Tiere auf Zeit zu.

Im Einflussbereich des milden Golfstroms und unterstützt durch den damals bereits zaghaft einsetzenden Klimawandel boten nun Cornwall und Devon den Tieren ebenfalls ein Auskommen – die oft vogelfreundlichen Gärten und Fütterungen vieler Briten leisteten ein Übriges. Heute, im 21. Jahrhundert, sind Mönchsgrasmücken winterliche Stammgäste auf der Insel: Ein Drittel der von den Forschern befragten Vogelfreunde bejahte die Frage nach der Anwesenheit der Tiere auf ihrem Grundstück.

Der kürzere Weg von England in die Brutgebiete nach Süd- oder Westdeutschland verschafft den westwärts ziehenden Mönchsgrasmücken im Frühling einen Wettbewerbsvorteil gegenüber den weiterhin vorhandenen „Mittelstreckenziehern" nach Spanien oder Marokko. Sie sind robuster bei schlechtem Wetter, kommen früher im Brutgebiet an, besetzen die besten Reviere und sind weniger vom Flug ausgelaugt. Und sie beginnen gleich nach Ankunft mit Balz, Verpaarung und Eiablage, weil ihre Geschlechtsorgane knapp zehn Tage eher in Brutstimmung sind als jene der aus Südeuropa einfliegenden Konkurrenz. Die Folge: Die Briten auf Zeit bekommen größere Gelege, bringen mehr Junge durch und setzen sich so auf Dauer im Bestand durch.

Es könnte aber auch noch etwas anderes passieren, wie Bearhop und seine Kollegen anhand von Blutproben nachwiesen: Beide Gruppen der Mönchsgrasmücken paaren sich vornehmlich untereinander, Mischehen zwischen westwärts und südwärts ziehenden Individuen sind biologisch weiterhin möglich, aber eher selten. Und da die Nachkömmlinge jeweils die Zugrouten ihrer Eltern einschlagen, könnten sich die beiden Populationen langfristig auseinander entwickeln – am Ende stünde dann vielleicht eine neue europäische Grasmückenart.

Und der kleine Singvogel erschließt sich noch mehr untypische Winterquartiere, wie Wolfgang Fiedler vom Max-Planck-Institut in Radolfzell be-

Viele Mönchgrasmücken ziehen mittlerweile lieber nach England statt ans Mittelmeer, weil der Weg kürzer ist.

richtet: „Die Schweden beobachten entlang ihrer Küste ebenfalls immer mehr überwinternde Mönchsgrasmücken. Das hat eindeutig klimatische Ursachen und kann nicht – wie in England – auch mit Winterfütterung erklärt werden."[3)]

3) Ein weiteres Beispiel einer klimatisch veränderten Zugroute liefert der Balearen-Sturmtaucher. Der Seevogel sucht nach der Brutsaison häufig nicht mehr wie üblich den Golf von Biskaya zwischen Spanien und Frankreich auf, sondern zieht weiter nach Norden. Er folgt damit der bevorzugten Beute – Sardellen und Sardinen –, die vor dem erwärmten Wasser des Golfs ebenfalls nach Norden ausgewichen sind. Ihren Brutgebieten auf Mallorca und Ibiza blieben sie bislang jedoch treu.

## Daheim geblieben

Andere Arten sparen sich den Zug dagegen bisweilen gleich völlig und bleiben auch in der kalten Jahreszeit hier in Mitteleuropa. Nach Aussage von Böhning-Gaese harrten im überaus milden Winter 2006 beispielsweise Rotkehlchen und Zilpzalpe in großer Zahl ortstreu aus, anstatt ans Mittelmeer zu flüchten. Gleiches gilt für Hausrotschwanz, Sommergoldhähnchen, Stieglitze, Stare oder auch Kiebitze. Sie stehen symptomatisch für Kurz- und Mittelstreckenzieher, die sich schneller an die veränderten Klimabedingungen anpassen als ihre in die Ferne ziehende Konkurrenz. Damit folgen sie anderen Arten wie der Amsel, die sich zumindest in den Städten schon vor Jahrzehnten zum überwiegenden Standvogel gemausert hat. Gleichzeitig fallen weniger Gäste aus der Arktis oder Skandinavien in Mitteleuropa ein: Ohrenlerchen, Schneeammern oder Raufußbussarde lassen sich hierzulande seltener blicken als in früheren Jahren.

Selbst ein klassischer Zugvogel wie der Kranich – seine keilförmige Flugformation steht symbolisch für die Wanderung der Vögel – reagiert sehr flexibel auf die sich wandelnden Klimabedingungen: Statt wie üblich nach Marokko, Spanien oder Südfrankreich auszuweichen, verbrachte er zu Tausenden den Winter 2007 im norddeutschen Tiefland. In früheren Jahren wagten dies stets nur wenige hundert Tiere. Sie profitierten allerdings auch vom reichlichen Futterangebot auf den schneefreien und meist nicht gefrorenen Feldern, auf denen Wintergetreide gepflanzt wurde. Wegen der in weiten Teilen Europas günstigen Wetterlagen kehrten dann noch viele der trotzdem abgereisten Vögel vorzeitig zurück und begannen ab Januar zu balzen – vier Wochen vor der üblichen Zeit: „Dies lässt sich allerdings nur indirekt mit der Erwärmung begründen, denn die Kraniche nutzen vor allem den Wandel der Landwirtschaft, der ihnen eine im Winter erreichbare Nahrungsquelle verfügbar machte. Die gestiegenen Temperaturen ermöglichen allerdings erst den Anbau von beispielsweise Wintergerste", schränkt Wolfgang Fiedler ein (zu den Veränderungen der Landwirtschaft siehe Kapitel 2).

Eine Auswertung der Ringfunde von 30 deutschen Brutvogelarten durch die hiesigen Beringungszentralen bestätigt das Bild, dass immer mehr Vögel hier ganzjährig verbleiben – oder zumindest ihren Aufenthalt verlängern [4]: Fast die Hälfte der untersuchten Spezies hatten ihren Zugweg verkürzt, elf überwinterten schwerpunktmäßig weiter nördlich, und bei neun Arten überwinterte ein größerer Anteil in der Nähe des Brutgebiets als früher. Amseln und Trauerschnäpper kehren nun elf Tage früher heim, Fitisse 13 und die Mönchsgrasmücken sogar 17 Tage eher als 1960. Im Schnitt verlagerten 24 Arten der Studie ihre Ankunft um 8,6 Tage nach vorne in den letzten vier Jahrzehnten [5].

Das Rotkehlchen gehört zu den Profiteuren des Klimawandels, denn mildere Winter erlauben ihm nun, ganzjährig in Deutschland zu bleiben. Individuen, die noch in den Süden ziehen, gehören zu beliebten Jagdzielen.

Dieser Prozess lässt sich praktisch in allen Teilen Europas beobachten: In Finnland beispielsweise werteten Biologen um Esa Lehikoinen von der Universität Turku einen riesigen Datensatz der Ankunftszeiten verschiedener Vögel aus, der von 1749 bis zum Ende des 20. Jahrhunderts reichte [6]. Bis etwa 1960 verhielten sie sich überwiegend stabil und schwankten nur geringfügig von Jahr zu Jahr – je nach aktueller Witterung. Ab 1960 veränderte sich das Bild hingegen dramatisch: Feldlerchen verlegten ihre Ankunft um einen Monat nach vorne. Bachstelzen, Mehl- und Rauchschwalbe immerhin um zwei Wochen – ein Vergleich von 21 Langzeitstudien aus zehn verschiedenen Ländern der Forscher zeichnet ein ähnliches Bild. Und in der autonomen russischen Republik Tatarstan notierten Ornithologen um Oleg Askeyev von der Akademie der Wissenschaften Tatarstans im Jahr 2008 die früheste Beobachtung einer Feldlerche in der Region seit 1811 – in einer der längsten Aufzeichnungsreihen zum Vogelzug weltweit [7]: Mit den steigenden Märztemperaturen, die dort heute im Schnitt um 3,7 Grad Celsius höher liegen als vor 30 Jahren, erreichten die Frühlingsboten ihre Brutgebiete 11 Tage eher. 2008 meldeten Beobachter die erste singende Feldlerche bereits am 15. März, nochmals vier Tage früher als beim bisherigen Rekordhalter in den Annalen. Überraschender als den reinen Trend empfanden die Forscher jedoch noch dessen deutliche Beschleunigung in den letzten Jahren: Erst als die Märztemperaturen einen bestimmten Schwellenwert erreicht hatten, ging es rapide mit den Ankunftszeiten voran.

## Fernreisende in Schwierigkeiten

Der Trend fällt allerdings nicht bei allen Arten gleich aus: Vögel, die vor allem Beeren, Samen oder Schösslinge konsumieren, können bei überwiegend mildem Wetter in Mitteleuropa passabel überwintern. Für viele Fernzieher wie Segler, Schnäpper oder Laubsänger bietet dies jedoch keine Option, da es ihnen als Insektenfressern im Winter an geeigneter Nahrung bislang mangelt. Sie müssen in die Tropen mit ihrem hohen Futterangebot ausweichen, um zu überleben. Zahlen von der Vogelwarte Helgoland oder aus dem Schweizer Mittelland [8] aus den letzten Jahrzehnten bezeugen zwar, dass sich auch bei verschiedenen Langstreckenziehern der mittlere Zeitraum des Heimzugs nach vorne verlegt hat – das gilt jedoch nur für einen Teil der Arten. Während zum Beispiel Baumpieper, Schwalben, Teich- oder Schilfrohrsänger, Zilpzalp und Fitis früher heimkehren, macht sich dies bei Braunkehlchen, Grauschnäpper, Nachtigall, Mauersegler und dem Kuckuck bei der Masse der Vögel kaum bemerkbar [5,8].

Das hat verschiedene Gründe, meint Wolfgang Fiedler: „Arten, die nur am Mittelmeer überwintern, können flexibler auf die Wetterbedingungen reagieren. Ihr spezifisches Verhaltensspektrum ist breiter als jenes der Fernzieher." Beim Trauerschnäpper etwa wird der Zugreflex durch die Tageslichtlänge ausgelöst – eine tief in den Genen verwurzelte Reaktion. Erst wenn die Tage länger werden – was am Rande der Tropen kaum wahrnehmbar ist – beginnen die Vögel mit dem Heimflug [9]. Im Gegensatz zur Temperatur wird dieser Effekt vom Klimawandel natürlich nicht beeinflusst. Andere Arten wiederum müssen das Ende ihrer Mauser abwarten, bevor sie starten können.

Zum zweiten steuert die so genannte Nordatlantische Oszillation (NAO) den Heimzug der Tiere [10]. Dieses natürliche Klimaphänomen beschreibt mehrjährige Schwankungen des Luftdrucks zwischen Islandtief und Azorenhoch, die maßgeblich die Witterung in Mittel- und Westeuropa, aber auch in West- und Nordafrika beeinflussen. Stehen sich die beiden Druckgebilde besonders stark ausgeprägt gegenüber, spricht man von einem positiven NAO-Index: Dann erleben wir hierzulande mehr Westwindlagen und milde, feuchte Winter, während es am Mittelmeer und in Afrika trockener bleibt. Umgekehrt erlaubt ein negativer NAO-Index mit schwachem Islandtief und Azorenhoch, dass sibirische Kaltluft leichter nach Mitteleuropa vordringt, was uns härtere Winter beschert.

In Europa können fast alle Zugvogelarten in Gebieten, die von der NAO mitbestimmt werden, ihren Heimflug an die jeweiligen Bedingungen anpassen: Bei wärmeren Wetterkonstellationen und damit frühzeitigerer Vegetationsentfaltung – inklusive verbessertem Nahrungsangebot – beschleunigen die Tiere ihre Reise, bei kälterer Witterung verzögern sie diese. Ein Verhalten, das sowohl Langstreckenflieger wie der Gartenrotschwanz, als auch Kurz- und Mittelstreckenzieher wie die Heckenbraunelle zeigen [11]. Je früher Futter vorhanden ist, desto früher und schneller ziehen sie zu ihren Brutplätzen.

Zeitgleich kämpfen die Afrikaüberwinterer bei positiven NAO-Werten mit Nachteilen in der Sahelzone, wo sie Kräfte sammeln müssen für den Flug über die Sahara, und in Nordafrika, dem letzten Rastplatz vor der Mittelmeerquerung: Die Trockenheit verringert die Produktivität des Pflanzenkleids vor Ort und damit die Menge an Insekten, die die Vögel als Energiespender benötigen. Sie brauchen länger, um genügend Fettreserven für den zehrenden Sprung nach Europa aufzubauen, und brechen daher später auf [12]. Rauchschwalben beispielsweise erreichen dann erst verzögert Sizilien [13]. Und in Spanien entkoppeln sich sogar die steigenden Temperaturen im Land und die Ankunft der Langstreckenzieher [14]: Seit den 1970er Jahren verspäten sie sich wieder und kehren nun zu Zeiten nach Hause, wie sie in den 1940er Jahren üblich waren – ein Indiz für die Verschlechterungen in Afrika.

Während der letzten Jahrzehnte dehnte sich zudem die Sahara zunehmend nach Süden hin aus – ein Prozess, der nicht nur der Abholzung und Überweidung im Sahel geschuldet war, die oft als Hauptschuldige der Wüstenbildung gelten. Damit wurde die Wegstrecke für viele Afrikareisende länger, da wichtige Rastgebiete im unmittelbarer Anschluss an die Wüste austrockneten und verschwanden – ein Faktor, der laut Wolfgang Fiedler noch kaum untersucht wurde. Einen Hinweis auf diesen Einfluss gibt zumindest eine Studie von Fiona Sanderson von der britischen Royal Society for the Protection of Birds (RSPB) mit ihrem Team [15]: In ihrer europaweiten Erfassung der Bestandstrends von Fernziehern erlitten jene Arten die massivsten Verluste in den letzten 30 Jahren, die südlich der Sahara in Kulturland, trockenen Gras- und offenen Baumsavannen überwinterten – mithin Lebensräume, die am stärksten von häufigeren Dürreperioden beeinflusst wurden.

Eine in diesem Zusammenhang ebenfalls interessante Verbindung zwischen der Wahl ihres Winterlebensraums und dem Beginn des Rückzugs belegten Marcel Visser vom Niederländischen Institut für Ökologie in Heteren und seine Kollegen [16]. Sie notierten, dass 21 der während der letzten 70 Jahre von Ringfunden erfassten 24 niederländischen Brutvogelarten, die mittlere Distanzen zurücklegen, ihre Zugstrecken verkürzt hatten – 12 davon in einem statistisch signifikanten Umfang.

Das ganze Ausmaß der Verkürzung war allerdings offenkundig abhängig von den ökologischen Ansprüchen der Tiere – unter umgekehrten Vorzeichen wie bei den Afrikaziehern: Jene, die in Europa und Nordafrika „trockene" Lebensräume wie Wiesen oder Feldfluren bevorzugten, wiesen den stärksten Rückgang der Flugstrecken, auf, andere, die von Feuchtgebieten abhängen oder an der Küste leben, den geringsten (Waldvögel lagen dazwischen). Möglicherweise, so die Forscher, liege das daran, dass offene Habitate in ganz Europa großflächiger und leichter verfügbar sind, als die eher punktuell vorhandenen Seen, Moore oder Sümpfe. Da in Ländern wie Spanien oder Griechenland und in Nordafrika die winterlichen Niederschläge in den letzten Jahrzehnten häufiger ausblieben, schrumpften die Feuchtgebiete – und laut der Prognosen sollen sich die Dürren zukünftig weiter verschärfen [1]. Die darauf angewiesenen Spezies geraten also unter größeren ökologischen Druck oder müssen sich nach alternativen Zielen umsehen.

In den Überlegungen vielfach unberücksichtigt bleibt weiterhin, dass die milden Winter hierzulande und die kürzeren Zugstrecken weniger Opfer unter den Standvögeln und Mittelstreckenziehern fordern [17]. Ohne diese Art der Bestandsregulierung nimmt ihre Zahl entsprechend zu, und sie benötigen mehr Brutplätze und Nahrung für die größere Population. Beides geht zu Lasten der Fernzieher, die sich nach der Heimkehr gegen die wachsende Konkurrenz behaupten müssen. Auch dies ist ein Grund, warum Ornithologen seit Jahren immer weniger Zugvögel aus Afrika zählen, während Überwinterer und Mittelmeerreisende stabil im Bestand bleiben oder zunehmen.

## Problematische Desynchronisation

Ein markantes Beispiel, wie dieser Verlust abläuft, liefert der Trauerschnäpper, der im westlichen Afrika überwintert und seit Beginn der wissenschaftlichen Aufzeichnungen seine Ankunft im Brutgebiet nur wenig nach vorne verlagert hat. Während noch vor wenigen Jahren seine Jungenaufzucht mit dem Bestandshoch vieler Insektenlarven zusammenfiel, spreizt sich seit etwa zwanzig Jahren diese Schere immer weiter auseinander.

Da das Frühjahr zeitiger einsetzt – in manchen Regionen bis zu zwei Wochen –, und die Pflanzen früher austreiben, entwickeln sich dementsprechend pflanzenfressende Raupen eher und verbreiten sich. Die Trauerschnäpper reagierten darauf und verlagerten ihre Eiablage ebenfalls um durchschnittlich 8,5 Tage nach vorne, wie Christian Booth von der Universität Groningen und Marcel Visser ermittelten, obwohl sie kaum früher zurückkommen [18]. Den Weibchen bleibt dadurch weniger Zeit, um sich nach

Kohlmeisen gehören zu den häufigsten Vögeln Deutschlands. Wegen des Klimawandels brüten sie früher, doch verpassen sie bisweilen den Zeitpunkt, an dem Raupen – eine wichtige Kükennahrung – massenhaft auftreten: Die Insekten werden wegen der steigenden Temperaturen noch zeitiger aktiv.

dem langen Flug zu erholen: Sie sind körperlich schwächer und bringen weniger kräftige Junge hervor.

Und selbst diese Kraftanstrengung geht meist fehl, da sich das Hauptangebot an Raupen an vielen Stellen gleich um 16 Tage nach vorne verschoben hat: Futterangebot und Aufzucht der Nestlinge haben sich entkoppelt, die Versorgung ist vielerorts knapp, und die Küken verhungern. In von der so genannten Desynchronisation besonders betroffenen Gebieten brachen die Trauerschnäpper-Populationen um bis zu neunzig Prozent ein – in Vergleichszonen, in denen die Larven erst später ihr Maximum erreichten, hielten sich die gesamten Verluste mit einer zehnprozentigen Abnahme dagegen noch in Grenzen. Immerhin scheint es, dass Trauerschnäpper bei früherem Brutbeginn und in wärmeren Frühjahren größere Gelege produzieren können. Wahrscheinlich bleibt dies wegen der Nahrungsengpässe jedoch meist erfolglos [19].

Umgekehrt verhält es sich mit den britischen Goldregenpfeifern, die heute neun Tage früher zur Brut schreiten als vor zwanzig Jahren. Der Entwicklungszyklus der Kohlschnake – ihrer Hauptnahrung – hat sich allerdings noch nicht an die Erwärmung angepasst, sie fliegen weiterhin zur gleichen Zeit aus und damit nun zu spät für den Watvogel. Auch hier sind Nahrungsengpässe für die Küken die Folge [20]. Doch damit nicht genug zu den fatalen Folgen des Klimawandels für den Goldregenpfeifer, fürchtet der Biologe James Pearce-Higgins vom RSPB, der den Vogel studiert: „Hohe Sommertemperaturen töten die Larven der Kohlschnaken in den Moorböden, weil sie austrocknen. Das vernichtet bis zu 95 Prozent des Insektennachwuchses, die dem Goldregenpfeifer und anderen Arten im folgenden Frühling fehlen. Für viele Küken bedeutet das Hunger und Tod." In den letzten 35 Jahren stieg die Durchschnittstemperatur in Pearce-Higgins' Untersuchungsgebiet im englischen Lake District um 1,9 Grad Celsius, und eine weitere Zunahme ist prognostiziert, was zumindest das lokale Überleben des Watvogels fraglich macht.

Die Desynchronisation betrifft allerdings nicht nur die Zugvögel, sie setzt genauso Standvögel unter Druck, wie das Beispiel niederländischer Kohlmeisen im Nationalpark Hoge Veluwe verdeutlicht. Dort wertete der niederländische Ökologe Daniel Nussey vom Niederländischen Institut für Ökologie in Heteren und seine Kollegen eine 32-jährige Beobachtungsreihe zu den Vögeln aus, die 1970 startete [21]. Zu Beginn der Studie legten alle Weibchen ihre Jungenaufzucht zeitlich eng mit dem Höhepunkt der Raupensaison zusammen: je nach gerade herrschender Witterung mal früher, mal später im Frühling, doch immer in einem relativ engen Zeitfenster. Die Jungen bekamen ausreichend zu Fressen, die Bestandszahlen schwankten zwar bisweilen, blieben aber über die Jahre auf hohem Niveau relativ konstant.

Knapp zehn Jahre später begann sich dies allmählich zu ändern: Ein Großteil der Kohlmeisen blieb wie eh und je bei seinem angestammten Bruttermin, während die Raupen zwei Wochen früher auftraten. Diese mangelnde Flexibilität wirkte sich verheerend auf den Meisennachwuchs aus, der zu wenig Nahrung bekam und verhungerte. Der örtliche Bestand begann mittelfristig zu schrumpfen.

Nun kam allerdings auch die Zeit einiger reaktionsschneller Individuen, deren Verwandtschaftslinie sich zuvor wiederholt als zeitlich sehr beweglich ausgezeichnet hatte und auf veränderte Umweltbedingungen stets rasch reagierte. Sie datierten nun ihren Brutbeginn dauerhaft nach vorne und passten so die Insektenschwemme exakt ab. Weil sie genügend Nahrung fanden, vergrößerten sie ihre Gelege und brachten doppelt so viele Nestlinge durch wie ihre später brütenden Verwandten.

Da die Fähigkeit zum Frühstart offensichtlich vererbt wird, könnte sich diese Gruppe auf lange Sicht durchsetzen und ihre weniger anpassungsfähigen Artgenossen verdrängen. Nachfolgende Kohlmeisen-Jahrgänge wären insgesamt besser gegen klimatische Unbilden gewappnet. Eine vollständige Entwarnung möchte Nussey jedoch noch nicht geben, denn bislang wiegen diese Erfolge die Fehlschläge der anderen Kohlmeisen nicht auf – die Population geht vorerst zurück.

Mit Durcheinander hat auch der Kuckuck zu kämpfen – jedoch unter einem völlig anderen Aspekt: Der Ruf des klassischen Frühlingsboten schallt heute immer seltener aus mitteleuropäischen Wäldern und Fluren, denn die Zahl des Brutschmarotzers nimmt seit Jahren ab. NABU und Landesbund für Vogelschutz haben ihn deshalb 2008 zum Vogel des Jahres gekürt. Nicht nur die intensivierte Landwirtschaft (siehe Kapitel 2) raubt ihm Lebensraum und Nahrung: Der Klimawandel wirbelt die Abstimmung seiner Brutplanung und jene der bevorzugten Wirtsvögel durcheinander, wie eine Studie von Nicola Saino von der Università degli Studi di Milano und seinen Kollegen andeutet [22].

Bei über 100 Vogelarten wendet der Kuckuck seine seit Jahrtausenden bewährte Strategie an: Er platziert sein Ei im fremden Gelege, und nach dem Schlüpfen schiebt das Küken die Konkurrenz der unfreiwilligen Gastgeber aus dem Nest, so dass es anschließend allein versorgt wird. Allerdings hält der Kuckuck offenbar einige Wirte wie Rotkehlchen oder Rohrsänger für besser geeignet als andere – und damit beginnen die Schwierigkeiten. Zwar verlagern der Kuckuck und seine unfreiwilligen Gastgeber ihre Heimkehr zunehmend nach vorne – allerdings in deutlich unterschiedlichem Maße: Die fernreisenden Kuckucke, Rohrsänger und Trauerschnäpper kehren lediglich rund sechs Tage früher zurück, die Kurzstreckenflieger wie Rotkehlchen, Heckenbraunelle oder Grasmücken dagegen um mehr als zwei Wochen. Sie orientieren sich an den steigenden lokalen Temperaturen am

Von der Desynchronisation ist der Kuckuck betroffen: Die Wirtsvögel seiner Jungen kommen früher aus dem Süden zurück als er selbst. Er ist deshalb zu spät da, um noch seine Eier passend abzulegen

Mittelmeer und in Mitteleuropa, die afrikanischen Überwinterer dagegen an den Tageslichtlängen oder ihrer Mauser. Trifft der Kuckuck hierzulande ein, befinden sich also viele der von ihm bevorzugten Zieheltern bereits mitten im Brutgeschäft. Ihm bleibt als Alternative nur, seine eigenen Eier in die Nester seiner „afrikanischen" Schicksalsgenossen zu legen: Dem Kuckuck stehen damit weniger geeignete Wirtsvögel zur Verfügung.

Zudem gerät er in Zeitnot, denn das Fenster zwischen Ankunft im Brutgebiet und Brutbeginn wird zunehmend enger – eine höhere Ausfallquote und schrumpfende Bestände sind die Folge. Tatsächlich nimmt in vielen Regionen Europas die Zahl der Kuckucke ab – teilweise um bis zu 25 Prozent, wenngleich noch nicht genau ermittelt ist, welchen Anteil der Klimawandel daran hat. Aussagekräftig ist dagegen, wie sehr sich der Brutparasitismus innerhalb der Arten verschoben hat: Bei den früh eintreffenden (oder sogar schon gar nicht mehr abreisenden) Wirtsvögeln wie Rotkehlchen oder Heckenbraunelle hat sich die Zahl der betroffenen Nester halbiert, bei den Langstreckenziehern hat er sich dagegen teilweise mehr als verdoppelt: „Sie sind nun überproportional betroffen, weil der Kuckuck auf sie ausweichen muss", so Saino – was auf Dauer für deren Zahl ebenfalls problematisch sein könnte.

Neben diesem Ausweichverhalten könnte sich der Kuckuck zudem zunehmend in höhere und kühlere Gefilde wie die deutschen Mittelgebirge zurückziehen, wo die potenziellen Zieheltern gleichfalls später zur Brut schreiten, wie einige Ornithologen prognostizieren. Ob auch diese Veränderung schon im Gange ist, lässt sich nach dem Kenntnisstand von Wolfgang Fiedler mangels belastbarer Daten noch nicht sagen. So einfach den Wirt wechseln kann der Kuckuck jedenfalls nicht: Er würde riskieren, dass seine Eier leichter enttarnt und entfernt werden; zudem ist unsicher, ob die neu auserkorenen Zieheltern die richtige und ausreichend Nahrung füttern.

Gerade viele Zugvögel wie Kuckuck, Trauerschnäpper oder Goldregenpfeifer setzt das Terminchaos also zusätzlich unter Druck, leiden sie doch schon unter der Jagd während des Zugs (siehe Kapitel 5) oder Lebensraumzerstörung. Für häufige und anpassungsfähige Arten wie die Kohlmeise sind diese zeitlichen Trends mit ihren Folgen für den Bestand dagegen momentan noch nicht kritisch. Wie viele Arten allerdings schon dadurch in die Bredouille geraten, kann man bislang überhaupt nicht abschätzen, fürchtet Wolfgang Fiedler: „Höhlenbrüter wie Trauerschnäpper oder Kohlmeise und auffällige Arten wie der Kuckuck lassen sich diesbezüglich leicht untersuchen. Bei heimlicher nistenden Spezies wie der Nachtigall hingegen kann man noch gar nichts zu den ökologischen Konsequenzen sagen – es erfordert schlicht einen zu hohen Aufwand, um dies herauszufinden."

## Probleme auch auf dem Meer

Während diese Verschiebungen meist nur aufmerksamen Beobachtern auffallen, machte eine ganz andere Notlage in den Medien große Schlagzeilen – zumindest in Großbritannien. Dort kam es unter anderem 2004 zu einem totalen Ausfall an Jungvögeln verschiedener Seevogelarten wie Papageitauchern, Eissturmvögeln, Dreizehenmöwen oder Küstenseeschwalben [23]. Zum wiederholten Mal: „Betrachtet man die letzten 15 Jahre, kehren Misserfolge an unseren wichtigsten Nistplätzen nun fast jede Saison wieder", zeigt sich der Ornithologe Doug Gilbert von der britischen Vogelschutzorganisation RSPB besorgt.

Selbst erwachsene Vögel starben 2004 entkräftet und wurden in Massen an die Küsten geschwemmt. Später traf es auch Raubmöwen, Seeschwalben oder Gryllteisten von Island bis nach Norwegen. Und 2008 versagten die Papageitaucher am Nest – sofern sie dort überhaupt lebend ankamen: Jeweils ein Drittel weniger Tiere als üblich zählten Mike Harris vom Zentrum für Ökologie in Edinburgh auf der britischen Insel May und der Vogelwart David Steel auf den Farne-Inseln. Für Doug Gilbert sind das deutliche Zeichen: „Seevögel sind wie Kanarienvögel in einer Kohlemine. Sie zeigen, wie es um die Meere bestellt ist." Dem Nordostatlantik und speziell der Nordsee scheint es jedenfalls schlecht zu gehen: „Offensichtlich hat sich das Nahrungsangebot verändert. Und deshalb sterben mehr Vögel, oder es fehlen ihnen Kraft und Beute, ihre Jungen großzuziehen", meinen Harris und seine Kollegen.

Nur was genau diesen Wandel ausgelöst hat, wissen die Forscher noch nicht. Speziell um die britischen Inseln gilt Überfischung als einer der Übeltäter für die katastrophalen letzten Jahre der Seevögel [24]. „Wichtige Beute wie Sandaale, Sprotten und andere kleine Fische fehlten einfach", so Gilbert. Dänische und britische Trawler fangen dort große Mengen Sandaale, um sie als Fischmehl für die Tiermast zu verarbeiten. Ihre Erträge brachen in letzter Zeit allerdings ein: 2003 konnten die Dänen nur noch ein knappes Drittel der ihnen zugewiesenen Fangquote aus der Nordsee ziehen.

Doch Graham Madge, Seevogelexperte von Birdlife International, weist auch in eine andere Richtung: „Die Überfischung hat zu den Misserfolgen der Vögel beigetragen. Stärker noch werden sie jedoch durch den Klimawandel beeinträchtigt." In den letzten 25 Jahren hat sich die Nordsee zwischen ein und zwei Grad Celsius aufgeheizt. Sie kühlt auch im Winter nicht mehr so stark wie in früheren Jahrzehnten ab. Eine ökologische Umwälzung war die Folge [25, 26]: „Kaltes Wasser ist produktiver als warmes, weshalb sich die großen Planktongürtel aus Algen, kleinen Krebschen und Fischlarven nach Norden verlagern. Mit ihnen beginnt die Nahrungskette, und so fehlt den Sandaalen und am Ende den Vögeln das Futter. Zuwandernde Fischarten aus dem Süden können diese Verluste jedenfalls noch nicht ausgleichen."

Helgoland besitzt Deutschlands einzige Brutkolonie von Hochseevögeln – darunter auch diese Basstölpel. Überfischung und Erwärmung der Nordsee verändern allerdings das Ökosystem und erschweren Fisch fressenden Arten das Brutgeschäft.

Eine Entwicklung, die auch der Biologe Stefan Garthe von der Universität Kiel rund um Helgoland feststellt: „In der Nordsee gab es 1988 und 2000 regelrechte Regimewechsel unter den Planktonarten. Damit veränderte sich das Nahrungsangebot für die Vögel nachhaltig." Das schlägt sich auch auf Helgoland nieder – Deutschlands bedeutendster Seevogelkolonie: „Viele Arten haben mittlerweile einen schlechten Bruterfolg und gehen bereits zurück wie die Silbermöwe", sagt Ommo Hüppop von der Vogelwarte auf Helgoland.

Dabei konnten sich Vogelkundler lange über wachsende Bestände freuen: „Jagdverbote und ein gutes Nahrungsangebot förderten von etwa 1960 bis Mitte des letzten Jahrzehnts unsere Seevögel", verweist Garthe auf die damals rasch wachsenden Kolonien der Trottellummen oder Dreizehenmöwen. Mit dem Basstölpel kehrte sogar eine hierzulande ausgestorbene Art zurück. Im Gegensatz zu seinen Nachbarn am Vogelfelsen schwächelt der Tölpel auch noch nicht, denn der über Bord geworfene Beifang der Fischer bietet ihm weiterhin reichlich Nahrung.

Für die wählerischen Papageitaucher, Lummen und Dreizehenmöwen werden Klimawandel (und Fischfang) dagegen zum Problem. Zumal sie ihren angestammten Felsen meist ein Leben lang treu bleiben. „Finden sie im Umkreis ihrer Brutplätze zu wenig Nahrung, müssen sie ihren Aktionsradius ausdehnen, um nicht zu verhungern – auf Kosten des Nachwuchses", fasst es der Kieler Forscher zusammen. In Großbritannien sind Bestandseinbrüche um bis zu 80 Prozent deshalb keine Seltenheit. Und die zukünftigen Aussichten scheinen ebenfalls nicht rosig, fürchtet Garthe: „Die fetten Jahre für die Seevögel sind in der Nordsee wohl vorüber."

Die ausbleibende Abkühlung der Nordsee verantwortet womöglich auch die Schrumpfung der Eiderenten-Bestände im niedersächsischen Wattenmeer, gibt Franz Bairlein vom Institut für Vogelforschung in Wilhelmshaven zu bedenken (pers. Mitteilung). Mildes Winterwetter zwingt die Miesmuscheln – die bevorzugte Nahrung der Enten – dazu, sich selbst stärker aufzuzehren. Dadurch sinkt der Fleischanteil für ihre Fressfeinde bei gleich bleibender Schalengröße. Die Eiderenten erhalten folglich weniger Futter und damit Energie bei gleichem Aufwand, um die Muschelgehäuse zu knacken – sie verhungern quasi mit gefülltem Magen.

### Rückzug und Vorstoß

Wie bereits angedeutet, betrifft die Erderwärmung nicht allein die Vogelwelt, sondern alle Bereiche der Natur. Auf Dauer werden sich deshalb auch die einzelnen Lebensgemeinschaften verändern oder ihre räumliche Verbreitung verschieben. Besonders offensichtlich ist dies in den Gebirgen oder in der Arktis, wo sich die Gletscher zurückziehen oder offene Lebensräume sich nach und nach bewalden.

So verschoben sich in der Arktis während des letzten Jahrhunderts die Vegetationszonen um mehr als 60 Kilometer nach Norden, sodass die Tundra schrumpft [27]. In den Alpen dringen Wärme liebende Pflanzen und Schmetterlinge aus tieferen Lagen nach oben vor, gleichzeitig weichen Kältespezialisten in Richtung Gipfel zurück – je nach Art variiert die Wandergeschwindigkeit zwischen vier und 75 Metern pro Jahrzehnt bei typischen Gebirgspflanzen wie der Alpenrose, dem Edelweiß oder der Latschenkiefer [28]. Schweizer Forscher notierten bei drei Schmetterlingsarten eine höhenwärtige Neuausbreitung um 500 Meter in den letzten 60 Jahren [29].

Den Pflanzen und Insekten folgen die Vögel: Seidenreiher, Bienenfresser, Orpheusspötter und viele andere Arten dehnen ihr Verbreitungsgebiet wieder oder neu nach Nordosten und Norden aus – darunter etwa der Girlitz, der einst ein typischer Vogel des Mittelmeerraums war und nun schon Südskandinavien erreicht hat [30]. Konkret mit Zahlen belegen dies die Mainzer Forscherin Katrin Böhning-Gaese und ihre Kollegen für den Bodensee, wo sich die Avifauna seit 1980 – und vor allem seit 1992 – stark veränderte [31].

Viele einst typische Vögel Mitteleuropas blieben zwar vor Ort, nahmen jedoch an Zahl ab, während von Süden neue Arten nachrückten. So sanken die Bestände von Uferschnepfen um 84 und jene des Gelbspötters um 74 Prozent, auch Fitis, Krickente und Bekassine mussten Verluste beklagen. Südliche Vögel wie Zaunammern und Purpurreiher nahmen dagegen zu, Felsenschwalbe, Orpheusspötter, Zippammer, Mittelmeermöwe und Alpensegler siedelten sich neu an – insgesamt nahm die Vielfalt parallel zum Temperaturanstieg um mehr als zwei Grad Celsius von 141 auf 154 Spezies zu. Denn auch wenn manche „nordische" Art seltener wird, so verschwand keine wegen des Klimawandels[4]. „Derzeit gehören wir also noch zu den Klimagewinnern", fasst die Forscherin zusammen.

Für die Wissenschaftler war dieser starke Einfluss der regionalen Erwärmung eine große Überraschung, denn bislang galt ihnen die intensivierte landwirtschaftliche Nutzung als stärkster Antriebsfaktor für Änderungen im Vogelbestand: „Diese Ursache wird durch den Klimawandel nun jedoch deutlich übertroffen. Die Entwicklung ist so signifikant, dass es uns schon sehr überrascht hat, wie drastisch das Klima bei uns in Mitteleuropa die Populationen beeinflusst", so Böhning-Gaese. Vor allem bei den Wiesen-

4) Während des zwanzigjährigen Untersuchungszeitraums starben rund um den Bodensee vier Arten aus: Wiedehopf, Rotkopfwürger, Raubwürger und Schilfrohrsänger. Diese Verluste dürften jedoch kaum mit dem Klimawandel zusammenhängen, sondern wurden vornehmlich von Verschlechterungen im Lebensraum ausgelöst – etwa dem Mangel an Brutmöglichkeiten oder dem Verlust von Großinsekten.

brütern hingen die Bestandsabnahmen allerdings in hohem Maße mit verschlechterten Lebensbedingungen im Biotop durch die Landwirtschaft zusammen, schränkt die Forscherin ein (siehe Kapitel 2).

Ein weiteres klassisches Beispiel für einen mediterranen Vogel, der hierzulande wieder zunehmend Fuß fasst, ist der Bienenfresser, der sich seit etwa 1990 wieder in Deutschland ausbreitet und lokal in Baden-Württemberg (Kaiserstuhl) und Sachsen-Anhalt (Saale-Tal) bereits als recht häufig bezeichnet werden kann. Der Blick ins europäische Ausland bestätigt den Trend: Sowohl in Großbritannien als auch in Finnland weiteten Vögel mit eher südlichem Lebensmittelpunkt ihren Lebensraum nach Norden aus, während die südliche Verbreitungsgrenze von nördlichen Arten stabil blieb [32, 33]. In den jeweiligen Gebieten stieg die Artenvielfalt vorerst also durch Zuzug an.

Was sich auf den ersten Blick positiv ausnimmt, könnte für empfindlichere Arten wie den Schottischen Kiefernkreuzschnabel, den Mornellregenpfeifer oder das Alpenschneehuhn langfristig dennoch das Aus bedeuten, da ihr Lebensraum möglicherweise knapp wird oder verschwindet: etwa wenn es den schottischen Nadelwäldern zu trocken wird, Küstenmarschen vom steigenden Meeresspiegel überflutet werden oder baumfreie, offene Flächen im Gebirge zuwuchern. Noch gibt es dafür nur Hinweise, keine

Ein attraktiver Zuwanderer aus dem Süden ist der Bienenfresser, der am Kaiserstuhl seine bundesweit größte Kolonie hat.

wasserdichten Belege, weshalb die Ornithologen auf Modellrechnung zurückgreifen müssen. Darin spielen sie zusammen mit Klimatologen verschiedene Szenarien am Computer durch, wie sich das Klima zukünftig verändern könnte, wenn die Menschheit weiterhin so viel, weniger oder mehr Kohlendioxid produziert. Simuliert werden soll, wie Natur jeweils darauf reagiert.

Ein umfassendes Atlaswerk haben Wissenschaftler um Brian Huntley von der Durham-Universität und Rhys Green von der Universität Cambridge vorgelegt [34, 35]. In ihrem ersten Schritt haben die Forscher die gegenwärtigen bekannten Areale der Arten mit den momentanen Klimabedingungen vor Ort verknüpft, um Lücken in den Verbreitungsnachweisen zu schließen. Damit wollten sie einen genaueren Überblick der potenziellen Brutgebiete darstellen. Denn es ist anzunehmen, dass viele Arten auch in jenen Regionen vorkommen, die das gleiche Klima und die gleichen Landnutzungsbedingungen aufweisen wie in den erwiesenermaßen besetzten Landstrichen – gerade in Osteuropa sind diese Daten häufig nicht vorhanden.

Als Zweites fütterten sie ihren Computer mit den prognostizierten Veränderungen von Temperatur und Niederschlägen, die Europa bis Ende des Jahrhunderts erwarten könnte: Sie wollten feststellen, wo bis 2100 die jeweils günstigsten Klimabedingungen für die einzelnen Arten herrschen. Dorthin verschoben die Wissenschaftler dann deren Verbreitungsgebiete. Im Mittel verlagerten sich diese um 550 Kilometer nach Norden – so stark könnten sich die einzelnen Klima- und Vegetationszonen verschieben.

Als Beispiel kann die Provencegrasmücke dienen: Bislang lebt sie schwerpunktmäßig in Spanien, dem Westen und Süden Frankreichs und in Süditalien. Vergleichsweise wenige Paare tummeln sich dagegen im Süden Englands. Im Norden ihres Verbreitungsgebiets erleidet die Art immer wieder Rückschläge durch strenge Winter – ohnehin dürfen die Wintertemperaturen im Schnitt nicht kälter als 2 Grad Celsius ausfallen, um dem Vogel dauerhafte Überlebensmöglichkeiten zu bieten.

Der zu erwartende Klimawandel vergrößert diese Areale im Norden bis zum Ende des Jahrhunderts, dafür könnte es im Süden zu heiß für die von der Provencegrasmücke bevorzugte Vegetation der Ginsterheiden werden. Der kleine Singvogel soll daher laut der Simulation aus großen Teilen der Iberischen Halbinsel verschwinden und dafür größere Teile Großbritanniens und Irlands sowie Nordfrankreich und die Beneluxländer erobern. Insgesamt verkleinert sich dabei ihr potenzielles Brutgebiet um knapp 40 bis 80 Prozent, da ihr Biotop weiter nördlich weniger Fläche einnehmen kann.

Ähnlich stark könnte das Verbreitungsgebiet des Rotmilans zusammenschrumpfen, der heute noch schwerpunktmäßig in Mitteleuropa und in

Spanien lebt. Deutschland trägt eine besondere Verantwortung für dessen Erhaltung, da gegenwärtig etwa die Hälfte des Weltbestandes hierzulande brütet. Nach den Prognose von Huntleys Team dürfte es damit in spätestens 90 Jahren vorbei sein, denn zur nächsten Jahrhundertwende spielen Dänemark und Schweden diese Rolle. In Deutschland verschwindet der Greifvogel dagegen flächendeckend aus dem Süden und Osten – Restbestände halten sich im Nordwesten.

Dazu kommen noch verlängerte Zugstrecken für viele Arten, die nach Norden ausweichen, aber weiterhin in Afrika überwintern [36]. Anhand verschiedener Grasmückenarten hat das Ornithologenteam um Green und Huntley berechnet, welche Distanzen Weißbart-, Sperber- und Dorngrasmücke oder Orpheusspötter zurücklegen müssen, wenn sie ihren Lebensmittelpunkt in Europa polwärts verlagern, jedoch weiterhin bis südlich der Sahara reisen. Im Schnitt vergrößert sich die maximale Entfernung zwischen Brut- und Überwinterungsgebiet um mehr als 400 Kilometer, bei der Dorngrasmücke könnten es sogar 500 und bei der Sperbergrasmücke bis zu 950 Kilometer mehr werden – eine enorme Zusatzbelastung, findet die an der Studie beteiligte Nathalie Doswald: „Die Vögel müssten bis zu einem Zehntel mehr Energie tanken, bevor sie abfliegen." Entsprechend längere Zeit benötigten sie, um diese Reserven anzulegen.

Bienenfresser und Stelzenläufer zeigen allerdings, dass dies Vögeln durchaus gelingt: Beide haben sich zunehmend nach Norden ausgebreitet und ziehen immer noch in das gleiche Winterquartier. Im Falle des Bienenfressers bedeutet dies für die nördlichsten Populationen einen um 1000 Kilometer längeren Flug als für die südlicheren Artgenossen [11].

Der Klimaatlas zeigt für manche Spezies zumindest auf den ersten Blick aber auch günstigere Verhältnisse an – für den Spanischen Kaiseradler etwa, dessen Vorkommen sich um 50 Prozent ausdehnen könnte, oder für den Schottischen Kiefernkreuzschnabel, dem gleich ein dreifach größerer Lebensraum zur Verfügung stünde. Die Modelle berücksichtigen jedoch nur die Verschiebung der Klimazonen und nicht die gegenwärtige Landnutzung oder die Mobilität der Arten: Die größere Heimat des endemischen Kiefernkreuzschnabels läge beispielsweise in dem von den Forschern entwickelten Szenario auf Island – utopisch, dass der Vogel diesen Transfer schafft. Er muss sich also entweder an den Wandel anpassen, oder er stirbt aus.

Der Klimawandel-Index, den Richard Gregory vom RSPB und seine Kollegen aufgestellt haben, scheint einige Trends aus dem Atlas zu bestätigen. Er vergleicht, wie die einzelnen berechneten Klimaszenarien mit den aktuell ablaufenden Bestands- und Arealentwicklungen zusammenhängen [38]. Vogelarten, für die verbesserte Lebensbedingungen durch die Erwärmung vorhergesagt wurden, nahmen demnach seit Mitte der 1980er Jahre tatsächlich zu – und umgekehrt schrumpften die Populationen jener Spezies, bei denen Verschlechterungen erwartet worden waren. Von den 122 untersuchten Arten verkleinerte sich bei 92 das Verbreitungsgebiet (und damit wohl auch die Anzahl), bei 30 wuchs es.

Eine eklatante Schwäche all dieser Modelle bleibt dennoch, dass sie immer nur einen Teil der Zukunft abbilden können. Das tatsächliche Geschehen ist aber komplexer, wie ein weiterer Blick nach Großbritannien aufdeckt. Für die Insel haben Miguel Araújo von der Universität Oxford und Carsten Rahbeck von der Universität Kopenhagen gezeigt, dass Computersimulationen mit der Wirklichkeit nicht viel zu tun haben müssen [38]. Anhand der Verbreitungsgebiete britischer Vögel zwischen 1968 bis 1972 leiteten sie per Computer die Besiedlung zu Beginn der 1990er Jahre ab, wie sie laut der Klimamodelle zu erwarten gewesen wäre. Und dieses Ergebnis verglichen sie dann mit der tatsächlich eingetretenen Verbreitung – mit ernüchterndem Ausgang: So sollte sich der Neuntöter über das gesamte britische Königreich hinweg ausbreiten und sogar die Shetland-Inseln ganz im Norden erreichen. Dies war zwar der Fall, denn der Vogel brütete 1991 in Schottland und auf den Shetlands. Doch es waren nur einzelne Paare – und vor allem war es der klägliche Rest des britischen Vorkommens, denn die Art war nahezu ausgestorben, weil sich die Landnutzung während des Zeitraums drastisch verändert hatte. Die Modelle konnten dies naturgemäß nicht abbilden.

## Zeichen der Hoffnung?

Zum anderen unterschätzen diese Berechnungen wohl schlicht die Flexibilität der Vögel, wie sie die oben genannten Studien zu früherem Brutbeginn, veränderten Zugrouten und -zielen oder dem bislang nicht beobachteten Abwandern nördlicher Arten aus sich stark erwärmenden Regionen andeuten. Selbst die Fernzieher, deren Zahlen im Vergleich zu Standvögeln oder Mittel- beziehungsweise Kurzstreckenmigranten häufiger und deutlicher zurückgehen und die nach bisherigem Kenntnisstand strikter auf ihr Wintergebiet festgelegt sind, scheinen sich langsam zu wandeln. So mehren sich laut Peter Berthold die Hinweise, dass Vogelarten, die bislang ausschließlich nach Zentral- und Südafrika flogen, häufiger den nahe gelegenen Mittelmeerraum ansteuern, um dort zu überwintern – etwa Rotmilan, Mehlschwalbe oder Gartenrotschwanz (pers. Mitteilung). Von dort aus starten sie zusätzlich früher wieder nach Mitteleuropa: Die zunehmenden Tageslängen im Frühjahr geben ihnen den Takt vor. Dadurch kommen sie auch eher in Brutstimmung und kompensieren zumindest etwas den Startvorteil der heimischen Standvögel und Kurzstreckenzieher. Sollte sich dieser Trend fortsetzen, holen die ehemaligen Fernreisenden ihre Bestandsverluste vielleicht wieder auf. Auch der Kuckuck könnte noch seinen Platz finden: Erste Untersuchungen des hessischen Naturschutzbundes (NABU) deuten an, dass zumindest einzelne Exemplare ihre Ankunftszeit deutlich nach vorne verlagert haben – es besteht also Hoffnung, dass es auch noch in einigen Jahren „Kuckuck!“ aus dem Wald ruft [39].

Diese Plastizität ist den Tieren durchaus gegeben, wie Timothy Coppack und seine Kollegen vom Max-Planck-Institut experimentell zeigen konnten – selbst wenn die Vögel auf die Tageslänge als Zuganreiz angewiesen sind [9]: Die Forscher zogen Trauerschnäpper mit der Hand auf und hielten sie während ihres ersten Lebensjahres unter Lichtbedingungen, die fünf potenziell möglichen Überwinterungsgebieten zwischen Zentralafrika und Mitteleuropa entsprachen.

Experimentell verlagerten sie das Winterquartier der Vögel zum Beispiel von der afrikanischen Elfenbeinküste in die Sahelzone, wo die Tage im Frühling deutlich länger werden als weiter südlich. Entsprechend gerieten diese Trauerschnäpper früher in ihre Zugunruhe und waren fast einen Monat eher paarungsbereit – allein wegen der unterschiedlichen Tageslänge. Würden die Vögel also tatsächlich im Sahel überwintern, müssten sie 1100 Kilometer weniger ziehen und erreichten deutlich früher ihre Brutgebiete: Prinzipiell eine vorteilhafte Anpassungsgabe, so Coppack, da die Vögel die Chance hätten, sich dem neuen Frühjahrsrhythmus anzupassen.

Da sich gegenwärtig aber die Lebensbedingungen in der Sahelzone für dort überwinternde, insektenfressende Singvögel durch Überweidung, Verwüstung, Abholzung oder intensiveren Ackerbau verschlechtern, schränken sich die Chancen der Trauerschnäpper ein, tatsächlich ihr Winterquartier nach Norden zu verlagern und so den Zeitvorteil zu nutzen.

Genau diese Einflüsse bereiten den Vögeln die wirklichen Probleme – und nicht unbedingt der Klimawandel, meint auch Wolfgang Fiedler: „Die meisten Arten könnten dem Klimawandel gut begegnen. Wir würden zwar ein paar Arten hierzulande verlieren und neue durch Zuwanderung gewinnen. Aber insgesamt wäre der Wandel für die Vögel keine Herausforderung, wenn sie nicht durch intensive Landwirtschaft oder bereits winzig kleine Restbestände daran gehindert würden. Sie können wegen dieser Faktoren nicht so flexibel reagieren, wie es in ihrer Natur läge.“

## Literatur


[1] Intergovernmental Panel on Climate Change (Hrsg.): Summary for Policymakers, in *Climate Change 2007: The Physical Science Basis. Contribution of Working Group I to the Fourth Assessment Report of the Intergovernmental Panel on Climate Change* [Solomon, S., D. Qin, M. Manning, Z. Chen, M. Marquis, K.B. Averyt, M.Tignor and H.L. Miller (eds.)]. Cambridge University Press, Cambridge, United Kingdom and New York, NY, USA., http://www.ipcc.ch/ipccreports/ar4-wg1.htm, 2007. (25.06.2009)

[2] Stellungnahme der Deutschen Meteorologischen Gesellschaft vom 21.03.2007, http://www.dmg-ev.de/gesellschaft/stellungnahmen/DMG-Klimastatement-Kurzf_160307.pdf (25.06.2009)

[3] Bearhop, S., Fiedler, W., Furness, R.W., Votier, S.C., Waldron, S., Newton, J., Bowen, G.J., Berthold, P., Farnsworth, K. (2005) Assortative Mating as a Mechanism for Rapid Evolution of a Migratory Divide. Science 310 (5747), 502–504.

[4] Fiedler, W. (2008) Zugstrecken ändern sich. Der Falke 55 (8), 305–309.

[5] Hüppop,O. and Hüppop K (2003) North Atlantic Oscillation and timing of spring migration in birds. Proceedings of the Royal Society of London B, 270 (1512), 233–240.

[6] Lehikoinen, E., Sparks, T.H. and Zalakevicius, M. (2004) Arrival and Departure Dates, *in Birds and Climate Change* (Eds. M øller, A.P., Fiedler, W. and Berthold, P.), Academic Press, Amsterdam, S. 1–31.

[7] Askeyev, O., Sparks, T., Askeyev, I. (2009) Earliest recorded Tatarstan skylark in 2008: non-linear response to temperature suggests advances in arrival dates may accelerate. Climate Research, 38, 189–192. Birds and Climate Change, Elsevier Science, London, 2004.

[8] Christen, W. (2007) Veränderung der Erstankunft ausgewählter Zugvogelarten im Frühling in der Region Solothurn. Der Ornithologische Beobachter, 104 (1), 53–63.

[9] Coppack, T., Tindemans, I., Czisch, M., Van der Linden, A., Berthold, P., Pulido, F. (2008) Can long-distance migratory birds adjust to the advancement of spring by shortening migration distance? The response of the pied flycatcher to latitudinal photoperiodic variation. Global Change Biology 14 (11), 2516–2522.

[10] Stervander, M., Lindström, Å., Jonzén, N., Andersson, A. (2005) Timing of spring migration in birds: Long-term trends, North Atlantic Oscillation and the significance of different migration routes. Journal of Avian Biology, 36 (3), 210–221.

[11] Fiedler, W. (2009) Bird Ecology as an Indicator of Climate and Global Change, *in Climate Change: Observed impacts on Planet Earth* (Ed. Letcher, T.), Elsevier, Amsterdam, S. 181–195.

[12] Tøttrup, A.P., Thorup, K., Rainio, K., Yosef, R., Lehikoinen, E., Rahbek, C. (2008) Avian migrants adjust migration in response to environmental conditions en route. Biology Letters, 10.1098/rsbl.2008.0290.

[13] Saino, N., Szép, T., Romano, M., Rubolini, D., Spina, F. and Møller, A. P. (2004) Ecological conditions during winter predict arrival date at the breeding quarters in a trans-Saharan migratory bird. Ecology Letters, 7, 21–25.

[14] Gordo O., Sanz J.J. (2006) Climate change and bird phenology: a long-term study in the Iberian Peninsula. Global Change Biology, 12, 1993–2004.

[15] Sanderson, F., Donald, P.F., Pain, D.J., Burfield, I.J. and van Bommel, F.P.J. (2006) Long-term population declines in Afro-Palearctic migrant birds. Biological Conservation 131, 93–105.

[16] Visser, M.E., Perdeck, A.C., van Balen, J.H., Both, C. (2009) Climate change leads to decreasing bird migration distances. Global Change Biology, 10.1111/j.1365-2486.2009.01865.x

[17] Lemoine, N., Böhning-Gaese, K. (2003) Potential Impact of Global Climate Change on Species Richness of Long-Distance Migrants. Conservation Biology 17 (2), 577–586.

[18] Both, C., Bouwhuis, S., Lessells, C.M., Visser, M.E. (2006) Climate change and

population declines in a long-distance migratory bird. Nature, 441, 81–83.

[19] Crick, H.Q.P. (2004) The impact of climate change on birds, Ibis 146 (Suppl. 1), 48–56.

[20] Pearce-Higgins, J., Dennis, P., Whittingham, M., Yaldens, D. (2009) Impacts of climate on prey abundance account for fluctuations in a population of a northern wader at the southern edge of its range. Global Change Biology, doi: 10.1111/j.1365-2486.2009.01883.x.

[21] Nussey, D., Postma, E., Gienapp, P. and Visser, M. (2005) Selection on Heritable Phenotypic Plasticity in a Wild Bird Population. Science 310 (5746), 304–306.

[22] Saino, N., Rubolini, D., Lehikoinen, E., Sokolov, L.V., Bonisoli-Alquati, A., Ambrosini, R., Boncoraglio, G., Møller, A.P. (2009) Climate change effects on migration phenology may mismatch brood parasitic cuckoos and their hosts. Biology Letters, 10.1098/rsbl.2009.0312.

[23] Proffitt, F. (2004) Reproductive failure threatens bird colonies on North Sea coast. Science 305, 1090.

[24] Frederiksen, M., Wanless, S., Harris, M.P., Rothery, P. And Wilson, L.J. (2004) The role of industrial fishing and oceanographic change in teh decline of North Sea black-legged kittiwakes. Journal of Applied Ecology 41, 1129–1139.

[25] Reid, P., Edwards, M., Hunt, H., Warner, A. (1998) Phytoplankton change in the North Atlantic, Nature 391, 546.

[26] Perry, A.J., Low, P.J., Ellis, J.R., Reynolds, J.D. (2005) Climate Change and Distribution Shifts in Marine Fishes, Science 308 (5730), 1912–1915.

[27] Hinzman, L.D. et al. (2005) Evidence and Implication of recent Climate Change in Northern Alaska and other Arctic Regions, Climatic Change 72, 251–298.

[28] Lenoir, J., Gégout, J. C., Marquet, P. A., de Ruffray, P. and Brisse, H. (2008) A significant upward Shift in Plant Species Optimum Elevation during the 20th Century, Science 320 (5884), 1768–1771.

[29] http://www.biodiversity.ch/downloads/7_03_d.pdf (03. Juli 2009)

[30] Berthold, P. (2000) Vogelzug. Eine aktuelle Gesamtübersicht (4. Auflage). Wissenschaftliche Buchgesellschaft, Darmstadt.

[31] Lemoine, N., Bauer, H.P., Peintinger, M. Böhning-Gaese, K. (2007) Effects of Climate and Land-Use Change on Species Abundance in a Central European Bird Community, Conservation Biology 21 (2), 495–503.

[32] Thomas, C.D., J.J. Lennon (1999) Birds extend their ranges northwards, Nature 399, 213.

[33] Luoto, M., Virkkala, R. & Heikkinen, R. K. (2007) The role of land cover in bioclimatic models depends on spatial resolution, Global Ecology and Biogeography 16 (1), 34–42.

[34] Huntley, B., Green, R.E., Collingham, Y.C. and Willis, S.G. (2007) A climatic Atlas of European Breeding Birds. Lynx Editiones, Barcelona.

[35] Huntley, B., Collingham, Y.C., Willis, S.G. and Green, R. (2008) Potential Impacts of Climatic Change on European Breeding Birds, Public Library of Science One 3 (1), e1439.

[36] Doswald, N., Willis, S.G., Collingham, Y.C. ,Pain, D.J.,Green, R.E. and Huntley, B. (2009) Potential impacts of climatic change on the breeding and non-breeding ranges and migration distance of European Sylvia warblers, Journal of Biogeography 36 (6), 1194–1208.

[38] Gregory, R.D., Willis, S.G., Jiguet, F., Vorsiek, P., Klvanova, A., van Strien, A., Huntley, B., Collingham, Y.C., Couvet, D. and Green, R.E. (2009) An indicator of the impact of climatic change on European Bird populations, Public Library of Science One 4 (3), e4678.

[38] Araújo, M., Rahbeck, C. (2006) How does climate change affect biodiversity?, Science 313 (5792), 1396–1397.

[39] http://hessen.nabu.de/artenschutz/vdj/kartierung/08317.html (04. Juli 2009)

# Künstliche Auslese

## Scheinwerfer, Glaswände und Bauwerke als neue tödliche Fallen, Abhilfe wäre nicht schwer

Jeden Morgen im Herbst und Frühjahr bricht Annette Prince mit Freiwilligen zu einer besonderen Mission auf: Die Vogelschützer der Audobon-Gesellschaft durchstreifen bei Tagesanbruch Chicago auf der Suche nach verletzten oder verwirrten Vögeln, die in der Nacht zuvor durch die Lichter der Großstadt von ihrer Zugroute abgebracht worden waren. Ein Phänomen, das bis heute nicht ganz verstanden ist: „Nachts fliegende Zugvögel orientieren sich auch an den Sternen, sofern diese nicht durch dichte Wolken oder Nebel verdeckt werden. Stark leuchtende Lampen scheinen sie dann fehlzuleiten, so wie früher der Helgoländer Leuchtturm. Bis zu einer Million Vögel landeten dort an manchen Tagen not", erklärt der Zugvogelforscher Peter Berthold von der Vogelwarte Radolfzell.

Kein Einzelfall, wie der Blick in die Literatur zeigt: Bereits 1880 verweist der US-amerikanische Ornithologe Joel Asaph Allen auf die zahlreichen Vögel, die vom Licht der Leuchttürme angezogen in den Tod fliegen [1]. Innerhalb von nur vier Tagen zerschellten im Herbst 1954 allein an 25 verschiedenen Türmen und Hochhäusern im Osten der USA mehr als 100.000 Singvögel aus 88 Arten – drei Viertel der Todesfälle wurden von zwei starken Flugplatzscheinwerfern verursacht [2]. 1963 starben über drei Nächte hinweg mehr als 33.000 Vögel an einem 300 Meter hohen Fernsehturm in Wisconsin [3]. Über vier Jahre hinweg verendeten rund 8500 Tiere an zwei beleuchteten Schornsteinen im kanadischen Kingston [4]. Im Oktober 1979 prallten tausende Zugvögel gegen eine beleuchtete Forschungsplattform in der Nordsee – mindestens 2500 davon kamen um [5]. Im gleichen Jahr verbrannten mehrere hundert Sturmschwalben in der Gasflamme einer schottischen Bohrplattform [6]. Ebenfalls in den 1970er-Jahren machte eine Meteorologin der Forschungsstation auf dem Schweizer Jungfraujoch die Vogelwarte Sempach darauf aufmerksam, dass einer der Reklamescheinwerfer der Jungfraubahn jeden Herbst tausende Zugvögel in den Tod lockt: Nach manchen Nebelnächten bildeten die Opfer jeweils ein schwarzes Band unterhalb einer Eiswand in der Nähe der Bahn [7].

## Fatale Anziehungskraft

Nach Aufklärungskampagnen und technischen Veränderungen passieren solche verheerenden Einzelereignisse heute seltener. Auf Helgoland beispielsweise errichtete man nach den Zerstörungen des Zweiten Weltkriegs einen Leuchtturm mit geringerer Lichtintensität – und lockt nun kaum mehr Vögel an [8]. Das Sterben an sich geht allerdings unvermindert weiter, denn es ragen immer mehr Hochhäuser, Sendemasten oder Windräder mit ihren hellen Signalen in die Zug- und Flugbahn der Vögel. Bis zur Erschöpfung umkreisen manche Tiere die künstlichen Lichtquellen oder fliegen irritiert gegen die Hindernisse aus Glas und Beton.

Um zu verstehen, warum die Tiere von Lampen und Scheinwerfern magisch angezogen werden, muss man einen Blick in ihre Evolution und ihr Navigationsvermögen werfen. Zum einen orientieren sich Zugvögel am Erdmagnetfeld, indem sie den Neigungswinkeln der so genannten Feldlinien folgen: Dieser Kompass gibt ihnen auf unserer Erdhalbkugel die grobe Richtung zwischen dem Nordpol und dem Äquator vor. Zu diesem Zweck besitzen sie spezielle Magnetsinneszellen oberhalb des Schnabels. Daneben nutzen sie vor allem auch tagsüber den Sonnenstand und nachts den Sternenhimmel – und hier wiederum den Polarstern sowie Sternbilder in dessen Umfeld, die allesamt im Norden liegen und um die sich der Himmel scheinbar dreht [9][1]: Sie geben ihnen ebenfalls die Richtung vor. Allerdings basiert auch der Magnetsinn teilweise auf spezifischen Rezeptoren im Auge, das heißt, die Vögel besitzen in ihrer Netzhaut bestimmte Proteine, die als eine Art Magnetfühler wirken: Zumindest teilweise registrieren die Zugvögel das Erdmagnetfeld also in Form von Helligkeitsunterschieden. Diese Wahrnehmung beruht auf den kurzwelligeren blau-grünen Spektralbereichen des Lichts [10, 11]. Reines, langwellig rotes Licht hingegen scheint ihren Magnetsinn zumindest unter Laborbedingungen zu stören, da ihre Rezeptoren darauf nicht ansprechen und folglich nicht bei der Orientierung helfen können [12]. Entsprechende künstliche Lichtquellen beeinflussen folglich die Vogelwelt negativ.

In bedeckten oder nebligen Nächten lässt sich dies gut beobachten: Schränkt die mangelhafte Sicht auf den Himmel die Navigation per Sternenkompass ein, müssen die Vögel verstärkt auf ihren Magnetsinn zurückgreifen. Und selbst in klaren Nächten bekommen sie in dicht besiedelten Regionen kaum einen Stern am Firmament zu sehen, weil riesige Lichtdome über Berlin, Shanghai oder New York aufragen. „Das Licht wird zwar immer punktförmig abgestrahlt, aber durch Staub und andere Partikel in der Luft

1) Die Mehrzahl der europäischen Langstreckenzieher – zumal unter den Singvögeln – reist nachts zwischen Brut- und Überwinterungsgebiet in Höhen bis etwa 1000 Meter über dem Boden und ist daher von der so genannten Lichtverschmutzung betroffen.

Nachtansicht von Europa: Hell leuchtet unser Kontinent, selbst wenn es dunkel sein sollte. Große Städte machen sich durch gleißende Kleckse auf sich aufmerksam und zeichnen die Bevölkerungszentren nach.

gestreut und breit verteilt. Das hellt den Nachthimmel gleichmäßig auf, und wir schaffen uns eine künstliche Dämmerung“, beschreibt Axel Schwope vom Astrophysikalischen Institut Potsdam das Ende der Dunkelheit. Anfang des neuen Jahrtausends berichteten Astronomen um Pierantonio Cinzano von der Universität Padua, dass nur noch ein Prozent der Menschen in Europa oder den USA den freien Blick auf die Milchstraße genießen kann [13]. Die große Mehrheit sieht dagegen allenfalls noch einige sehr helle Sterne – der Rest verschwindet in der Lichtverschmutzung.

Diese irritiert natürlich auch die Vögel: Mangels Dunkelheit ziehen künstliche Lichtquellen sie an – etwa Scheinwerfer, wie sie in Leuchttürmen üblich sind, oder eben die flächigen Lichtermeere unserer Städte. Die Tiere verwechseln sie mit Sternen und richten sich nach der Quelle aus beziehungsweise fliegen auf diese zu. Einmal in diesen unnatürlichen Lichtquellen „gefangen“, umkreisen sie diese teilweise bis zur Erschöpfung oder stoßen mit den Hindernissen und zum Teil mit anderen angelockten Vögeln zusammen [14].

„Mindestens eine Milliarde Vögel sterben durch diese fatale Anziehung jedes Jahr in den Vereinigten Staaten“, schätzt Judy Pollock von Audobon Chicago und stützt sich dabei auf eine wissenschaftliche Erhebung nach der pro Jahr und Gebäude mindestens 1 bis 10 Vögel durch den so genannten Vogelschlag sterben [15][2]. Zahlen, die auch hierzulande gelten dürften: „Unsere Erfahrungen lassen vermuten, dass dies auch für Mitteleuropa von der Größenordnung her stimmen dürfte“, meint Hans Schmid, der sich an der Schweizerischen Vogelwarte in Sempach der Thematik widmet.

In Deutschland nahm der Bonner Biologe Heiko Haupt für seine Diplomarbeit den Post-Tower in Bonn in Augenschein [16]. Ein knappes Jahr lang vom Oktober 2006 bis November 2007 beobachtete er, wie viele Vögel von der Beleuchtung des 2002 errichteten, mehr als 160 Meter hohen und bis zu 80 Meter breiten Hochhauses – dem Sitz der Post-Hauptverwaltung – angelockt wurden[3]. Mindestens 1000 Vögel aus 29 Arten zählte der Forscher während des Untersuchungszeitraums, die vom hellen Licht des Turms angelockt worden waren – mindestens 200 davon starben durch Genickbruch oder an Erschöpfung, weil sie immer wieder die Lichtquelle ansteuerten. Die tatsächliche Zahl der Opfer dürfte allerdings noch größer sein: Immer wieder stieß der Biologe auf Federansammlungen, gehäufte Kotablagerungen oder gar einzelne Körperteile wie Flügel oder Füße, ohne dass der Verbleib ihrer ursprünglichen Besitzer aufgeklärt werden konnte. Ein Teil ging wohl auf Kosten von Mardern, Katzen, Ratten oder Igeln, welche die leichte Beute konsumierten. Zudem ist es sehr wahrscheinlich, dass es Tote auf den Haupt nicht zugänglichen Bereichen des Turms gab. Andere kamen mit Prellungen und Gehirnerschütterungen davon, blieben aber benommen und erst einmal recht hilflos vor Ort sitzen.

Betroffen waren vor allem Rotkehlchen und Sommergoldhähnchen während des Herbst- und – schwächer – Frühjahrszugs. Die Sommergoldhähnchen verfingen sich außerdem oft in den zahlreichen Netzen von Spinnen, die ihre Gespinste an der beleuchteten Fassade anbrachten, um von der Lockwirkung auf Insekten zu profitieren (s.u.). Dies führt zwar nicht unmittelbar zum Tod unserer kleinsten Singvögel, schränkt sie aber in der Beweglichkeit stark ein und kostet sie mehr Energie, wie der Biologe bemerkte.

Eine andere Untersuchung auf Sylt an einem 200 Meter hohen Sendemast mit roten Warnleuchten, der mit Stahlseilen am Boden gesichert war, brachte bei 75 Nachsuchungen mehr als 600 tote Vögel aus über 60 Arten in einem Zeitraum von drei Jahren [17]: Möwen, Drosseln, Ringeltauben. Nach einer einzigen Nacht, die noch vor Studienbeginn lag, wurden sogar einmal 900 Kadaver aufgesammelt, die sich auf 40 Arten verteilten – darunter zahlreiche Zugvögel. Sie wurden ebenfalls von dem Dauerlicht der Anlage ange-

2) Die Studie basiert u.a. auf den Daten von 5500 Beobachtern, die Opfer von Vogelschlag meldeten.

3) Am späten Abend wurde das Gebäude zur damaligen Zeit für mehrere Stunden von Leuchtstoffröhren und Strahlern in der Farbfolge Blau-Gelb-Rot illuminiert.

zogen und kollidierten dann in der Dunkelheit zumeist mit den gespannten Seilen.

In Bonn hat Heiko Haupt noch ein zweites Phänomen beobachtet, das auch andernorts immer wieder für Schlagzeilen sorgt: die Wirkung plötzlicher Lichtreize auf ziehende Vogelschwärme – von Strahlern oder so genannten Skybeamern, die Gebäude anleuchten oder werbend auf sie aufmerksam machen sollen. Diese Leuchtkegel strahlen häufig direkt in den Nachthimmel und sind noch bis zu 30 Kilometer entfernt vom Entstehungsort sichtbar. Dies kann Zugvögel um bis zu 45 Grad von ihrer Route abbringen und Schreckreaktionen auslösen, wenn sie hindurchfliegen und plötzlich angeleuchtet werden, wie die Vogelwarte Sempach ermittelt hat [18]. Gleichzeitig reduzieren die Vögel ihre Fluggeschwindigkeit: Etwa die Hälfte der Vögel zeigt dabei eine Vermeidungsreaktion und weicht aus, weitere zehn Prozent flogen allerdings direkt auf die Lichtquelle zu. Sie „fängt" diese Vögel regelrecht ein, und sie kreisen dann um den hellen Kegel, bis sie sich erschöpft niederlassen oder das Licht ausgeschaltet wird [19].

Schlagzeilen in Deutschland machte dabei ein Fall aus dem Herbst 1998 [20]. Damals strandeten etwa 2000 Kraniche bei dichtem Nebel in der hessischen Kleinstadt Ulrichstein. Das Flutlicht der örtlichen Burgruine hatte sie offensichtlich verwirrt und zur Landung ansetzen lassen. 13 Tiere starben als sie dabei gegen Hauswände und andere Hindernisse prallten. Seitdem schaltet Ulrichstein zur Zugzeit die Strahler aus. Am Post-Tower beobachtete Haupt, wie sich mehrfach Trupps von Lachmöwen, die den senkrecht in den Nachthimmel leuchtenden Dachscheinwerfer passierten, auflösten. Ornithologe Peter Berthold schränkt das Ausmaß dieser Irritation durch Lichtkegel ein bisschen ein: „Dafür gibt es nicht immer harte Fakten. Kraniche fliegen in Keilformation, deren Leittier immer wieder ausschert und sich hinten einreiht. Mit viel Lärm sortiert sich dann die Gruppe neu – das kann nachts zufällige Beobachter in die Irre führen."

Die Lockwirkung der Lichter stellt dies jedoch nicht in Frage – zumal auch die indirekten Kosten für die Vögel nicht vernachlässigt werden sollten. Denn das unnötige Abweichen von Zugrouten, das Verkleben mit Spinnfäden, das Umkreisen der Lichtquellen und andere Reaktionen kosten sie Kraft – Energie, die sie eigentlich für ihre Reise benötigen.

## Licht raubt die Nahrung

Noch viel verheerender wirkt sich die Lichtverschmutzung auf eine andere Organismengruppe aus – und trifft die Vögel indirekt: Die sprichwörtlich aufs Licht fliegende Motte fühlt sich wirklich magisch von den Straßenlaternen, Hauslichtern und Reklametafeln angezogen. Die häufig in Deutschland noch üblichen weißen Quecksilberdampflampen der Stadtbeleuchtung strahlen in einem Wellenlängenbereich, der für die Nachtfalter, Köcherfliegen oder Käfer eine extreme Anziehungskraft ausübt. Auch sie orientieren sich wohl am Mond und an den Sternen, um Nahrungsquellen oder einen Partner zu suchen [21]. Kreuzt ihr Weg nun eine Laterne, so geraten sie durch den ihnen eigenen typischen Zickzackflug auf eine fatale spiralförmige Kreisbahn um die Leuchte, da sie immer wieder versuchen ihren Flug am Licht auszurichten. Letztlich funktioniert die Korrektur ihrer Flugbahn nicht mehr, weil sie den Leuchtkörper im Gegensatz zum fernen Mond vollständig umfliegen können.

Der Mainzer Insektenforscher Gerhard Eisenbeis geht schon nach vorsichtigen Berechnungen davon aus, dass etwa ein Drittel der nächtlich anfliegenden Insekten an den Lampen oder deren Umfeld sterben oder geschädigt werden [22]. Eine mittlere Großstadt wie Kiel besitzt etwa 20.000 Straßenleuchten, an denen nach den Schätzungen des Biologen im Sommer jede Nacht drei Millionen Insekten sterben[4]. Für die gesamte Bundesrepublik summiert sich dies auf 91,8 Milliarden Opfer. Dazu kommen noch private Lichter, Leuchtreklame, hell illuminierte Schaufenster oder beleuchtete Industrieanlagen. Parallel zur Zunahme der Straßenbeleuchtung in Großbritannien bemerkten Forscher in den letzten vier Jahrzehnten bei Nachtfaltern einen durchschnittlichen Rückgang der Bestände um ein Drittel – manche Arten verringerten sich sogar um bis zu 98 Prozent [23]. Nicht alles davon ist auf die Beleuchtung zurückzuführen, doch ihre „Staubsaugerfunktion", so Gerhard Eisenbeis, verschuldet davon einen bedeutenden Anteil.

Für die Vögel – und Fledermäuse – fällt damit jedoch eine wichtige Nahrungsquelle aus, meint Peter Berthold: „Größtes Problem der Lichtverschmutzung sind die toten Insekten. Nachtfalter sind dadurch heute fast völlig verschwunden. Das kann man auch selbst feststellen: Früher waren die Autoscheiben nach einer abendlichen Fahrt völlig mit toten Insekten verklebt, heute bleiben sie sauber."

Abhilfe wäre dabei gar nicht so schwierig: In Chicago sammeln Prince und ihre Helfer am Fuße der Wolkenkratzer die nächtens an den Hochhäusern gestrandeten und noch lebenden Vögel ein. In gepolsterte Papiertüten gepackt, sollen sich die Tiere erholen, bevor sie im nächsten Park wieder in die Freiheit entlassen oder in die Tierklinik gebracht werden: „Mindestens 1000 Vögel haben wir zum Beispiel im Herbst 2008 gerettet", freut sich die Tierfreundin. Angesichts der Opferzahlen ist dies nur ein Tropfen auf den heißen Stein. Die Vogelschützer gehen daher zumindest in den USA auch verstärkt das Grundübel an: „Seit 2000 überreden wir Gebäudemanager, nachts die Beleuchtung einzuschränken", verweisen Pollock und Prince auf

4) Die Vergleichszahlen für die gelben Natriumdampflampen betragen hingegen nur 1,4 Millionen tote Kerbtiere pro Nacht.

Killerglas entlang einer Schweizer Straße: Die Vögel erkennen das Hindernis nicht und zerschellen tödlich.

ihre „Lights out"-Kampagne, die in den USA und Kanada schon viele Nachahmer findet. Jeden Frühling und Herbst dreht die Metropole das Licht ab, so Prince: „Immer mehr Wolkenkratzer schließen sich an. Chicago ist die erste Stadt der USA, die sich verdunkelte, um den Vogelzug zu schützen." 30 Städte kopieren die Initiative, darunter New York und Toronto, andere wollen folgen.

Erste Studien deuten ihren Erfolg an. Seit 1978 zählt der Biologe Douglas Stotz vom Chicagoer Field-Museum die Waldsänger, Drosseln und Sperlinge, die sich am McCormick-Komplex das Genick brechen. Das Kongresszentrum liegt direkt am Michigansee, an dessen Ufer viele Vögel rasten wollen. Häufig prallen sie dann gegen die hell erleuchteten Fensterfronten. Jedes Jahr sammelte Stotz rund 2000 tote Vögel ein, bis der Komplex 2001 abgedunkelt wurde: Danach sank die Zahl der Verunglückten um mehr als 80 Prozent [24]. „Unsere Initiative rettet jedes Jahr mehreren zehntausend Vögeln das Leben", schätzt Judy Pollock. Auf Anraten der Schweizerischen Vogelwarte unter Federführung von Bruno Bruderer verzichtet die Direktion der Jungfraubahn ebenso wie andere Bergstationen im Herbst ebenfalls auf das Einschalten ihres Scheinwerfers, um Zugvögel zu schützen.

## Technische Abhilfe

Doch Lösungen gäbe es auch von technischer Seite: Ab 2015 sind beispielsweise die Quecksilberdampflampen europaweit verboten und dürfen nicht mehr neu eingesetzt werden. Ein Drittel der deutschen Laternen befindet sich außerdem auf dem technischen Stand der 1970er Jahre und muss wohl bald ausgetauscht werden – als Nebeneffekt lassen sich bei einem Wechsel zu den gelben Natriumdampflampen nicht nur Insektenleben retten, sondern auch mehr als 2,7 Milliarden Kilowattstunden jährlich einsparen [25]. Noch schonender wären LED – die Leuchtdioden. Diese elektronischen Halbleiter-Bauelemente leuchten auf, wenn Strom durch sie hindurchläuft. Verglichen mit Natriumdampflampen benötigt diese robuste Technik nochmals ein Drittel weniger Energie. Zusätzlich schonen sie die Insektenwelt, wie der Mainzer Biologe Gerhard Eisenbeis festgestellt hat: Bis zu 80 Prozent weniger Verluste als unter herkömmlichen Lampen fand der Forscher in seinen Insektenfallen [26]. Prinzipiell sollte das Licht gezielt nach unten und nicht rundum strahlen.

Vögeln wäre wiederum schon geholfen, wenn die Positionslichter und Warnleuchten von Sendemasten oder Ölplattformen nicht aus weißen oder roten Lampen bestünden, sondern aus grünem und blauem Licht [27]. Es enthält kaum oder gar keine sichtbare langwellige Strahlung für die Zugvögel. In einem ersten Test von Forschern um Hanneke Poth bewiesen derartige Leuchtmittel ihre Tauglichkeit, da sie unter verschiedenen Wetterbedingungen kaum Vögel an der Nordsee anlockten. Von Heiko Haupts Forschungsarbeit und Vorschlägen hat sich auch die Post inspirieren lassen: Sie verzichtet nun an ihrem Hauptsitz auf die gelbe und rote Beleuchtung und setzt stattdessen auf Blau, über das immer wieder schwarze Vogelsilhouetten huschen. Die Fenster sollen mit Sonnenschutzlamellen abgedunkelt werden, und die Strahler auf dem Dach und im Foyer bleiben aus, um die Vögel zu schützen [28]. Und wenigstens reduzieren ließe sich die Zahl der Kollisionen und damit der Todesfälle, indem die Beleuchtungsfrequenz verändert würde [29]: Blinkende rote oder weiße Lichter üben offensichtlich eine deutlich geringere Anziehungskraft aus als stetig brennende[5].

Entsprechende Veränderungen vorausgesetzt, sieht Berthold in den städtischen Lichtern dann nicht nur Negatives: „Niedriger Bauen wäre die eigentliche Lösung, doch das ist nicht machbar. Etwas Beleuchtung hilft daher den Vögeln, weil sie die Hindernisse besser erkennen können."

5) Während einer vierjährigen Studie starben an zwei Schornsteinen in Ontario mehr als 8500 Vögel durch Kollision. Nachdem die Beleuchtung auf weiße Blitzlichter umgestellt wurde, ging die Zahl auf vernachlässigbare Werte zurück.

Dieser Buntspecht hat sich an einer Glasscheibe das Genick gebrochen – einer von zahlreichen unnützen Todesfällen.

## Glas tötet auch am Tag

Die meisten Lichtopfer sterben, weil sie gegen das Glas fliegen, hinter dem die Lampe strahlt. Doch Glas tötet auch am Tag, denn es ist für Vögel ein unsichtbares Hindernis – sofern dem nicht von Menschenhand abgeholfen wird. Und es ist eines, das keine Rücksicht auf Seltenheit, Alter oder Gesundheit nimmt. „Das betrifft auch Arten der Roten Liste wie Wendehals oder Blaukehlchen. Und es sind nicht nur kleine Singvögel: Wir hatten auch schon Auerhuhn, Haselhuhn und Habicht, die am Glas starben", gibt Hans Schmid von der Vogelwarte Sempach zu bedenken.

Besonders tückisch sind Fenster, welche die Umwelt – etwa Bäume und Büsche – oder den Himmel widerspiegeln und verglaste Bushaltestellen, Korridore oder Schallschutzwände, die den Durchblick gestatten. Eine Zählung an einer transparenten Schallschutzwand in der Schweiz bei der Stadt Rancate im Tessin zwischen September und Dezember 1990 etwa ergab mindestens 260 tote Vögel, die sich am Glas das Genick gebrochen hatten oder tödliche Gehirnblutungen erlitten – darunter Sperber, Eisvogel, Wendehals, dutzende Buchfinken und Erlenzeisige. In dem einen Jahr zwischen Bau und Entschärfung des Hindernisses kamen wohl mindestens 700 Vögel daran um [30]. Eine Auswertung der Todesursachen bei Greifvögeln und Eulen, die zwischen 1973 und 1992 in das Berner Naturhistorische Museum geliefert wurden, ergab, dass beim Sperber die Kollision mit Glas an erster Stelle stand [31].

Durch einfache Maßnahmen ließe sich allerdings die Zahl der Todesfälle drastisch verringern, wobei die allseits beliebten schwarzen Greifvogelsilhouetten praktisch nutzlos sind – die Vögel erkennen sie kaum [32][6]. Ganz generell gilt es, transparente Flächen für die Tiere sichtbar zu machen: Gute Tipps dazu gibt die kostenlose Broschüre „Vogelfreundliches Bauen mit Glas und Licht“ der Schweizer Vogelwarte Sempach (siehe Anhang).

## Stromschlag und Genickschlag

Während hier der Vogelfreund zumindest im eigenen Umfeld leicht positive Veränderungen herbeiführen kann, helfen bei zwei weiteren potenziell tödlichen Hindernissen nur Appelle an die Betreiber und die Politik: Hochspannungsleitungen und Windkraftanlagen. Der Stromtod beschäftigt die Vogelschützer dabei seit Jahren – zumal er oft seltene Großvögel wie See- und Fischadler, Uhu, Weiß- und Schwarzstorch, Kraniche oder Gänse trifft. Bei manchen Arten wie Weißstorch oder Uhu stellt Stromschlag in Mitteleuropa sogar einen der Hauptverlustgründe dar [33, 34, 35, 36]. Für die letzten Großtrappen Deutschlands in Brandenburg befürchteten Naturschützer sogar das Aus, weil die neue Schnellbahntrasse von Hannover nach Berlin durch eines ihrer wichtigsten Brutgebiete führen sollte: Tödliche Zusammenstöße der schwerfälligen, aber flugfähigen Tiere mit Zügen oder den elektrischen Anlagen waren zu erwarten. Der Konflikt wurde gelöst, indem über mehrere Kilometer im Naturschutzgebiet Havelländisches Luch meterhohe Erdwälle aufgeschüttet wurden. Sie dienen den Großtrappen quasi als Überflughilfe und verhindern, dass die Vögel in die Hochspannungsleitung fliegen. Auch wenn das Nachrichtenmagazin „Der Spiegel“ damals spottete, die Trappen wären die „teuersten Vögel der Republik“, so hatte die Maßnahme doch Erfolg: Seit 1996 hat sich die Zahl der Großtrappen vor Ort verdreifacht [37].

In weiten Teilen der Republik besteht das Problem allerdings weiterhin: Rund 350.000 Strommasten gelten noch als gefährlich, obwohl der Gesetzgeber bis 2012 ihre Umrüstung vorschreibt [38, 39]. Am tückischsten sind dabei Anlagen im mittleren Spannungsbereich zwischen 10 und 60 Kilovolt, an denen kaum ein Abstand zwischen dem Mast selbst und seinen stromführenden Leitungen besteht. Hier lösen Vögel mit größerer Spannweite wie Greifvögel oder Eulen einen Kurz- oder Erdschluss aus: Die Opfer sterben dann entweder direkt durch den Stromstoß oder verenden an den schweren Verletzungen, die sie beim Sturz zu Boden erleiden. Häufig passiert dies beim An- oder Abflug, doch können auch sitzende Tiere getroffen werden,

6) Wenn keine anderen Möglichkeiten machbar sind, helfen weiße Silhouetten zumindest besser.

Immer noch kommen Greifvögel, Eulen und Störche durch Stromschlag zu Tode. Dabei ist es relativ einfach, die Masten zu entschärfen.

sobald sie zwischen zwei Teilen überbrücken – etwa weil sie ihre Flügel strecken oder sogar weil sie ihren Harnstrahl absondern [40][7)].

Da viele Opfer nicht in den Leitungen hängen bleiben, sondern zu Boden fallen, verschleppen Füchse oder Marder sie, so dass die Zahl der dadurch getöteten Tiere nicht wirklich abgeschätzt werden kann. Mehrere tausend Vögel sollen es nach Schätzungen von NABU und LBV jedes Jahr in Deutschland sein – zumeist Großvögel, deren Bestände ohnehin relativ klein sind. Neben Nahrungsmangel gilt der Stromtod als einer der Hauptgründe, warum beispielsweise in Bayern der Uhu nach Jahren mit Aufwärtstrend wieder zurückgeht [41][8)]. Und gleichfalls in Bayern gefährdet der Elektroschock die in den letzten Jahren beobachtete Ausbreitung des Seeadlers: Eines der beiden Jungtiere des sich 2009 neu am Inn angesiedelten Seeadlerpaars starb ebenso an einem Strommasten wie ein erwachsenes Tier im Oberpfälzer Landkreis Schwandorf – ein empfindlicher Verlust, da insgesamt nur 5 Paare im Freistaat brüten. Nachdem der LBV mit der Meldung an die Öffentlichkeit ging, erreichten ihn aus dem Landkreis Schwandorf innerhalb von nur einem Monat 30 weitere Meldungen über Stromopfer.

7) Hierbei handelt es sich keineswegs um eine moderne Legende: Bis zu zwei Meter kann der morgendliche Harn- und Kotstrahl bei Weißstörchen lang werden – genug, um Strom überbrücken zu können.

8) Von 44 Zufallsfunden toter Uhus in Bayern im Zeitraum zwischen 2005 und 2006 gingen knapp die Hälfte auf das Konto von Stromschlag.

Und das Problem betrifft nicht nur unsere Vögel hierzulande, sondern gefährdet sie auch auf dem Zug oder im Winterquartier: NABU und Euro-Natur haben zum Beispiel in verschiedenen Ländern Mittel- und Osteuropas mindestens 42 Vogelarten gezählt, die international schutzbedürftig sind und durch Stromschlag gefährdet werden. Die Hälfte davon ist in ihrem Fortbestand akut bedroht [42].

Dies ist umso bedauerlicher, als dass die Umrüstung hierzulande nicht nur gesetzlich geboten ist, sondern technisch relativ einfach umzusetzen ist. Abdeckhauben auf Stützisolatoren, Vogelschutzhauben aus Kunststoff auf Leitungen in unmittelbarer Nähe der Masten oder größere Phasenabstände der drei Leiterseile bei der Stromtrasse. Eine weitere Möglichkeit besteht darin, die Kabel bei der Neuanlage von Mittelspannungsleitungen unter die Oberfläche zu verlegen, was Schleswag AG in Schleswig-Holstein und die Energieversorgung Weser-Ems im nördlichen Niedersachsen bereits praktizieren [42]. Oder aber sie werden als Luftkabel ohne Isolatoren an den Masten aufgehängt – ähnlich wie im Niederspannungsbereich. All dies gewährt den Vögeln relativ große Sicherheit – und minimiert gleichzeitig volkswirtschaftliche Schäden durch Kurzschlüsse, beschädigte Infrastruktur oder sogar Waldbrände, die vom Funkenflug ausgelöst werden können (Dieter Haas, pers. Mitteilung).

Wo dies durchgesetzt wird, erreicht der Vogelschutz rasch gute Ergebnisse wie in der Eifel. Dort starben nach Angaben von Wilhelm Breuer von der Gesellschaft zur Erhaltung der Eulen zwischen 1983 und 1990 rund 90 Uhus erwiesenermaßen durch Stromschlag – ein bedeutender Verlust für eine kleine Population. Nach Sicherung der Strommasten in der Region hat sich die Zahl nun auf weniger als drei tote Eulen pro Jahr minimiert; parallel dazu nahm die Zahl der Brutpaare um mehr als das Dreifache auf 100 zu [43]. In Ostdeutschland nutzen zudem unter anderem viele Fischadler gesicherte Masten als Brutplatz.

Der zweite Komplex in Zusammenhang mit den Stromleitungen ist die Kollision mit Freileitungen, die sich vor allem in Durchzugs- oder Rastgebieten quer durch die Flugbahn der Vögel spannen [44]: etwa in Flusstälern, Tälern zwischen Bergrücken, Meerengen oder Feuchtgebieten. Verschärft wird das Problem durch die schlechte Erkennbarkeit vieler Leitungen, die mit Aluminiumoxid beschichtet sind: Ihre graue Farbe verschmilzt gerade bei schlechtem Wetter mit Nebel oder bei Regen sowie in den Morgen- und Abendstunden mit dem Hintergrund. An besonderen Brennpunkten, wo sich viele Vögel versammeln, können dann zwischen 200 bis 700 Tiere pro Jahr und Leitungskilometer ums Leben kommen – darunter neben Großvögeln viele Enten, Blässhühner, Tauben und Watvögel, aber auch Singvögel wie Feldlerche oder Drosseln [45].

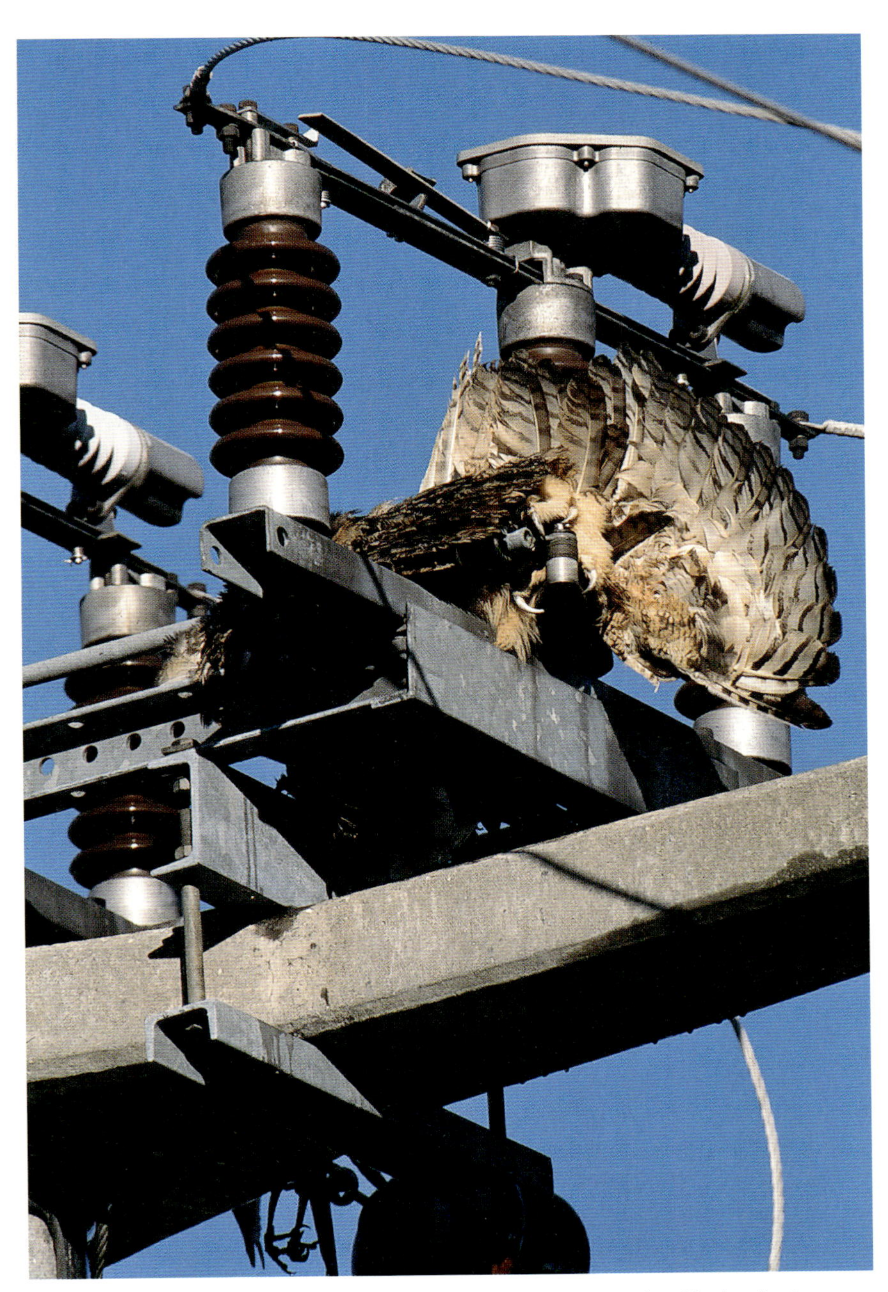

Stromschlag ist eine der häufigsten Todesursachen für Uhus und gefährdet die Art.

Eine Hochrechnung aus den Niederlanden ging anhand der 4200 Kilometer an Hochspannungsleitungen im Land von jährlich 500.000 bis einer Million Kollisionsopfer aus [46]. Bis 1997 markierten die Stromversorger besonders gefährliche Seile bei 13 Prozent des Netzes, die am stärksten vom Vogelschlag betroffen waren. Wissenschaftler schätzen, dass dies die Zahl der Opfer um etwa 185.000 Fälle jährlich reduziert hat. An zuvor besonders betroffenen Abschnitten sank die Zahl der tödlichen Zusammenstöße sogar um bis zu 90 Prozent. Auch dies lässt sich relativ einfach erreichen, indem beispielsweise die Leitungen schwarz-weiß angemalt oder mit Kunststoffspiralen ummantelt werden. Und bei der Planung sollte auf Zugrouten und besondere Korridore Rücksicht genommen werden.

### Windkraft: die neue Gefahr?

Während die Problemfelder Licht, Glas und Strom schon lange auf der Agenda der Vogelschützer ganz oben stehen, ist das Thema Windkraft ein relativ Neues. Auf der einen Seite begrüßen sie die Stromgewinnung aus erneuerbaren Quellen wie Wind und Sonne, weil sie hilft, den Klimawandel einzudämmen (zu den Folgen siehe Kapitel 6). Auf der anderen Seite fürchten sie wiederum die Gefahr des Vogelschlags an den Hindernissen und vor allem an den Rotorblättern der Anlagen. Eine Vielzahl an Studien hat sich deshalb in den letzten Jahren dieses Themas verstärkt angenommen – mit Ergebnissen, die sowohl zuversichtlich als auch bedenklich stimmen.

Da der Wind besonders auf Bergrücken oder an der Küste – und mehr noch auf dem offenen Meer – kontinuierlich bläst, erfreuen sich diese Standorte besonderer Beliebtheit bei den Betreibern von Windparks[9]. Aus ästhetischen (Landschaftsbild) wie aus wirtschaftlichen Gründen sehen viele die Zukunft der Windenergie in so genannten Offshore-Anlagen, die teilweise mehr als 50 Kilometer entfernt von der Küste aufgebaut werden. Allerdings versperren sie ziehenden Vögeln dort mitunter den Weg und zwingen sie zum Ausweichen. Immerhin vermeiden laut einer Studie von Mark Desholm und Johny Kahlert vom Nationalen Umweltforschungsinstitut Dänemark viele Enten und Gänse auf diese Weise mögliche Zusammenstöße mit den Masten oder Turbinen [48].

Sie hatten jeweils bei Tag und in der Nacht das Zugverhalten von Eiderenten und verschiedenen Gänsearten mittels Radarüberwachung im Umfeld des Nysted-Windparks in der dänischen Ostsee kartiert[10]. Verglichen mit der Zeit vor dem Bau der Anlage durchquerten die Vögel nun deutlich

9) Insgesamt stehen deutschlandweit 20.300 Anlagen mit einer Gesamtleistung von rund 24.000 Megawatt (Stand 31.12.2008) [47].

10) Die Anlage bedeckt eine Fläche von 24 Quadratkilometern.

Dieser Storch wurde von einem Windrad regelrecht zerhäckselt. Sinnlose Opfer wie diese ließen sich durch eine geeignete Standortwahl zumindest reduzieren.

seltener das entsprechende Areal: Tagsüber flogen nur noch 12 Prozent der Schwärme in den Bereich der Turbine ein, in der Nacht erhöhte sich dieser Anteil leicht auf knapp 14 Prozent. Aber selbst die Tiere, die in dieses Umfeld eindrangen, mieden zumeist den unmittelbaren Umkreis der Masten und Turbinen: Nur sehr wenige Individuen näherten sich den Hindernissen auf weniger als 50 Meter, in denen akute Kollisionsgefahr bestünde. Bezogen auf die Gesamtanzahl der hier durchkommenden Zugvögel – geschätzte 200.000 Eiderenten und 10.000 Gänse – riskierten laut Desholm und Kahlert weniger als ein Prozent einen Zusammenstoß mit den Installationen. Wie viele allerdings wirklich einen tödlichen Zusammenstoß erleiden, blieb ungeklärt.

Die Forscher gehen davon aus, dass die Vögel nachts auf die roten Warnleuchten und tagsüber auf die rotierenden Blätter reagieren und diese dann meiden. Eine endgültige Entwarnung für Windkraftanlagen auf hoher See bedeute diese Untersuchung jedoch noch nicht, da bislang das Flugverhalten bei schlechtem Wetter wie Nebel oder Stürmen sowie das anderer Zugvögel wie Taucher, Trauerenten oder Watvögel nicht geklärt sei, so die Forscher.

Mehr Hinweise auf die Zahl der Tiere, die an diesen Hindernissen tödlich verunglücken können, hat Ommo Hüppop von der Vogelwarte Helgoland zusammengetragen [49]: Zusammen mit Kollegen hat er zwischen 2003 und 2007 zusammengetragen, wie viele Vögel ungefähr auf der Forschungsplattform FINO 1 vor Borkum tödlich verunglücken – als Schätzung für den Einfluss von Offshore-Windanlagen. Insgesamt zählten sie bei knapp jedem Fünften ihrer 160 Besuche rund 770 verstorbene oder schwer verletzte Tiere – darunter vor allem Stare und Drosseln, aber auch Watvögel, Möwen oder Tauben.

Besonders viele Opfer mussten sie in zwei Nächten während der Zugzeit aufsammeln, während der südöstliche Winde den Zug begünstigten, aber niedrige Wolken mit Nieselregen und Nebel die Sicht behinderten. Die Vögel wurden dann von der Beleuchtung der Plattform fatal angelockt und kollidierten mit den Aufbauten, wie die Autopsie ergab. Betroffen waren ausschließlich nachts ziehende Vögel, Arten, die bei Tag unterwegs sind, konnten die Forscher nicht nachweisen. Die Gesamtzahl der Verluste dürfte nach Hüppops Schätzungen die aufgenommenen 770 Exemplare allerdings noch weit überschreiten: Viele Individuen gingen durch Winde über Bord, fielen gleich ins Meer oder wurden von Möwen gefressen.

Offshore-Windanlagen sind noch relativ selten, entsprechende Untersuchungen daher rar. Etwas anders sieht die Sache an Land aus, wo Windräder schon länger stehen. Verschiedene Studien kommen dabei zum Schluss, dass verglichen mit Hochhäusern, Sendemasten oder Leuchttürmen die Zahl der Opfer durch Windenergieanlagen weit gehend zu vernachlässigen ist. In den USA gehen demnach pro Jahr auf jede Turbine durchschnittlich etwas mehr vier tote Vögel [50]. Andere Arbeiten ermittelten Werte zwischen weniger als einem und mehr als sechzig toten Tieren pro Turbine und Jahr [51][11]. Ausschlaggebend sind vor allem der Standort und Aufbau der Anlagen, denn riskant für Vögel sind vor allem Windräder entlang von Bergrücken, neben Feuchtgebieten und an bestimmten Küstenabschnitten [52]. Gerade entlang der Hänge nutzen Großvögel wie Adler oder Störche die Aufwinde und kreisen mitunter stundenlang in der optimalen Thermik dieser Gebiete – allerdings immer im gefährlichen Umfeld der Rotoren.

Dies zeigt sich auch bei den Verlusten in Deutschland, von denen vor allen anderen Rotmilane und Seeadler betroffen sind. Beim Rotmilan könnte dies unter anderem an seinem typischen Suchflug liegen, der oft in Höhe der Rotoren stattfindet [53]. Dieser Trend, dass gerade die weniger wendigen Greifvögel überproportional stark von Verlusten betroffen sind, bestätigen auch Jesús Lekuona und Carmen Ursúa von der Naturschutzbehörde der spanischen Provinz Navarra [54]: Während ihrer dreijährigen Überwachung von 13 Windfarmen mit etwa 750 einzelnen Windrädern in der nordspanischen Region fanden sie 345 tote Vögel – fast drei Viertel davon waren Greifvögel. Besonders schlimm traf es unter ihnen wiederum

11) Im Median waren es 1,8 und im Durchschnitt 6,9 Opfer pro Jahr und Turbine.

Rotmilane fallen Windrädern überdurchschnittlich oft zum Opfer, weil ihre Suchflüge meist in Höhe der Rotoren stattfinden.

die Gänsegeier, die knapp zwei Drittel aller verunglückten Individuen ausmachten: herbe Verluste, die Vogelschützer aus vielen Gebieten berichten, in denen Windräder mit Großvögeln um die beste Thermik konkurrieren. Angesichts der niedrigen Brutraten bei diesen Arten wiegen zusätzliche Verluste besonders schwer und sollten daher im Auge behalten werden – vor allem gilt es beim Neubau von Windparks diese Arten besonders zu berücksichtigen.

Ein besonderes Phänomen beobachtete der Ornithologe Jan Rodts während seiner Studie in einem belgischen Windpark, die belegt, dass auch Kleinvögel zu Tode kommen können [55]. Ein Teil der verendeten Tiere kam dabei nicht direkt durch den Zusammenstoß mit technischen Geräten ums Leben, sondern wurde von den durch die Rotoren ausgelösten Turbulenzen zu Boden geschmettert. Erstaunlicherweise trat dieses Problem nur bei Rücken- nicht aber bei Gegenwind auf – möglicherweise weil die Vögel dann von den Turbulenzen überrascht wurden. Die Hälfte der verunglückten Tiere starb durch die Folgen des Aufpralls. Insgesamt schätzen allerdings Übersichtsstudien die negativen Folgen für Singvögel als vernachlässigbar ein [52, 56].

Gerade für den Bestand unserer Wiesenvögel könnte dagegen ein anderes, durch die Windräder verursachtes Phänomen negative Folgen haben: der Verlust an Brutflächen, weil Kiebitze, Goldregenpfeifer, Rotschenkel und Uferschnepfe, aber zum Teil auch Feldlerche oder Wiesenpieper die

Nähe der Anlagen meiden, wie Studien beispielsweise bei Cuxhaven oder in Dänemark belegen [57, 58, 59 60]. So meidet der Kiebitz die Windräder in einem größeren Radius und legt dort kein Nest mehr an. Oder aber er lässt sich von den fliegenden Schatten der rotierenden Blätter immer wieder aufschrecken und verlässt das Nest, weshalb Eier und Küken auskühlen und vernachlässigt werden. Viele Studien kamen bislang zum Schluss, dass Watvögel sowie Wachteln und Wachtelkönig eher negative Reaktionen auf Windkraftanlagen zeigen [52]. Problematisch scheint die Situation auch für Raufußhühner wie das Birkhuhn zu sein, wenn baumfreie Areale im Gebirge in Beschlag genommen werden [61]. Zwar nutzten in der Untersuchung aus dem österreichischen Oberzeiring manche Hähne ihr traditionelles Balzrevier weiterhin, doch insgesamt nahm die Zahl der werbenden Männchen nach dem Aufbau der Anlage dramatisch von 41 auf 12 Tiere ab; seit 2007 ist der frühere Hauptplatz sogar völlig verwaist. In angrenzenden Regionen mit ähnlichem Biotop hat sich der Bestand hingegen nicht verändert – die Störungen durch die Windkraft waren offensichtlich ausschlaggebend.

Eindeutig ist das Bild dennoch nicht. So dokumentierte der Biologe Marc Reichenbach, dass sich Kiebitze beispielsweise im Windpark Hinrichsfehn im Landkreis Aurich angesiedelt haben, weil sie dort gute Bedingungen vorfanden: Die weiten Abstände der einzelnen Türme ließen ihnen genügend Raum zum ungestörten Brüten [53]. Große Anlagen wirkten sich in diesem Zusammenhang meistens positiver aus als kleine.

Ein unproblematisches Verhältnis zwischen Feldvögeln und der Windkraft deutet auch eine Erhebung des britischen Forscherteams um Mark Whittingham von der Universität in Newcastle an [62]: Sie beobachteten, ob und wie sich insgesamt 23 Vogelarten – darunter Feldlerche, Feldsperling, Gold-, Grau und Rohrammer, Wachteln und Rabenvögel – mit zwei Windparks im Offenland von East Anglia arrangieren. Zum Erstaunen der Vogelkundler taten sie dies erstaunlich gut: Bis auf den Fasan mied keine Art die Anlagen: Sie brüteten und suchten Nahrung im Umfeld der Windräder wie auf vergleichbaren Flächen ohne derartige Masten. Auch Feldlerchen im Saarland ließen sich von einer neu errichteten Anlage nicht aus der Fassung bringen und brüteten weiterhin ungestört in ihrem Umfeld – der Windpark beeinträchtigte nach den Beobachtungen nicht einmal ihre Revier- und Balzflüge [63]. Offensichtlich können sich viele Vögel – zumal kleinere – also an Windparks gewöhnen und profitieren dabei womöglich von geringeren Störungen durch eingeschränkte Landwirtschaft oder Greifvögel. Und manche profitieren sogar im Zuge der Baumaßnahmen von neu geschaffenen Landschaftstrukturen wie wassergefüllten Gräben mit Schilf- und Hochstaudenfluren – etwa Schilfrohrsänger, Rohrammer oder Schwarzkehlchen [52].

Was für Brutvögel gilt, muss nicht unbedingt Gutes für rastende und ziehende Tiere bedeuten: Sie reagieren wesentlich empfindlicher auf die

Störung, da sie weniger Gelegenheit hatten sich daran zu gewöhnen [53]. Manche Arten halten bis zu 800 Meter Abstand zu den Windrädern, wobei Gänse, Kraniche, aber auch rastende Kiebitze besonders nervös zu sein scheinen [64, 65]. Damit gehen ihnen allerdings wertvolle Rastflächen verloren – gerade an der Küste -, die sie ansteuern müssen, um neue Energie zu tanken. Zudem wirken gerade Anlagen, in denen die Windräder in breiter Front nebeneinander stehen als effektive Barriere, die Arten wie dem Goldregenpfeifer den Wechsel zwischen Rast- und Nahrungsflächen erschweren können – im Extremfall unterbinden sie diese Bewegung vollständig, und die Vögel sind gezwungen das Gebiet aufzugeben [66]. Und schließlich gilt es noch den erhöhten Kraftaufwand zu berücksichtigen, den die Vögel leisten müssen, wenn sie den Parks während des Zugs ausweichen müssen. Da die Umwege allerdings nach bisherigen Beobachtungen relativ klein ausfallen, scheint dieser Punkt für den Erhalt unserer Vögel zumindest bislang vernachlässigbar [52].

Viele der Probleme ließen sich außerdem schon im Vorfeld vermeiden: So sollte der Bau möglichst kompakt ausfallen und nicht als langgezogener Riegel – etwa parallel zur Küste oder auf Bergrücken – und vor allem nicht quer durch wichtige Zugkorridore oder im Anflugbereich wichtiger Feuchtgebiete. Bei der Planung gilt es auch zu beachten, dass die Anlagen nicht einzelne Lebensräume wie Rast- und Nahrungsplätze voneinander abschneiden. Und – ähnlich wie bei Sendemasten, Hochhäusern oder Funktürmen – verringert sich das Risiko von Vogelschlag, wenn auf anziehende Beleuchtung verzichtet wird [67]. Beachten die Bauherren diese Punkte, dürfte die Windenergie als saubere Form der Stromerzeugung unseren Vögeln langfristig sogar helfen.

## Literatur


[1] Allen, J. A. (1880) Destruction of birds by light-houses, Bulletin of the Nuttall Ornithological Club 5, S. 131–138.

[2] Johnston, D. W., Haines, T. P. (1957) Analysis of mass bird mortality in October, 1954., Auk 74, S.447–458.

[3] Kemper, C. (1996), A study of bird mortality at a west central Wisconsin TV tower from 1957–1995, Passenger Pigeon 58, S. 219–235.

[4] Weir, R. D. (1976) Annotated bibliography of bird kills at manmade obstacles: a review of thestate of the art and solutions. Canadian Wildlife Services, Ontario Region, Ottawa.

[5] Müller, H. (1981) Vogelschlag n einer starken Zugnacht auf der Offshore-Forschungsplattform „Nordsee" im Oktober 1979, Seevögel 2, S. 33–37.

[6] Sage, B. (1979) Flare up over North Sea birds. New Scientist 81, S. 464–466.

[7] http://infonet.vogelwarte.ch/upload/LichtStoerung.pdf (08. Juli 2009)

[8] Richarz, K. (2001) Licht als Störfaktor, in *Taschenbuch für Vogelschutz* (Hrsg. Riharz, K., Bezzel, E., Hormann, M.), Aula-Verlag, Wiebelsheim, S. 149–153.

[9] Berthold, P. (2000) Vogelzug. Eine aktuelle Gesamtübersicht, Wissenschaftliche Buchgesellschaft, Darmstadt.

[10] Ritz, T., S. Adem, and Schulten, K. (2000) A model for photoreceptor-based magnetoreception in birds, Biophysical Journal 78, S. 707–718.

[11] Wiltschko, W., Wiltschko, R. (2001) Light-dependent magnetoreception in birds: the behavior of European robins, *Erithacus rubecula*, under monochromatic light of various wavelengths and intensities, The Journal of Experimental Biology 204:3295–3302.

[12] Wiltschko, W., Munro, U. Ford, H. and Wiltschko, R. (1993) Red light disrupts magnetic orientation of migratory birds, Nature 364, S. 525–527.

[13] Cinzano,P., Falchi, P.F. and Elvidge, C. D. (2001) The first World Atlas of the artificial night sky brightness, Monthly Notices of the Royal Astronomical Society 328, S. 689–707

[14] Gauthreaux, S. A.,Belser, C. G. (2006) Effects of artificial night lighting on migrating birds. Pages, in (eds. Rich, C., Longcore, T.) *Ecological consequences of artificial night lighting*, Island Press, Washington, D.C., S. 67–93.

[15] Klem, D. Jr. (2006) Glass: A Deadly Conservation Issue for Birds, Bird Observer, 34 (2), S 73–81.

[16] http://www.lichtverschmutzung.de/dokumente/PostTower_und_Vogelwelt.pdf (11. Juli 2009)

[17] Lammen, C., Hartwig, E. (1994) Vogelschlag an einem sendemast auf Sylt: Ein Vergleich zu Windkraftanlagen, Seevögel 15, S. 1–4.

[18] Bruderer, P., Peter, D. and Steuri, T. (1999) Behaviour of migrating birds exposed to X-band radar and a bright light beam, Journal of Experimental Biology 202 (9), S. 1015–1022.

[19] Larkin, R.P., Frase, B.A. (1988) Circular paths of birds flying near a broadcasting tower in cloud, Journal of Comparative Psychology 102, S. 90–93.

[20] http://www.taz.de/index.php?id=archivseite&dig=2002/07/26/a0183 (11. Juli 2009)

[21] Eisenbeis, G., Hassel, F. (1999): Attraction of nocturnal insects by street lights, Zoology 102, Suppl. II 92.1: 81 (Abstract).

[22] Eisenbeis, G. (2002) Lichtverschmutzung und ihre fatalen Folgen für Tiere – Essay, in *Kompaktlexikon der Biologie*, Spektrum Akademischer Verlag, Heidelberg, S. 262–265.

[23] www.arm.ac.uk/darksky/CliffSummer2006.pdf (12. Juli 2009).

[24] http://www.fieldmuseum.org/MUSEUM_INFO/press/press_birds.htm (11. Juli 2009)

[25] Reinboth, C., Fischer-Hirchert, U., david, T. (2009) Neues Licht für Städte und Kommunen. Wie LED-Technologie die Straßenbeleuchtung reformieren könnte, Optik und Photonik 1, S. 36–39.

[26] http://www.rp-online.de/public/article/duesseldorf-stadt/708733/LED-Straßenlaternen-schonen-Insekten.html (12. Juli 2009)

[27] Poot, H., Ens, B.J., de Vries, H., Donners, M.A.H., Wernand, M.R. and Marquenie, J.M. (2008) Green Light for Nocturnally Migrating Birds, Ecology and Society 13 (2), 47

[28] http://www.general-anzeiger-bonn.de/index.php?k=loka&itemid=10490&detailid=483721 (12. Juli 2009).

[29] Gehring, J., Kerlinger, P. and Manville, A.M. (2009) Communication towers, lights, and birds: successful methods of reducing the frequency of avian collisions, Ecological Applications 19 (2), S. 505–514.

[30] http://www.windowcollisions.info/public/biber-bericht_dt_1998.pdf (12. Juli 2009).

[31] Marti, C. (1993) Quantitative Analyse der Eingönge von Greifvögeln und Eulen aus den Jahren 1973–1992 im Naturhistorischen Museum Bern, Jahresberichte des Naturhistorischen Museums Bern 11, S. 101–116.

[32] http://www.vogelglas.info/public/leitfaden-voegel-und-glas_dt.pdf (13. Juli 2009)

[33] Langgemach, T. (1997) Stromschlag oder Leitungsanflug? Erfahrungen mit Großvogelopfern in Brandenburg. Vogel und Umwelt 9 (Sonderheft), S. 167–176.

[34] Aebischer, A. (2008) Eulen und Käuze. Auf den Spuren der nächtlichen Jäger. Haupt verlag, Bern.

[35] Breuer, W. (2008) Stromtod bei Uhus – Anforderungen der Europäischen Vogelschutzrichtlinie, in (Hrsg. Haas, D. und

Schürenberg, B.) *Stromtod von Vögeln. Grundlagen und Standards zum Vogelschutz an Freileitungen*, NABU, Albstadt-Pfeffingen, S. 55–63.

[36] Breuer, W. (2007) Stromopfer und Vogelschutz an Energiefreileitungen. Bundesnaturschutzgesetz in der Praxis, Naturschutz und Landschaftsplanung 39 (3), S. 69–95.

[37] http://www.grosstrappe.de/trappe/trappe_verbreitung_d.htm (13. Juli 2009).

[38] http://www.nabu.de/imperia/md/content/nabude/vogelschutz/stromtod/2.pdf (13. Juli 2009)

[39] Rademacher, E.M., Eur, L.L.M. (2008) Die Rechtslage beim Vogelschutz an Energiefreileitungen, in (Hrsg. Haas, D. und Schürenberg, B.) *Stromtod von Vögeln. Grundlagen und Standards zum Vogelschutz an Freileitungen*, NABU, Albstadt-Pfeffingen, S. 39–46.

[40] Schürenberg, B., Haas, D. (2008) Harnstrahl als Todesursache, in (Hrsg. Haas, D. und Schürenberg, B.) *Stromtod von Vögeln. Grundlagen und Standards zum Vogelschutz an Freileitungen*, NABU, Albstadt-Pfeffingen, S. 66–69.

[41] Lanz, U. (2008) Stromtod als Ursache für sinkende Bruterfolg beim Uhu?, in (Hrsg. Haas, D. und Schürenberg, B.) *Stromtod von Vögeln. Grundlagen und Standards zum Vogelschutz an Freileitungen*, NABU, Albstadt-Pfeffingen, S. 140–142.

[42] http://www.nabu.de/imperia/md/content/nabude/vogelschutz/16.pdf (13. Juli 2009)

[43] Breuer, W. (2007) Das Nachrüsten von Strommasten wurde verschlafen, Nationalpark 2/2007, S. 9–11.

[44] Lösekrug, R. (1997) Vogelverluste durch Stromleitungen – Erfahrungen aus Mitteleuropa und dem Mittelmeerraum, Vögel und Umwelt 9, Sonderheft, S. 157–166.

[45] Richarz, K. (2001) Freileitungen, in *Taschenbuch für Vogelschutz* (Hrsg. Riharz, K., Bezzel, E., Hormann, M.), Aula-Verlag, Wiebelsheim, S. 116–127.

[46] Koops, F. B. J. (1997) Markierung von Hochspannungsfreileitungen in den Niederlanden, – Vogel und Umwelt 9, Sonderheft, S. 276–278.

[47] http://www.wind-energie.de/de/statistiken/ (13. Juli 2009)

[48] Desholm, M., Kahlert, J. (2005) Avian collision risk at an offshore wind farm, Biology Letters 5, 1041–1053.

[49] Hüppop, O. (2009) Vögel: Weltreisende und Vielflieger unter dem Sternenhimmel, in (Posch, T., Freyhoff, A. Uhlmann, T.) Das Ende der Nacht. Die globale Lichtverschmutzung und ihre Folgen, Wiley-VCH, Weinheim, S. 82–98.

[50] Marris, E., Fairless, D. (2007) Wind farms' deadly reputation hard to shift, in: Nature 447, S. 126.

[51] http://www.nabu.de/imperia/md/content/nabude/energie/wind/2.pdf (13. Juli 2009)

[52] Horch, P., Keller, V. (2005) Windkraftanlagen und Vögel – ein Konflikt? Schweizerische Vogelwarte Sempach, Sempach.

[53] Reichenbach, M. (2004) Auswirkungen von Windenergieanlagen auf Vögel, Bulletin SEV/VSE 15, S. 35–39.

[54] Lekuona, J., Ursúa, C. (2007) Avian Mortality in Wind Power Plants of Navarra (Northern Spain), in (de Lucas, M., Janss, G.F.E., Ferrer, M.) *Birds and Wind Farms. Risk Assessment and Mitigation*, Quercus, Madrid, S. 177–192.

[55] Rodts, J. (1999) Eoliennes et protection des oiseaux: un dilemme! L'homme et l'oiseau 37, S. 110–123.

[56] Dürr, T. (2004) Vögel als Anflugopfer an Windenergieanlagen in Deutschland – ein Einblick in die bundesweite Funddatei, Bremer Beiträge für Naturkunde und Naturschutz 7, S. 221–228.

[57] Handke, K., Handke, P., Menke, K. (1999) Ornithologische Bestandsaufnahmen im Bereich des Windparks Cuxhaven in Nordholz 1996/97, Bremer Beiträge für Naturkunde und Naturschutz 4, S. 71–80.

[58] Walter, G., Brux, H. (1999) Erste Ergebnisse eines dreijährigen Brut- und Gastvogelmonitorings (1994–97) im Einzugsbereich von zwei Windparks im Landkreis Cuxhaven, Bremer Beiträge für Naturkunde und Naturschutz 4, S. 81–106.

[59] Hartwig, E. (1994). Naturschutz und Windenergienutzung – ein Konflikt?, Seevögel 15, S. 5–10.

[60] Kruckenberg, H. (2002), Rotierende Vogelscheuchen – Vögel und Windkraftanlagen, Der Falke 49, S. 336–342.

[61] Grünschachner-Berger, V. (2007) Windräder im Wohnzimmer – Auswirkungen von Gebirgs-Windparks auf Birkwild, in (Hrsg. Nationalpark Hohe Tauern) *Damit die Balz nicht verstummt. Hühnervögel zwischen Jagd und Artenschutz*, Tagungsband, Matrel in Osttirol, S. 50–51.

[62] Devereux, C.L., Denny, M.J.H., Whittingham, M.J. (2008) Minimal effects of wind turbines on the distribution of wintering farmland birds, Journal of Applied Ecology 45 (6), S. 1689–1694.

[63] Elle, O. (2006) Untersuchungen zur räumlichen Verteilung der Feldlerche (*Alauda arvensis*) vor und nach der Errichtung eines Windparks in einer südwestdeutschen Mittelgebirgslandschaft, Berichte zum Vogelschutz 43, S. 75–85.

[64] Kruckenberg, H., Jaene, J. (1999) Zum Einfluss eines Windparks auf die Verteilung weidender Blässgänse im Rheiderland (Landkreis Leer, Niedersachsen), Natur und Landschaft 74 S. 420–427.

[65] Larsen, J. K., Madsen, J. (2000) Effects of wind turbines and other physical elements on field utilization by Pink-footed Geese (Anser brachyrhynchus): A landscape perspective, Landscape Ecology 15, S. 755–764.

[66] Clemens, T., Lammen, C. (1995) Windkraftanlagen und Rastplätze von Küstenvögeln – ein Nutzungskonflikt, Seevögel 16, S. 34–38.

[67] Länder-Arbeitsgemeinschaft der Vogelschutzwarten (2007) Abstandsregelungen für Windenergieanlagen zu bedeutsamen Vogellebensräumen sowie Brutplätzen ausgewählter Vogelarten, Berichte zum Vogelschutz 44, S. 151–153.

# Schleichender Tod

## Auch Katzen und Füchse fressen ihren Anteil, Verluste können aber verringert werden

Der Tod kommt schleichend: Auf leisen Pfoten pirscht sich der Feind an und überrascht sein Opfer, das gerade nach Futter sucht, sein Gefieder trocknet oder seine Jungen füttert. Katzen sind geschickte und effektive Raubtiere, die selbst nach 4000 Jahren der Domestikation (der Zucht als Haustier) nichts verlernt haben, was auch ihre wilden Vorfahren in Ägypten, die Falbkatze, und ihren nahen einheimischen Verwandten, die Wildkatze, auszeichnet.

Dieses Verhalten bringt sie allerdings in Konflikt mit dem Naturfreund, der es in der Regel gar nicht gerne sieht, wenn Nachbars Mieze unter den Haussperlingen am Futterhäuschen oder den nistenden Amseln in der Hecke aufräumt. Und die Bedenken sind schließlich nicht von der Hand zu weisen. Katzen gelten als die alleinige Ursache für das Aussterben von mindestens 33 Vogelarten seit 1600 – allein acht davon in Neuseeland [1, 2]. So hat wohl Tibbles, die Katze eines Leuchtturmwärters, die letzten überlebenden Exemplare des Stephen-Island-Schlüpfers erlegt und seinem Besitzer vor die Füße gelegt [3]. Der kleine, zaunkönigartige Vogel von der kleinen neuseeländischen Insel Stephen wurde berühmt, als wohl einzige Art, deren „Entdecker" – die Katze – sie auch sogleich wieder ausrottete: Heute existieren nur mehr 15 Exemplare in den Sammlungen von Museen. Auch der Verlust der Socorro-Taube in freier Wildbahn geht hauptsächlich auf verwilderte Hauskatzen zurück [4]. Auf Marion Island im subantarktischen Indischen Ozean fraßen die Jäger jährlich mehr als 450.000 Seevögel, bevor Ökologen sie dort wieder vollkommen auslöschen konnten [5]. Und auf der britischen Insel Ascension im Atlantik reduzierten eingeschleppte Katzen die Brutkolonien der Rußseeschwalben von einst mehr als einer Million Paare auf nur noch 150.000 Mitte der 1990er Jahre [6]. Diese Liste ließe sich noch lange fortsetzen und durch gleichfalls ausgerottete Reptilien und Säugetiere ergänzen [7]: Katzen gelten daher neben Ratten, Mäusen und Kaninchen als die schlimmsten Säugetiere, die auf Inseln eingeschleppt wurden – sie von dort wieder zu entfernen, gehört zu den Prioritäten des internationalen Naturschutzes.

## Gewiefte Jäger auch auf dem Festland

Selbst wenn dies der besonderen Situation eng begrenzter Lebensräume auf kleinen Inseln geschuldet ist, ihre blutige Spur hinterlassen die Stubentiger auch auf größeren Landmassen. In den Vereinigten Staaten schätzen Ornithologen die Zahl der getöteten Vögel, die den mindestens 77 Millionen Hauskatzen des Landes zum Opfer fallen, auf jährlich mehrere hundert Millionen Exemplare – nicht berücksichtigt sind darin allerdings die Jagdstrecken von verwilderten Hauskatzen, deren Bestand nochmals 80 bis 100 Millionen Individuen umfassen könnte [8].

Etwas genauer in Augenschein genommen hat die Jagdstrecken unter anderem eine Studie von Biologen um Christopher Lepczyk von der Michigan State University in East Lansing [9]: Entlang dreier Routen, die jährlich wissenschaftlich zur Zählung und Beobachtung von Vögeln genutzt werden, ermittelten sie, wie viele Hausbesitzer Katzen ihr Eigen nannten. Einen Teil davon baten sie zu berichten, ob ihr Haustier tote Vögel mit nach Hause brachte und welcher Art diese angehörten. Allein auf diesen drei Transekten, die zusammen rund 120 Kilometer lang waren, erbeutete der 800 bis 3100 Tiere umfassende Katzenbestand[1)] bis zu 47.000 Vögel aus 23 Arten – darunter mit dem Rubinkehlkolibri und dem Rotkehl-Hüttensänger zwei in den USA bedrohte Arten. Im Minimum schlugen die Katzen mindestens 1 Vogel pro Tag und Kilometer der Untersuchungslinie, was die Autoren der Studie allerdings als absolut konservative Schätzung einstufen: Die tatsächlichen Zahlen dürften weit größer sein (siehe unten).

In Europa wiederum haben sich vor allem die Briten mit der Frage beschäftigt – teilen sie sich doch ihre Insel mit rund neun Millionen Katzen (in Deutschland leben etwa acht Millionen Katzen), die damit die wichtigsten Beutegreifer des Königreichs darstellen [10][2)]. Einen Teil davon beobachtete das Team Michael Woods von der Mammal Society in London über das ganze Land verteilt im Frühling und Sommer des Jahres 1997. Während dieser Zeit brachten die knapp 1000 Katzen, die zu 618 Haushalten gehörten, ihren Besitzern mehr als 14.300 Beutestücke mit nach Hause: kleine Säuger wie Mäuse und Spitzmäuse, Vögel, Amphibien, Reptilien und auch ein paar Insekten. Ein knappes Viertel davon entfiel auf die 44 Vogelarten, die der schleichende Tod heimsuchte – vor allem Meisen, Haussperlinge, Amseln

1) Die große Spannbreite beruht auf der Erhebungsmethode. Nicht jeder angeschriebene Anwohner der Routen antwortete. Deshalb mussten die Forscher den Gesamtbestand schätzen. Die niedrigere Zahl geht davon aus, dass in den restlichen Haushalten 50 Prozent weniger Katzen lebten als bei den Teilnehmern der Studie. Umgekehrt nahm Lepczyks Team an, dass bei ihrer Maximalzahl in diesen Haushalten 50 Prozent mehr Katzen existierten.

2) Diese enorme Zahl der Haus- und verwilderten Katzen übertrifft jene von Wiesel und Hermelin um das Zwanzigfache, jene vom Fuchs um das 38-fache.

und Stare, aber auch einige Tauben, Enten, Spechte und Rallen. Hochgerechnet auf das gesamte Land finden damit jedes Jahr rund 100 Millionen Tiere ihr Ende in den Fängen der Katzen, davon 27 Millionen Vögel – neuere Zahlen kalkulieren sogar mit 275 Millionen Opfern [11].

## Wie groß ist die Gefahr tatsächlich?

Doch wie gefährlich ist der Jagdinstinkt für den Bestand einzelner Vogelarten tatsächlich? Nicht besonders, meinte beispielsweise der Münchner Zoologe Josef Reichholf von der Zoologischen Staatssammlung in einem Kommentar aus dem Jahr 1987 [12]: „Es fehlt jeder Hinweis auf eine Beeinflussung der Vogelbestände, ganz zu schweigen von einem Nachweis, dass eine Beeinflussung vorliegt", meinte Reichholf damals mit Blick auf einige wenige Studien, die in Deutschland in den 1970er und 1980er Jahren durchgeführt worden waren. Sie alle erbrachten nur marginale Zahlen an erbeuteten Vögeln, die zumeist aus häufigen Arten stammten.

Beruhigend klingt auch eine Studie der beiden Schweizer Ornithologen Martin Weggler und Barbara Leu von der Universität Zürich, die sich des Hausrotschwanzes in Alpendörfern mit hoher Hauskatzendichte annahmen [13]. Obwohl die Katzen mehrfach Alttiere erbeuteten, nachweislich mindestens ein Drittel aller Eier zerstörten und ein Fünftel aller Kükenverluste verursachten, überlebte während der dreijährigen Untersuchung mehr Nachwuchs, als erwachsene Hausrotschwänze und ihre Jungen starben: „Der Bestand wuchs trotz der Bejagung – und bildete eine Quelle für andere Populationen oder Regionen", konstatieren die beiden Forscher.

Und schließlich geben die britische Royal Society for the Protection of Birds, der deutsche NABU und der bayerische Landesbund für Vogelschutz Entwarnung: Katzen erbeuteten vor allem kranke, schwache und junge Vögel und würden den Beständen folglich nicht schaden – im Gegenteil beeinflussten sie diese unter Umständen sogar noch positiv, da sie eine natürliche Auslese bewirkten, so der Tenor der drei Verbände. Eine Ansicht, welche die Wissenschaftler um Philip Baker von der Universität Bristol zumindest auf den ersten Blick bestätigen [14]: „Über die Artgrenzen hinweg waren die Katzenopfer in schlechterem körperlichen Zustand, als die Vögel, die durch Vogelschlag an Fenstern starben. Dementsprechend bedeuten die erbeuteten Tiere keinen zusätzlichen Verlust für den Bestand, sondern die normale Ausfallrate", so die Forscher. Hätten also die Katzen die Vögel nicht geschlagen, wären sie wohl verhungert, an Krankheiten gestorben oder an andere Fressfeinde gegangen.

Viele Gartenvögel, die auf das Konto herumstreifender Katzen gehen, nehmen zudem im Bestand zu: etwa Meisen oder Amseln. Auch das ein Ar-

Katzen sind keineswegs nur harmlose Stubentiger: Wie diese Jagdstrecke zeigt, fallen ihnen viele Vögel zum Opfer.

gument, welches die Stubentiger entlastet. Hier lohnt jedoch ein Blick ins Detail. Denn ganz so eindeutig ist der negative Einfluss von Katzen nicht immer von der Hand zu weisen: Sie töten ebenso überdurchschnittlich oft Haussperlinge, Stare, Heckenbraunellen und Singdrosseln, die sich in Großbritannien (wo wiederum die meisten Studien dazu angefertigt wurden), aber auch in Deutschland teilweise stark auf dem absteigenden Ast befinden [10, 15, 16, 17]: So nahmen Haussperlinge zwischen 1974 und 1999 um mehr als die Hälfte ab, Singdrosseln um mehr als 60 Prozent und Stare sogar um zwei Drittel.

Vieles davon ist sicherlich der Intensivierung der Landwirtschaft geschuldet (siehe Kapitel 2) oder dem Mangel an geeigneten Brutplätzen (siehe Kapitel 9). Völlig ohne Einfluss dürften jagende Katzen angesichts mancher Beutestrecken jedoch auch nicht sein – selbst wenn man diese einzelnen Stichproben mit Vorsicht betrachtet. Eine Studie im Dorf Felmersham etwa ermittelte, dass Katzen während des Untersuchungszeitraums jedem dritten Haussperling den Tod brachten – sie waren damit die wichtigste Einzelursache. In der Stadt Bristol erbeuteten die jeweils 230 Katzen pro Quadratkilometer insgesamt 45 Prozent der erwachsenen Sperlinge, die vor der Brutzeit vorhanden waren, und des Nachwuchses – beim Rotkehlchen und der Heckenbraunelle waren es sogar 46 Prozent [18]. Zahlen, die den Autoren der Studie um Philip Baker von der Universität Bristol, durchaus Sorge bereiten: „Diese Verluste sind alles andere als zu vernachlässigen – zumal Gärten angesichts ausgeräumter Kulturlandschaften als Vogellebensraum immer wichtiger werden. Es ist durchaus möglich, dass die Jagd durch Katzen zumindest lokal die Populationen der drei Arten so weit senkt, dass sie nur durch Zuwanderung von außerhalb aufrecht erhalten werden können."

In einer schleswig-holsteinischen Heckenlandschaft beobachtete Bodo Grajetzki, dass Füchse (siehe unten), aber auch Katzen jede Saison vier von fünf Nestlingen des Rotkehlchens raubten. Diese Rate war so hoch, dass der Singvogel seinen Bestand nur durch Zuwanderung aus benachbarten, weniger stark ausgebeuteten Gebieten bewahren konnte [19]. Victoria Sims von der Universität Sheffield und ihre Kollegen schließlich entdeckten einen Zusammenhang zwischen der Katzendichte einer Region und der Artenvielfalt der Vögel [20]: Letztere war niedriger, je mehr Katzen die Gegend unsicher machten – eine negative Beziehung, die gerade bei besonders beliebten Beutetieren ausgeprägt war.

## Ungleicher Kampf

Zudem muss man sich vergegenwärtigen, dass zwei ungleiche Gegner aufeinander treffen: Hauskatzen werden normalerweise gefüttert und medizinisch versorgt. Sie müssen sich also selten den Härten der freien Natur stellen, in der sie selbst durch größere Beutegreifer oder Nahrungsmangel reguliert werden. Dies ist beispielsweise in Teilen der USA der Fall, wo sie in manchen Vorstädten beliebte Nahrung von Kojoten sind [21][3]. Deshalb müssen die Katzen auch kein Revier strikt abgrenzen und können daher in unnatürlich hohen Dichten vorkommen [20, 22]: Victoria Sims gibt beispielsweise Werte zwischen 132 bis 1520 (!) Katzen pro Quadratkilometer in Großbritannien an. Eine einheimische Wildkatze benötigt dagegen ein mindestens 50 Hektar großes Territorium zum Überleben – die Zahl der Hauskatzen liegt also mindestens um das Sechzigfache höher. In manchen Regionen kommen auf jede Katze im Mittel sogar nur etwas mehr als ein erwachsener und knapp drei Jungvögel der acht wichtigsten Jagdopfer wie Blaumeise, Haussperling, Amsel, Rotkehlchen oder Singdrossel [14]. Selbst geringe Erfolgsquoten müssen zumindest an diesen Örtlichkeiten die Art negativ beeinflussen[4].

Dabei treffen die Jäger auf Ziele, die dem natürlichen Wettbewerb ausgesetzt sind: Zwar werden auch sie mitunter von wohlmeinenden Tierfreunden über den Sommer hinweg gefüttert, doch ist dies nicht die Regel. Sie müssen sich in den meisten Fällen die Nahrung selbst suchen, was be-

3) Fehlen andererseits die Kojoten – was meist in den Vorstädten der Fall ist –, erlegen die Katzen aus den an die Restnatur angrenzenden Siedlungen überproportional viele Vögel und Eidechsen, weswegen die Wissenschaftler sie für das lokale Aussterben verschiedener Arten in Kalifornien direkt verantwortlich machen.

4) In dieser Studie von Baker überstieg die Zahl der getöteten Heckenbraunellen, Zaunkönige und Rotkehlchen jene der flüggen Jungtiere: netto ein Verlust, der durch Zuwanderung ausgeglichen werden musste, um den Bestand stabil zu halten.

sonders am frühen Morgen heikel ist: Dann sind die Fettreserven am niedrigsten, und der Vogel muss sie auffüllen [23]. Während dieser Phase sind sie auch am anfälligsten gegenüber Fressfeinden, da die Aufmerksamkeit vornehmlich dem Fressen gilt. Und noch ein zweiter Aspekt muss beachtet werden: Um agil für die Flucht zu bleiben, verringern gerade jene Vögel ihr Körperfett am stärksten, die am gesündesten sind und besseren Zugang zu Futterquellen haben. Sie müssen weniger stark für schlechtere Zeiten vorsorgen. Bringt eine Katze derartige schlanke Beute mit nach Hause, spricht das also nicht immer unbedingt für die These der natürlichen Auslese schwacher Tiere. Dann handelt es sich vielmehr um eine zusätzliche Belastung [14].

### Was tun?

Auch wenn noch nicht völlig geklärt ist, ob und welche Rolle Hauskatzen am Niedergang mancher Gartenvögel spielen – heiße Diskussionen zwischen Vogel- und Katzenliebhabern entzünden sich dennoch immer wieder. Mit einigen einfachen Mitteln ließe sich dabei schon einiges an Sprengstoff entschärfen. Die simpelste Lösung wäre natürlich die Katzen im Haus zu behalten, was beispielsweise die American Bird Conservation propagiert: Ein Tiger, der tatsächlich in der Stube bleibt, kann auch nicht in Nachbars Garten den Spatzen erlegen.

Dagegen wehren sich jedoch viele Halter und Tierschützer, die darin eine Quälerei sehen, die das Haustier in seinem natürlichen Verhalten behindert (andererseits fragt keiner, ob es auch dem Nachbarn recht ist, wenn die Katze auf seinem Grundstück streunt, die Goldfische aus dem Teich fischt oder sein Futterhäuschen als Schnellimbiss missbraucht). Deshalb raten manche Forscher dazu, die Katzen mit einem Glöckchen zu versehen, das potenzielle Beute akustisch warnt: „Ein Glöckchen um den Hals kann die Opferzahl um die Hälfte reduzieren", bestätigt Graeme Ruxton von der Universität Glasgow [24]. Tiere, die damit ausgestattet waren, brachten während des Untersuchungszeitraums durchschnittlich nur noch alle zwei Wochen eine tote Maus oder einen toten Vogel nach Hause, während dies ohne ihren Alarmgeber jede Woche stattfand. Auch die Studie von Michael Woods und Co, die den Effekt von Glöckchen nur als Nebensache beobachtete, deutete an, dass das Bimmeln zumindest Säugetiere erfolgreich auf nahende Jäger aufmerksam macht und ihre Todesrate senkt [10].

Bestätigt werden beide durch eine umfangreichere Untersuchung von Andy Evans vom RSPB und seinen Kollegen, die sogar die Wirkung zweier akustischer Lautgeber getestet haben [25]: Glöckchen und elektronische Piepser. Ersteres reduzierte den Jagderfolg auf Säugetiere um 34 sowie jenen auf Vögel um 41 Prozent – und das Hightech-Band sogar um 38 beziehungsweise 51 Prozent. Geräte wie CatAlert™ geben dazu alle sieben Sekunden einen hörbaren Ton von sich, der dem Alarmruf von Vögeln womöglich entspricht. Verhaltensänderungen der Katze oder offensichtliches Unwohlsein des Tiers beobachteten die Forscher dabei jedoch nicht. Sie verweisen allerdings darauf, dass die Halsbänder zum Schutz der Katze mit leicht und schnell zu öffnenden Verschlüssen ausgestattet sein sollten.

Umgekehrt können Gartenbesitzer auch aktiv ihren Grund vogelsicherer gestalten, ohne dafür auf das Wohlwollen der Katzenfreunde angewiesen sein zu müssen: Im Handel erhält man mittlerweile Ultraschallgeräte, die für Katzen unangenehme Geräusche abgeben, für den Menschen aber nur in unmittelbarer Nähe leise wahrnehmbar sind. Ihren Effekt hat Andy Evans Team ebenfalls in Augenschein genommen und ihren – zumindest zeitweiligen – Erfolg bestätigt [26]: Derart bestückte Gärten suchten Katzen um ein Drittel seltener auf, und diejenigen, die sich trotzdem dorthin wagten, verkürzten ihre Besuchsdauer um knapp vierzig Prozent.

Einfache wie wirksame biologische Gegenmittel gibt es ebenfalls: Stachelige Pflanzen bieten Vögeln eine sichere Heimstatt und Zuflucht, die Katzen meiden – etwa Wildrosen, Weißdorn, Stechginster oder -palme. Futterhäuschen sollten zudem nahe, aber nicht zu nahe an Büschen und Bäumen stehen, damit sich die Vögel bei Gefahr dorthin flüchten können, ohne dass sie zuvor aus dem Hinterhalt von einer anschleichenden Katze erlegt werden. Drahtgürtel um den Baumstamm verhindern, dass die Räuber zu den Nistkästen klettern können, und Futterstellen sollten zudem immer auf rutschigen Ständern errichtet werden [27]. Mehr Tipps und Tricks geben die Internetseiten von NABU und LBV (siehe Anhang).

## Gefräßige Füchse

Das Problem „Katze“ beschränkt sich weit gehend auf den Siedlungsbereich und direkt daran angrenzende Flächen. Doch auch draußen in der freien Natur hat sich die Situation in den letzten 15 bis 20 Jahren nicht nur durch die veränderte Landwirtschaft (Kapitel 2) drastisch verändert. Vor allem Bodenbrüter sind in diesem Zeitraum noch von anderer Seite unter Druck geraten: durch die starke Zunahme räuberischer Säugetiere wie dem Fuchs, die Nester plündern und Eier wie Jungvögel fressen, aber auch Alttiere bis Größe eines Schwans oder einer Großtrappe töten können [28, 29, 30, 31, 32, 33]. Seit den 1970er Jahren hat sich offensichtlich die Zahl der Füchse hierzulande verdreifacht [34], was sich auch in den jährlichen Jagdstrecken niederschlägt [35]: Seit 1990 verdoppelte sich die von den deutschen Jägern angegebene Zahl der geschossenen Füchse von rund 300.000 auf durch-

Viele Füchse sind der Brachvogelküken Tod: Der Wiesenbrüter erleidet viele Gelegeverluste, weil die Nester durch Fressfeinde geplündert werden.

schnittlich 600.000 Tiere[5] – ohne dass dies einen messbaren Einfluss auf die Häufigkeit der Art hatte.

Ausgelöst hat diesen Aufschwung vor allem die seit den 1980er Jahren erfolgreich durchgeführte Impfkampagne gegen die Tollwut, die zuvor die Bestände teilweise stark kontrolliert hatte und durch Epidemien die Population um bis zu 50 Prozent verringern konnte [36]. Dazu kommt ein ganzjährig reichhaltig gedeckter Tisch für den Allesfresser, der auch Aas von Verkehrsopfern und Wildaufbrüchen, menschliche Nahrungsabfälle, Kompost oder Mais zum Anlocken von Wildschweinen (den so genannten Kirrungen) nicht verschmäht. Auch die Drainage von Feuchtgebieten – etwa in Brandenburger Moorgebieten oder durch Eindeichungen an der Nordsee – hat die Art nach Angaben von Jochen Bellebaum, der sich intensiv mit dem Einfluss dieses Räubers auf Bodenbrüter beschäftigt hat, wohl begünstigt [31]: Er schätzt bei der Anlage seiner Bodenbauten für die Welpen trockene Füße.

Umgekehrt besitzt der Fuchs nur wenige natürliche Feinde in Deutschland, da Wölfe nur sehr lokal in Sachsen und Brandenburg vorkommen. See- und Steinadler können Alt- und Jungtiere erbeuten, Ersterer beschränkt sich momentan vor allem auf den Nordosten Deutschlands, Letzterer lebt gegenwärtig dauerhaft ausschließlich in den Alpen. Der Uhu schließlich schlägt

5) In der Saison 1995/96 waren es im Maximum knapp 700.000 Füchse, 2007/08 (das Jahr mit den letzten offiziellen Zahlen auf der Seite des DJV) 534.000.

junge Füchse, doch geschieht dies eher selten. Alle diese Arten halten den Fuchsbestand , wenn überhaupt, allenfalls begrenzt und regional unter Kontrolle und spielen in verschiedenen Verbreitungsschwerpunkten von Wiesenbrütern wie den Limikolen – etwa in Nordwestdeutschland – keine Rolle.

Unter normalen Bedingungen würden Füchse ihre Beutetiere nicht bis zum Erlöschen des Bestandes dezimieren, doch herrschen momentan eben keine natürlichen Voraussetzungen in der Kulturlandschaft Mitteleuropas: Hungrige Nesträuber beeinflussen also durchaus den teils dramatischen Rückgang von Rotschenkeln, Kampfläufern, Brachvögeln und Kiebitzen, aber auch von Auerhahn, Birkhuhn oder Wachtel. Bei Großtrappen war der Jagddruck durch Füchse so stark, dass sich wegen der Verluste das Aussterberisiko der Art in Deutschland immens verstärkte [37]: Im brandenburgischen Naturschutzgebiet „Havelländisches Luch" töteten Füchse zwischen 1990 und 1995 wohl 10 von 13 erwachsenen Trappen, was den lokalen Bestand der seltenen Großvögel um ein Drittel verringerte. Zugleich plünderte Reineke die Nester und fraß auch Jungtiere, weshalb jede Henne zwischenzeitlich nur eine durchschnittliche Nachwuchsquote von 0,1 Küken erzielte – viel zu wenig, um die Verluste auszugleichen. Und trotz intensiver Schutzmaßnahmen und gezielter Extensivierung der Landwirtschaft im „Luch" brachen gleichzeitig auch noch die Rebhuhn- und Limikolenbestände im Grünland ein, was Heinz Litzbarski – damals noch Leiter der Vogelschutzwarte Buckow – auf einer NABU-Konferenz 1997 zum Fuchs zu einem resignierten Schlusswort verleitete: Das ganze Geld, das der Staat in diese Schutzprojekte investiert, diene nur dazu „Prädatorenfutter" zu produzieren, so der Ornithologe.

Wie eng dabei verschiedene Faktoren zusammenspielen, zeigt eine Studie von Heike Köster und Holger Bruns im Bereich der Eider-Treene-Sorge-Niederung im Herzen Schleswig-Holsteins – einer wichtigen Wiesenbrüterregion [30]. Obwohl ein Teil davon als Naturschutzgebiet „Alte-Sorge-Schleife" ausgewiesen wurde, nahm just dort innerhalb von nur knapp zehn Jahren der Kiebitzbestand um 90 Prozent ab – allen Managementmaßnahmen wie Wiedervernässung und extensiver Bewirtschaftung wie schonender Mahd zum Trotz.

Durch den angehobenen Wasserstand und die verringerte Nutzung wandelte sich das Grünland zur Brache, was die Kiebitze anscheinend weniger attraktiv empfanden und sich seltener ansiedelten: Sie bevorzugen zumindest zu Beginn der Brut offenere und kurzrasige Flächen, deren Ausmaß nun abnahm. Gleichzeitig begünstigte die dichtere Vegetation und die feuchteren Verhältnisse Kleinsäuger wie verschiedene Mäusearten sowie Amphibien, deren große Zahl wiederum Füchse und Iltisse anlockte. Als Nebeneffekt taten sich auch an den Gelegen und Küken der Limikolen gütlich: Die Wahrscheinlichkeit, dass ein Nest geplündert wurde, erhöhte sich von 70 Prozent im normal bewirtschafteten Grünland auf 90 Prozent im Naturschutzgebiet (immerhin sorgt die Wiedervernässung dafür, dass überlebende Jungvögel stets ausreichend Nahrung finden, während sie auf den Kulturflächen öfter verhungern). Und schließlich verhinderte das hoch wachsende Gras, dass die Eltern die Verluste durch ein zweites Brüten ausgleichen.

Eine ähnlich fatale Kombination beobachtete Martin Boschert am Oberrhein östlich von Straßburg [29, 38], wo der Brachvogel wegen der intensivierten Landwirtschaft, aber auch durch den Fraßdruck einen zunehmend schweren Stand hat. Innerhalb von dreißig Jahren hatte sich die Zahl des Wiesenbrüters auf 60 Paare halbiert, weil die Wiesen dichter und höher wuchsen und die Nahrung knapper wurde. Füchse und Marder hingegen nutzten die Trampelpfade des Brachvogels als bequeme Routen, die sie letztlich zielsicher zum Nest führten.

Auch in den Niederlanden hat sich die Prädation von Eiern und Küken vor allem durch Füchse in den letzten Jahrzehnten exorbitant ausgeweitet [39]: Bei der Uferschnepfe etwa hat sie in nur zehn Jahren zwischen 1980 und 1990 um 250 Prozent zugenommen und sorgt nun dafür, dass 60 Prozent aller Brutversuche fehlschlagen. Parallel dazu sank die durchschnittliche Überlebensrate auf nur mehr ein Zehntel (in ausgesprochen guten Jahren betrug sie immerhin ein Viertel), während sie zuvor zwischen mindestens 17 und maximal 42 Prozent lag. Insgesamt nahm der Brutbestand der Uferschnepfe im Land jedes Jahr um fünf Prozent ab. Verglichen mit dem Höchststand um 1960 mit 125–135.000 Brutpaaren blieben weniger als die Hälfte zurück – hauptsächlich wegen der veränderten Landwirtschaft (Kapitel 2), aber verschärft durch die Fressfeinde.

Mit Hilfe von so genannten Thermologgern – Messgeräte, welche Temperaturänderungen im Laufe der Zeit aufzeichnen – oder Miniaturkameras konnte man mehrfach nachweisen, dass es sich bei den meisten Nesträubern um nachtaktive Säugetiere und darunter wiederum um Füchse handelte[31][6]. Von den durch Martin Boschert mit Thermologgern überwachten Brachvogelnestern gingen in den beiden Beobachtungsjahren drei Viertel an Säugetiere verloren – und davon die überwiegende Mehrheit an den Fuchs.

6) In gewissem Umfang waren auch Iltis und Hermelin beteiligt, die in der Bedeutung jedoch hinter dem Fuchs zurückstanden. Baum- und Steinmarder sowie Dachs plündern gelegentlich Gelege, spielen aber großräumig eine vernachlässigbare Rolle. Der Einfluss des aus Nordamerika eingeschleppte Mink, der in Großbritannien und Skandinavien als große Gefahr für die heimischen Vögel gilt, kann hierzulande noch nicht abgeschätzt werden. Wildschweine schädigen zumindest lokal in größerem Umfang Feldlerchen und Wiesenweihen. Die oft als Nesträuber verfemten Rabenvögel oder Möwen wurden durch den Einsatz der Technik jedoch entlastet: Wenn überhaupt, fielen Verluste durch sie unter ferner liefen. Obwohl sich zum Beispiel bei Boschert die Nesträubereien vervielfachten, gingen jene durch Rabenkrähen auf Null zurück [38].

Ein weiterer Blick in die Niederlande sowie auf fuchsfreie Nordseeinseln bestätigt den Verdacht: Arie Swan vom Waterleidingsbedrijf Noord-Holland – des lokalen Wasserversorgers – belegte ebenfalls den nächtlichen Jagddruck, der von Füchsen ausging: Andere Raubsäuger, die in Frage hätten kommen können, waren vor Ort nicht vorhanden [34]. Klaus-Michael Exo vom Institut für Vogelforschung in Wilhelmshaven wiederum verglich den Bruterfolg des Rotschenkels auf festländischen Salzwiesen in Peters- und Idargroden im Jadebusen mit jenen von Wangerooge, wohin es Füchse und Marder noch nicht geschafft haben [40]. Im Petersgroden schlüpften demnach zwischen 2000 und 2007 nur aus jedem zehnten Gelege überhaupt Küken, der Rest fiel vor allem Beutegreifern zum Opfer[7]. Diese stießen zumeist aus den angrenzenden Siedlungen, Feldfluren und Heckenreihen auf die Salzwiesen vor, wo sie fast jede Brut zunichte machten: Statt der bestandserhaltenden 0,8 Jungen pro Paar und Jahr, wurde gerade einmal ein Sechstel davon flügge.

Ganz anders dagegen die Situation auf Wangerooge: Dort brüteten die Rotschenkel ihre Eier in 65 bis 95 Prozent der Fälle erfolgreich aus, und es erreichten pro Nest im Mittel 0,5 bis 1 Küken die Selbstständigkeit. Da auf der Insel anteilsmäßig genauso viele Jungtiere starben wie auf dem Festland, führt Exo den Erfolg vor allem auf die verringerten Eierdiebstähle durch Nesträuber zurück.

Noch deutlicher wird das Bild, wenn man sich die Trends bei den auf Grünland brütenden Watvögeln ansieht, die Experten als eine der am stärksten bedrohten Vogelgruppen Deutschlands betrachten [41]. Alpenstrand- und Kampfläufer stehen in Deutschland kurz vor dem Erlöschen, beim Kiebitz, der Bekassine und Uferschnepfe sowie dem Großen Brachvogel gehen die Zahlen seit Jahrzehnten dramatisch zurück. Beim Austernfischer zeigt nach zwischenzeitlichem gutem Zuwachs die Kurve seit 1997 ebenfalls nach unten. Und nur der Rotschenkel scheint sich in der jüngeren Vergangenheit ganz wacker geschlagen zu haben.

Bei allen Arten gibt es allerdings regional extreme Unterschiede, wie Hermann Hötker vom Michael-Otto-Institut des NABU mit seinen Kollegen aufgeschlüsselt hat [42]: Auf den Nordseeinseln nahmen alle fünf vorkommenden Wiesenbrüter teils stark zu, in den Nordseemarschen überwogen die Rückgänge, und im Binnenland schrumpfte die Menge aller sechs dort heimischer Arten[8]: ein klares Zeichen, dass neben der industrialisierten Landwirtschaft auch der hohe Druck durch Fressfeinde eine nicht zu unter-

7) Offenkundig spielten Füchse hier aber wenn überhaupt, dann nur eine untergeordnete Rolle, denn die Verluste verteilten sich vor allem auf Vögel, Nager und Marderartige.

8) Jeweils Austernfischer, Kiebitz, Uferschnepfe, Brachvogel, Rotschenkel, dazu auf dem Festland die Bekassine

schätzende Rolle spielt – gerade die Füchse fehlen schlicht auf den meisten Inseln im Wattenmeer.

Und noch ein letztes Beispiel soll den nicht zu verachtenden Einfluss von Füchsen verdeutlichen – in einem der (zumindest zeitweise) vielleicht überraschendsten und wichtigsten Wiesenbrütergebiete Süddeutschlands: dem Münchner Flughafen im Erdinger Moos [43]. Als der Franz-Josef-Strauß-Airport seinen Betrieb Anfang der 1990er Jahre aufnahm, lebten auf seinem weitläufigen Gelände Füchse, Hasen, Kiebitze, Große Brachvögel und Uferschnepfen. Zwischen 1995 und 1997 ging es dann zumindest mit dem Kiebitz rasch abwärts, weshalb sein baldiges Aussterben im umzäunten und extensiv genutzten Flughafenareal befürchtet wurde.

Dieses Schicksal traf dann allerdings zuerst den Fuchs, der nicht mehr beobachtet und auch nicht mehr wie zuvor regelmäßig von landenden Flugzeugen überfahren wurde und wohl mangels Nachwuchs ausgestorben war. Hasen und Wiesenbrüter profitierten davon, da von außen erst einmal keine neuen großen Fressfeinde zuwanderten: Kiebitz und Brachvogel nahmen bis 2006 einen rasanten Aufschwung auf 156 beziehungsweise 68 Brutpaare. Doch als sich erneut eine Füchsin, eine Fähe, mit Jungen ansiedeln konnte, ging es mit den Vogelzahlen neuerlich bergab – eine Zuwanderung, den die Flughafenverwaltung durchaus begrüßt, weil sie den extrem gefährlichen Vogelschlag an Flugzeugen fürchtet.

Wie aber dem Problem Herr werden? Die oben angeführten waidmännischen Strecken deuten schon an, dass beim gegenwärtigen Jagddruck keine nachhaltige Reduzierung der Fuchszahlen erreichbar scheint. Viele Kritiker wenden sich ohnehin – nicht nur aus tierschützerischen Gründen – gegen diese Art der Bestandskontrolle und verweisen auf die Verhaltensbiologie des Hundeverwandten. Füchse sind soziale Tiere, die normalerweise in stabilen Familiengruppen leben. Wird die ranghöchste Füchsin, die Fähe geschossen, führt das zum Zerfall der Gruppe beziehungsweise wird die Lücke durch eine zuwandernde Füchsin eingenommen – gleiches gilt für erlegte Rüden [44]. Da die Tiere territorial sind, überwachen sie auch ihr Revier und verhindern, dass Konkurrenten eindringen – ohne dieses Gegengewicht herrscht ein Vakuum, das bis zur Etablierung eines neuen „Chefs" die Zahl der streunenden und räubernden Füchse erhöht. Ebenso produzieren Fähen mehr Nachwuchs, wenn die Sterblichkeit ihrer Welpen steigt: Verluste durch die Jagd werden also schnell ausgeglichen und mitunter sogar überkompensiert – was letztlich kontraproduktiv ist. Mitunter sorgt die Dezimierung der Füchse dafür, dass kleinere Raubsäuger wie Marder zunehmen und dann diese den schützenswerten Vogelarten schaden [45].

Um überhaupt eine spürbare Verringerung der Füchse in einem Gebiet zu erzielen, muss dauerhaft und sehr intensiv gejagt werden – dann kann sich aber auch die erhoffte Entlastung der Bodenbrüter einstellen [31]. Das

In Ostdeutschland leben die letzten Großtrappen der Bundesrepublik: Um sie zu erhalten, werden Raubtiere bisweilen von den Nestern ausgesperrt.

zeigt ein Fallbeispiel aus Ungarn, welches Torsten Langgemach und Jochen Bellebaum anführen: Berufsjäger machten zur Rettung der Großtrappen im Moson-Projekt über zehn Jahre hinweg ganz gezielt Jagd auf den Fuchs und halfen damit den Trappen. Während anfangs kaum Jungvögel den Bestand auffrischten, schnellte die Quote anschließend auf 10 bis 20 pro Jahr hoch, und es verfünffachte sich die Gesamtpopulation. Der Jagddruck musste aber ständig aufrecht erhalten werden, um die stets neu zuwandernden Räuber in Schach zu halten – die Reduzierung blieb nicht dauerhaft. Ganz anders sieht die Situation auf Inseln aus, wo Füchse häufig nicht zur ursprünglichen Tierwelt gehörten und eingeschleppt wurden. Da die Nordseeinseln vielen Vogelarten momentan noch die einzig sichere Heimat gewähren, gilt es hier die Besiedlung durch Füchse (und andere Raubsäuger) zu verhindern und wo nötig diese Tiere vollständig zu entfernen. Als dies beispielsweise auf zwei kleinen Ostseeinseln vor der schwedischen Küste geschah, regenerierten sich anschließend Birk- und Auerhähne zügig und zogen mehr Küken auf [46].

Auf Grund der Kritik durch Tierschützer, aber auch wegen des logistischen Aufwands für die Fuchsjagd setzen Naturschützer vermehrt auf Seite der zu schützenden Kiebitze oder Brachvögel an. Am Münchner Flughafen bot zufällig der Zaun zumindest zeitweise die Chance auf ungestörte Brutgeschäfte. In besonders wichtigen Wiesen- und Laufvogelgebieten wird dieses Instrument hingegen gezielt eingesetzt und Elektrozäune errichtet [31].

Damit lassen sich sogar größere Flächen wie Halbinseln absichern, wenn garantiert ist, dass sich innerhalb auch wirklich kein vierfüßiger Fressfeind mehr aufhält – nach Angaben von Langgemach und Bellebaum könne sich dies bei entsprechend robustem Material sogar ohne größeren Aufwand erreichen lassen. Im Havelländischen Luch suchten die 15 Trappenhennen gezielt eine 18 Hektar große fuchsfreie Einfriedung auf, um darin zu brüten – was auf eine gezielte Vermeidungsstrategie schließen lasse, so die beiden Forscher.

Am wichtigsten wäre es allerdings, direkt an der Landnutzung anzusetzen: Ihre Industrialisierung hat die Prädation erst verschärft, indem sie die Lebensbedingungen für opportunistische Tiere verbesserte – unter anderem durch die Drainage von Feuchtwiesen: den bevorzugten Lebensräumen von vielen Wiesenbrütern. Eine Wiedervernässung kann also Abhilfe schaffen, da Füchse und Marder diese Areale meiden, Kiebitz oder Brachvogel diese jedoch gezielt aufsuchen. Neben erhöhtem Schutz bieten die Flächen ihnen und ihren Küken auch ausreichend Nahrung, die auf trockenen Arealen rasch knapp werden kann. Diese Flächen müssen allerdings in Einzelfällen weiter bewirtschaftet werden, um zu dichte Vegetation zu verhindern [31]. Gute Erfolge lassen sich zudem auf Ersatzlebensräumen wie Äckern erzielen[9)], wenn dort die Fruchtfolgen auf die Bedürfnisse der Vögel abgestimmt werden – etwa durch den Anbau von Sommergetreide oder Feldfutter (mehr zu diesem Thema im Kapitel zur Landwirtschaft). Und selbstredend muss zumindest in Schutzgebieten dafür gesorgt werden, dass Fuchs und Co nicht auch noch zusätzlich gefördert werden: Kompostierungen, Kirrungen oder gar Fütterungen von Wild sollten zum Wohle unserer einst typischen Wiesenvögel gänzlich tabu sein.

9) Kiebitze zum Beispiel weichen des Öfteren auch auf Maisäcker aus, da die Nutzpflanze ihren Bedürfnissen entsprechend wächst.

## Literatur


[1] http://www.abcbirds.org/newsandreports/NFWF.pdf (20. Juli 2009)

[2] Lever, C. (1994) Naturalized animals, T. & A.D. Poyser Natural History, London.

[3] Galbreath, R., Brown, D. (2004) The tale of the lighthouse-keeper's cat: Discovery and extinction of the Stephens Island wren (*Traversia lyalli*), Notornis 51 (4), S 193–200.

[4] http://www.birdlife.org/datazone/species/index.html?action=SpcHTMDetails.asp&sid=2555&m=0 (20. Juli 2009)

[5] Veitch, C.R. 1985. Methods of eradicating feral cats from offshore islands in New Zealand. ICBP Technical Publication 3: 125–141.

[6] Van Aarde, R.J. (1980) The diet and feeding behaviour of feral cats, *Felis catus* at Marion Island, South African Journal of Wildlife Research 10, S. 123–128.

[7] Nogales, M., Martín, A., Tershy, B.R., Donlan, C.J., Veitch, D., Puerta, N., Wood, B. And Alonso, J. (2004) A review of feral cat eradication on islands, Conservation Biology 18, S. 310–319.

[8] Ashmole, N.P., Ashmole, M.J., Simmons K.E.L. (1994) Seabird conservation and feral cats on Ascension Island, South Atlantic, in (Eds. Nettleship, D.N., Burger, J., Gochfeld, M.) *Seabirds on Islands*, Conservation Series 1, Birdlife International, Cambridge, S. 94–121.

[9] Lepczyk, C.A., Mertig, A.G., Liu, J. (2003) Landowners and cat predation across rural-to-urban landscapes, Biological Conservation 115, S. 191–201.

[10] Woods., M., McDonald, R.A., Harris, S. (2003) Predation of Wildlife by domestic cats *Felis catus* in Great Britain, Mammal Review 33, S. 174–188.

[11] http://www.rspb.org.uk/advice/gardening/unwantedvisitors/cats/birddeclines.asp (22. Juli 2009)

[12] Reichholf, J. (1987) Schädigen freilaufende Hauskatzen unsere Vögel? Journal of Ornithology 127, S. 518–520.

[13] Weggler, M., Leu, B. (2001) Eine Überschuss produzierende Population des Hausrotschwanzes (*Phoenicurus ochruros*) in Ortschaften mit hoher Hauskatzendichte (*Felis catus*), Journal of Ornithology 142, S. 273–283.

[14] Baker, P.J., Molony, S., Stone, E., Cuthill, I.C. And Harris, S. (2008) Cats about town: is predation by free-ranging pet cats *Felis catus* likely to affect urban bird populations? Ibis 150 (Supplement 1), S. 86–99.

[15] Howes, C.A. (2002) Red in tooth and claw: 2. Studies on the natural history of the doemstic cat *Felis catus* Lin. in Yorkshire, Naturalist 127, S. 101–130.

[16] Churcher, P.B., Lawton, J.H. (1987) Predation by domestic cats in an English village, Journal of Zoology 212, S. 439–455.

[17] Gregory, R.D., Wilkinson, N.I., Noble, D.G., Brown, A.F., Robinson, J.A., Hughes, J., Procter, D.A., Gibbons, D.W. and Galbraith, C.A. (2002) The population status of birds in the United Kingdom, Channel Islands and Isle of Man: an analysis of conservation concern 2002–07, British Birds 95, S 410–448.

[18] Baker, P.J., Bentley, A.J., Ansell, R.J. and Harris, S. (2005) Impact of predation by domestic cats *Felis catus* in an urban area, Mammal Review 35, S. 301–312.

[19] Grajetzki, B. (1993) Bruterfolg des Rotkehlchens *Erithacus rubecula* in Hecken. Vogelwelt 114, S. 232–240.

[20] Sims, V., Evans, K.L., Newson, S.E., Tratalos, J.A. and Gaston, K.J. (2008) Avian assemblage structure and domestic cat densities in urban environments, Diversity and Distribution 14, S. 387–399.

[21] Crooks, K.R., Soulé, M.E. (1999) Mesopredator release and avifaunal extinctions in a fragmented system, Nature 400, S. 563–566.

[22] http://www.cnr.vt.edu/extension/fiw/wildlife/damage/Cats.pdf (24. Juli 2009).

[23] Thomas, R.J., Cuthill, I.C. (2002) Body mass regulation and the daily singing routines of European robins, Animal Behaviour 63, S. 285–292.

[24] Ruxton, G.D., Thomas, S., Wright, J.W. (2002) Bells reduce predation of wildlife by domestic cats (*Felis catus*), Journal of Zoology 256, S. 81–83.

[25] Nelson, S.H., Evans, .D., Bradbury, R.B. (2005): The efficacy of collar-mounted devices in reducing the rate of predation of wildlife by domestic cats, Applied Animal Behaviour Science 94, S. 273–285.

[26] Nelson, S.H., Evans, A.D., Bradbury, R.B. (2006) The efficacy of an ultrasonic cat deterrent, Applied Animal Behaviour Science 96, S. 83–91.

[27] http://www.lbv.de/service/naturschutz-tipps/katzen-und-voegel.html (25. Juli 2009).

[28] Bellebaum, J. (2002) Prädation als Gefährdung bodenbrütender Vögel in Deutschland – eine Übersicht, Berichte zum Vogelschutz 39, S. 95–117.

[29] Boschert, M. (2005), Gelegeverluste beim Großen Brachvogel *Numenius arquata* am badischen Oberrhein – ein Vergleich von 2000–2002 mit früheren Zeiträumen unter besonderer Berücksichtigung der Prädation, Vogelwelt 126, S. 321–332.

[30] Köster, H., Bruns, H.A. (2003) Haben Wiesenvögel in binnenländischen Schutzgebieten ein „Fuchsproblem"? Berichte zum Vogelschutz 40, S. 57–74.

[31] Langgemach, T.; Bellebaum, J. (2005) Prädation und der Schutz bodenbrütender Vogelarten in Deutschland, Vogelwelt 126, S. 259–298.

[32] Eickhorst, W. (2005) Schlupf- und Aufzuchterfolg beim Kiebitz *Vanellus vanellus* innerhalb und außerhalb des NSG „Borgfelder Wümmewiesen", Vogelwelt 126, S. 359–364.

[33] Grimm, M. (2005) Bestandsentwicklung und Gefährdungsursachen des Großen Brachvogels *Numenius arquata* in den Belziger Landschaftswiesen (Brandenburg), Vogelwelt 126, S. 333–340.

[34] http://www.nabu-akademie.de/berichte/97FUCHS.HTM (25. Juli 2009).

[35] http://medienjagd.test.newsroom.de/fuchsstrecke08.pdf (25. Juli 2009).

[36] http://www.landwirtschaft-mlr.baden-wuerttemberg.de/servlet/PB//menu/1101660_l1/index1215610192432.html (25. Juli 2009)

[37] Litzbarski, H. (1998) Prädatorenmanagement als Artenschutzstrategie, Naturschutz und Landschaftspflege in Brandenburg 1, S. 92–97.

[38] Boschert, M. (2002) Untersuchungen zum Predationsdruck auf Gelege des Großen Brachvogels (*Numenius arquata*) am Oberrhein in den Jahren 2001 und 2002, unver. Bericht (http://www.stiftung-naturschutz-bw.de/servlet/PB/show/1074752/brachvogel.pdf) (25. Juli 2009)

[39] http://www.unep-aewa.org/meetings/eN/mop/mop4_docs/meeting_docs/mop4_31_ssap_black_tailed_godwit.doc (25. Juli 2009)

[40] Exo, K.-M. (2008) Nationalpark Wattenmeer: Letzte Chance für Wiesenbrüter? Der Falke 55, S. 376–382.

[41] Bauer, H.-G., Berthold, P., Boye, P., Knief, W., Südbeck, P. und Witt, K. (2002) Rote Liste der Brutvögel Deutschlands. 3., überarbeitete Fassung, 8.5.2002. Berichte zum Vogelschutz 39, S. 13–60.

[42] Hötker, H., Jeromin, H., Melter, J. (2007) Entwicklung der Brutbestände der Wiesen-Limikolen in Deutschland – Ergebnisse eines neuen Ansatzes im Monitoring mittelhäufiger Brutvogelarten, Vogelwelt 128, S. 49–65.

[43] Morgenroth, C., Winch, M. (2008) Der Fuchs und sein Einfluss auf das Vogelschlaggeschehen, Vogel und Luftverkehr, 28. Jahrgang, o.S.

[44] Gloor, S.; Bontadina, F.; Hegglin, D. (2006) Stadtfüchse. Ein Wildtier erobert den Siedlungsraum. Haupt-Verlag, Bern.

[45] Bellebaum, J.; Bock, C. (2009) Influence of ground predators and water levels on Lapwing *Vanellus vanellus* breeding success in two continental wetlands, Journal für Ornithologie 150, S. 221–230.

[46] Marcstrom, V., Kenward, R.E., Engren, E. (1988) The impact of predation on boreal tetraonids during vole cycles: an experimental study, Journal of Animal Ecology 57, S. 859–872.

## Damit der Frühling kein stummer wird
Von Städten und Naturreservaten – Vogelschutz im 21. Jahrhundert

Altmühlsee im Winter 2005: Ein Fuchs wagt sich auf das Eis des 1984 gefluteten Wasserspeichers vor den Toren Nürnbergs. Er erregt die Aufmerksamkeit zweier Vögel, für die der Fuchs eine willkommene Beute wäre – ihre Hauptnahrung schwimmt schließlich unerreichbar unter dem Eis. Reineke wittert aber rechtzeitig die Gefahr und verschwindet rasch wieder im sicheren Weidengehölz. Doch wenn sie hier kein Jagdglück hatten: Die Seeadler sind zur Freude der Vogelbeobachter offiziell zurück in Bayern.

Nur dreißig Kilometer südlich von Frankens großer Metropole kreist seit 2004 ein Paar des deutschen Wappenvogels über die Wälder, Flüsse und Seen des Altmühltals – und brütete 2006 erstmals erfolgreich. Ein wenig weiter östlich, in der mittleren Oberpfalz, scheint dieser Wunsch der Naturschützer sogar schon mehrfach in Erfüllung gegangen zu sein. Abgeschirmt durch den Truppenübungsplatz Grafenwöhr ziehen schon seit Jahren Seeadler erfolgreich Junge hoch. Und am Chiemsee im Voralpenland ließ sich 2007 erstmals ein Pärchen nieder und startete mit dem Nestbau [1].

Diese ersten Vorposten im Süden der Bundesrepublik sind die jüngsten Zeugnisse einer bemerkenswerten Rückkehr: Über die Jahrhunderte wurden Seeadler als Konkurrenten bejagt, als Schädlinge bekämpft oder ihre Nester von Eiersammlern geplündert. Die Abholzung ihrer Brutbäume, verschmutzte Gewässer, der Tod in Stromleitungen und Umweltgifte wie DDT gaben ihnen dann im 20. Jahrhundert fast den Rest (siehe Kapitel 3): Im Westen Deutschlands blieben nur noch vier Paare in Schleswig-Holstein übrig, deren Horste tagein, tagaus von Enthusiasten bewacht wurden, damit Eiersammler die Gelege nicht raubten [2]. Nur wenig besser sah es im angrenzenden Mecklenburg-Vorpommern aus [3]: Hier siedelten zwar in den 1960er und 1970er Jahren rund 80 Paare, doch in vielen Jahren zog nicht einmal jedes Vierte erfolgreich Junge groß.

Ganz anders dagegen die Situation heute: Zwischen 570 und 600 Brutpaare des Seeadlers ziehen mittlerweile ihre Kreise über der Bundesrepublik. Ausgehend von ihren Hochburgen im Nordosten haben die Greife in den letzten 20 Jahren Niedersachsen, Thüringen, Sachsen, Bayern und sogar den Ballungsraum Berlin erobert und siedeln zumindest vor den Toren Hamburgs. Dank der guten Bestände in Deutschland, wo heute in

Deutschlands Wappentier segelt im Aufwind: Der Seeadler stand kurz vor der Ausrottung, aber er hat sich bis heute wieder gut erholt.

knapp zwei Drittel aller Versuche Junge flügge werden, und in Polen schaffte es die Art in die Niederlande, nach Dänemark, Tschechien und Österreich [4]. Geht der Aufschwung in diesem Tempo weiter, könnten 2015 schon 700 Seeadlerpaare in Deutschland leben [5].

Viele Maßnahmen trugen zu dem Erfolg bei: Neben dem aufopferungsvollen Einsatz der Adlerschützer war vor allem das Verbot verschiedener Pestizide und anderer Umweltgifte nötig. Erst nachdem DDT auch in der ehemaligen DDR verbannt wurde, überlebten Eier und Küken. Die Art profitierte von neu eingerichteten Nationalparks und Naturschutzgebieten, in denen gegenwärtig etwa 40 Prozent aller Seeadler siedeln [4]. Und sogar drei Viertel aller Paare nisten in Horstschutzzonen, in denen die Forstwirtschaft während der Brutzeit nicht arbeitet und den Nestbaum bewahrt.

Peter Hauff, einer der profiliertesten Seeadlerforscher und -schützer Deutschlands, vermutet zudem noch einen weiteren Grund für den Erfolg des Seeadlers [2]. Denn vielleicht nützt dem Greifvogel erstmals in seiner Geschichte ein von Menschen gemachtes Umweltproblem: Die Überdüngung von Gewässern mit Stickstoff und Phosphor aus der Landwirtschaft fördert Algenblüten, die wiederum Weißfischen wie Brachsen, Barben oder Karauschen zugute kommen. In vielen Seen leben heute also mehr Fische als vor einem halben Jahrhundert. Und das bedeutet mehr Beute für den Seeadler oder andere Fischfresser wie Fischadler und Kormoran [6].

Auf alle Fälle ist der Seeadler eine Erfolgsgeschichte im deutschen (und internationalen) Naturschutz, die Mut macht – zumal sie nicht die einzige ist. Wie beim Seeadler haben sich die Bestände von Wanderfalke, Uhu, Kranich, Schwarzstorch, Kormoran oder Kolkrabe in den letzten zwei Jahrzehnten so gut erholt, dass sie inzwischen die Rote Liste der gefährdeten Brutvogelarten Deutschlands verlassen konnten [7]. Besser geht es auch dem Eisvogel – dem Wappentier des Landesbundes für Vogelschutz –, der Kolbenente, dem Blaukehlchen und noch einer ganzen Reihe anderer Vögel, die früher stark bedroht waren.

## Wiedereinbürgerungen

Mittlerweile versuchen Naturschützer selbst lange ausgestorbene Arten wieder heimisch zu machen: den Waldrapp zum Beispiel. Dieser schwarze Ibis mit dem kahlen Kopf lebte womöglich bis ins 17. Jahrhundert in Mitteleuropa und brütete sogar an großen Bauwerken wie Burgen und Stadtmauern [8] – Bilder zeugen davon in der oberbayerischen Stadt Burghausen oder im ehemaligen Kloster Murrhardt in Österreich. Eine Klimaverschlechterung zur damaligen Zeit und die Nachstellungen durch den Menschen bereitete dem Waldrapp schließlich den Garaus: Der Vogel galt als schmackhaft und Mönchen als Fastenspeise.

Heute überlebt die Art in freier Wildbahn nur noch in einer Brutkolonie in Marokko und in einem winzig kleinen Bestand in Syrien, der erst vor wenigen Jahren durch Mitarbeiter von Birdlife International und dem RSPB gefunden wurde[1]. Der Österreicher Johannes Fritz möchte das mit seinem Team nun ändern – und den Waldrapp nach Jahrhunderten im Voralpenland wieder auswildern [9]. Damit dies gelingt, müssen die Zoologen den Ibissen jedoch ihre alten Zugrouten beibringen. Das Zugverhalten ist ihnen zwar angeboren, sie kennen den Weg und das Ziel jedoch nicht.

Normalerweise lernen die Jungen dies von ihren Eltern – eine Rolle, die nun Fritz mit seinen Helfern übernimmt: In einem momentan europaweit einzigartigen Projekt leiten sie die Tiere mit technischer Hilfe nach Italien zum Überwintern. Als Leiter des Projekts „Waldrapp" und Pilot schwingt sich der Biologe deshalb regelmäßig mit einem Ultraleichtflugzeug in die Lüfte, um den schwarzen Ibis von Österreich und Bayern an die Küste der

1) In Marokko umfasst der Bestand laut Birdlife International gegenwärtig 210 Tiere, in Syrien sind vier Vögel bekannt. Die syrische Population ist auch die einzige, die noch zieht: Zumindest die erwachsenen Tiere verbringen den Winter in Äthiopien, wie kürzlich per Satellitensender ermittelt wurde. Die größte Bedrohung für die überlebenden Waldrappe in Syrien scheint die Jagd zu sein: Erst im September 2009 wurde einer der letzten Vögel in Saudi-Arabien erschossen.

Toskana zu bringen. „Seit 2004 führen wir Gruppen von Waldrappen systematisch mit Fluggeräten in den Süden", so der Biologe.

Die Waldrappe folgen dabei zwar Mensch und Maschine, Fehlprägungen sind laut Fritz dennoch nicht zu erwarten: „Wir ziehen die jungen Waldrappe per Hand auf, damit sie die Piloten als Ersatzeltern annehmen. Sie werden sozial geprägt und folgen ihren Ziehvätern überall hin. Später paaren sie sich aber problemlos mit Artgenossen und gehen nicht ‚fremd'." Den Weg nach Hause finden die Vögel dann nach dem Winter allein. Bis es allerdings so weit ist, dauert es ein paar Jahre: „Bis zu 30 Waldrappe finden sich im Herbst in der Laguna de Orbitello in der Toskana ein – alles Jungvögel, die wir in den letzten Jahren dorthin geleitet haben. Bis sie volljährig sind, bleiben sie dort und streifen nur umher. Erst wenn sie geschlechtsreif sind, geht es zurück", so Fritz während der Zugsaison im Herbst 2009.

Eine Gruppe von sechs erwachsenen Tieren zieht mit seinem Nachwuchs bereits alleine, nachdem sie von den Forschern vor fünf Jahren angelernt worden waren. „Damals wollten wir die Vögel ebenfalls über die Alpen leiten, scheiterten aber. Wir haben sie dann mit dem Auto über das Gebirge gebracht und flogen mit ihnen erst von Norditalien aus weiter", erklärt Fritz. Deshalb wandern sie heute auch „nur" zwischen der Toskana und Norditalien hin und her. Dieses Wissen geben sie allerdings an ihren Nachwuchs weiter. Ein ermutigendes Zeichen, freut sich der Biologe: „Wir haben gezeigt, dass wir ein natürliches Zugverhalten wiederherstellen können." 2011, wenn die ersten Burghausener erwachsen sind, wird sich zeigen, ob die Waldrappe nach Jahrhunderten dann auch wieder nach Deutschland heimkehren möchten – so, wie sie auf mittelalterlichen Bildern zu sehen sind.

Viel weiter sind die Biologen beim Bartgeier, dem einst als Lämmergeier verfemten, der dem Aberglauben nach Schafe und Babys geraubt haben soll – eine fatale Fehleinschätzung, denn der große Greif jagt nicht selbst, sondern frisst nur an Kadavern. Ein intelligentes Verhalten des Vogels trug zu seinem schlechten Leumund wohl gehörig bei: Bisweilen schleppt er große Skelettteile toter Gämsen, Lämmer oder Steinböcke zu den so genannten Knochenschmieden, wo er mitgebrachte Wirbelsäulen oder Oberschenkelknochen aus großer Höhe auf Steine prallen lässt. Sie sollen zersplittern, damit er an das begehrte Mark gelangt. Bei Gegenlicht oder großer Entfernung wurde ein derartiges Beutestück schnell mit einem Lamm oder Kleinkind verwechselt.

Wegen dieses Aberglaubens, weil man in ihm einen Konkurrenten sah und Museen wie Privatleute ihn für ihre Sammlungen besitzen wollten, wurde der Bartgeier gnadenlos bejagt – bis der letzte der majestätischen Vögel 1913 im italienischen Aostatal vom Himmel geholt worden war [10]. Über sechzig Jahre nach dem letzten Todesschuss fanden sich 1978 Fachleute aus verschiedenen europäischen Staaten am Genfersee zusammen mit

Früher als Lämmergeier verfemt, heute ein geschätztes Symbol für wilde Alpenwelten: der Bartgeier.

dem Ziel, den Bartgeier wieder in seiner alpinen Heimat anzusiedeln [11]. Acht Jahre, ein umfangreiches Zuchtprogramm und viel Aufklärungsarbeit später war es soweit: Im österreichischen Rauris wurden die ersten jungen Bartgeier in die Freiheit entlassen. 1987 folgten weitere Vögel in den französischen Hochsavoyen, 1991 im Schweizer Engadin und 1993 die Seealpen zwischen Frankreich und Italien.

Mittlerweile schweben wieder rund 160 Bartgeier über den Alpen, und mit viel Glück kann man sie auch im bayerisch-österreichischen Grenzgebiet wie zum Beispiel bei Oberstdorf beobachten. Wichtiger noch ist jedoch, dass die Art 1997 begonnen hat, selbst im Freiland zu brüten – mindestens 13 Brutpaare sollen es nun schon sein [12, 13]. Und sie ziehen schon genauso viele Junggeier groß, wie die Bartgeier, die in Zoos an den Erhaltungszuchten beteiligt sind.

## Rückkehr aus Hunger

Bedroht sind sie bisweilen noch durch Blei, das sie über Kadaver aufnehmen – und durch Nahrungsmangel, da totes Vieh tatsächlich mit Hubschraubern geborgen wird, um es veterinärtechnisch korrekt zu entsorgen[2]. Hunger ist

2) Das ist kein Witz, sondern die Bergung seuchenrechtlich vorgeschrieben – wenn es nicht anders geht unter Einsatz eines Helikopters [z.B. 14]!

wohl auch einer der Gründe, warum in den letzten Jahren mehrfach Gänse- und einzelne Mönchsgeier aus Frankreich und Spanien zu uns gekommen sind: Nachdem die Europäische Union 2002 verschärfte Hygienerichtlinien für die Entsorgung verendeter Weidetiere erlassen hatte, wurde die Nahrung für die Geier in ihrem westeuropäischen Restverbreitungsgebiet knapp. Jahrelang wurden sie in Spanien an so genannten Muladares von Viehzüchtern mit Aas versorgt, die an diesen Plätzen die Kadaver verstorbener Schafe, Ziegen oder Rinder ablegten – allein in der Region Aragonien kamen die Geier an rund tausend derartiger Futterstellen ihrem Entsorgungsauftrag nach.

Neben verstärkten Schutzanstrengungen war auch diese Zufütterung ein Grund dafür, dass die Greifvögel nach jahrhundertelanger Verfolgung auf der Iberischen Halbinsel wieder zunahmen: Heute leben dort wieder zwischen 20.000 und 25.000 Paare Gänsegeier, dazu Mönchs-, Bart- und Schmutzgeier, die alle in Europa stark bedroht sind. Aus Angst vor einer weiteren Ausbreitung der Rinderseuche BSE verfügte die EU jedoch die „umgehende Beseitigung" toten Viehs, was nach und nach zu einer Schließung der meisten Futterplätze führte. Zwar erkannte die zuständige Kommission bald die problematische Lage der Tiere, die sich aus dieser plötzlichen Zwangsdiät ergibt, und erließ deshalb eine Ausnahmeregelung, nach der „ganze Körper toter Tiere (...) zur Fütterung gefährdeter oder geschützter Arten Aas fressender Vögel" abgelagert werden dürften.

Doch das war laut Markus Nipkow vom NABU nur ein Tropfen auf den heißen Stein. Denn während nach und nach die traditionellen Muladares geschlossen wurden, eröffneten nur wenige seuchentechnisch akzeptierte Ablageplätze neu. In Aragonien blieben letztlich 25 statt der einstigen 1000 – mit verheerenden Folgen: Seit 2003 ging der Bruterfolg der Gänsegeier in Spanien deutlich zurück, und es wurden immer mehr entkräftete Vögel gefunden, die Tierschützer in Auffangstationen wieder aufpäppeln müssen.

Vielfach trieb der Mangel die Geier auf großräumige Suchflüge, die sie bis in den Schwarzwald und an die Ostsee führten, wie Dieter Haas vom NABU-Zentrum für Vögel gefährdeter Arten in Mössingen zusammengetragen hat. Eine Rückkehr in die alte Heimat, wie Haas anmerkt: „Gänsegeier kamen bis ins späte 19. Jahrhundert in Mitteleuropa regelmäßig vor. Auf der Schwäbischen Alb folgten sie den großen Schafherden und erfüllten als natürliche Kadaverbeseitiger eine wichtige Aufgabe." Die Schindanger im ausgehenden Mittelalter und späterer Jahrhunderte waren im Prinzip nichts anderes als Geierfutterplätze. Im Gegensatz zu Wolf oder Bär kamen die Geier also nicht in Konflikt mit den Hirten, da sie nur tote Tiere fraßen und so Seuchen vorbeugten. Indirekt fielen sie dennoch der weit verbreiteten Abneigung gegen die Fleisch fressenden Beutegreifer zum Opfer: Sie wurden oft unabsichtlich vergiftet, weil sie entsprechend präparierte Köder aufnahmen, die eigentlich Wölfe eliminieren sollten.

In den letzten Jahren zogen immer wieder Gänsegeier einzeln oder in kleinen Gruppen zu uns. Wird es ihnen wieder gelingen, sich anzusiedeln?

Heute müssten sich die Geier vor allem mit Bleischrot herumschlagen, der sich in ihrem sehr sauren Magenmilieu gut löst und die Tiere in höheren Mengen tödlich lähmt (siehe Kapitel 3). Wenn sie denn überhaupt Nahrung fänden: Noch strenger als in Spanien entfernen Behörden und Veterinäre verendetes Vieh aus der Landschaft und sammeln überfahrene Tiere ein. 2006 und 2007, als besonders viele Gänsegeier nach Deutschland zogen, klaubten Vogelfreunde immer wieder total entkräftete Vögel auf und päppelten sie wieder hoch. Ein auf der Schwäbischen Alb bei Pfeffingen beobachtetes Exemplar hatte nach Auskunft von Dieter Haas hingegen Glück: Wind hatte die Abdeckplane von einem verendeten Schaf geweht, so dass der Geier seinen Hunger etwas stillen konnte.

Im Laufe des Sommers verschwanden die Vögel so schnell wieder, wie sie gekommen waren, weswegen manche die These von der Hungerflucht in Frage stellten. Die Geier, die nach Deutschland kamen, waren ihrer Meinung nach vor allem Jungvögel, die auf der Suche nach neuen Revieren weit umherstreifen. Gegenwärtig haben die Tiere bei uns aber noch keine Chance, obwohl die Behörden langsam umdenken und erste Futterplätze einrichten. Für dauerhafte Ansiedelungen oder gar Brutkolonien wie in Spanien sind diese Maßnahmen jedoch viel zu klein und allenfalls ein Tropfen auf den heißen Stein, um die ärgste Hungersnot für Durchzügler zu lindern.

Eines Tages könnte es aber so weit sein, ist sich Dieter Haas sicher: „Wenn diese eindrucksvollen Segelflieger genügend Nahrung finden und heimliche Verfolgung unterbunden wird – vor allem das kriminelle Ausbringen von Giftködern –, haben sie auch bei uns wieder eine Chance. Die Schwäbische Alb etwa könnte durch die Gänsegeier ähnlich belebt und touristisch aufgewertet werden wie schon heute das französische Zentralmassiv."

## Großschutzgebiete für die Wildnis

Eine weitere Möglichkeit ihnen – und unzähligen anderen Arten – zu helfen, besteht in der Einrichtung so genannter Großschutzgebiete, in denen sich die Natur völlig ungehindert entwickeln kann. Sie bestehen in Deutschland bereits in der Form von Nationalparks und mancher Naturreservate wie etwa in den Alpen, die Flächen von mehreren tausend Hektar abdecken. Sie konzentrieren sich allerdings zumeist auf Gebirge und Mittelgebirge, liegen räumlich weit auseinander und fehlen im agrarisch geprägten Tiefland fast völlig.

Angesichts der prognostizierten Bevölkerungsentwicklung in Deutschland böten sich hier zukünftig vielleicht neue Chancen. Demografen gehen davon aus, dass die Zahl der Menschen, die hierzulande leben, zurückgehen wird. Zudem entsiedeln sich abgelegene Teilräume wie in Brandenburg, Mecklenburg-Vorpommern oder in den Mittelgebirgen, weil die Menschen in die Ballungsräume abwandern. Weite Landstriche werden also vielleicht bald von sehr wenigen Bewohnern besiedelt – Gebiete, die für den Naturschutz genutzt werden können, so dass sich für die verbliebenen Bewohner neue Perspektiven in Form eines nachhaltigen Naturtourismus eröffnen.

Die Niederlande bieten hierfür ein sehr eindrucksvolles Beispiel: das Naturreservat Oostvaardersplassen [15]. Es wurde 1968 eingerichtet, als der Polder Süd-Flevoland dem Ijsselmeer abgerungen wurde, und besteht aus 6000 Hektar offener Wasserflächen, Marschen, Feuchtwiesen und einzelnen Gehölzinseln. Rasch stellten sich Vögel wie Löffler, Rohrdommel, Rohrweihe und Bartmeise ein – in Mengen, wie sie laut Frans Vera von der Universität Wageningen und langzeitiger Beobachter des Gebiets nicht nur in den Niederlanden, sondern im ganzen nordwestlichen Europa ihresgleichen suchen. Ihnen folgten bald ein Paar Seeadler, das seit 2006 erfolgreich nistet, sowie Fischadler und Graugänse, die alle in Holland als Brutvögel ausgestorben waren. Insgesamt zählten Ornithologen in Oostvaardersplassen rund 250 Vogelarten.

Vor allem aber pendelte sich rasch wieder eine natürliche Dynamik ein, die zu Anfang kein Fachmann für möglich gehalten hatte. Und „Schuld" daran haben zum guten Teil die 30.000 bis 60.000 Graugänse, die Oostvaardersplassen als eines ihrer bevorzugten Mauserungsterritorium in Mitteleuropa erkoren: Sie fressen die Marschlandvegetation kurz und klein, so dass geschlossenes Schilf bald wieder zurückgedrängt und in offene Wasserflächen verwandelt wird – eine Entwicklung, die man zuvor nur menschlichen Eingriffen zutraute. In der Folge entsteht ein buntes Mosaik aus verschiedensten Biotopen mit hoher Artenvielfalt, in denen etwa 45 Paare Rohrdommeln und bis 1000 Paare Bartmeisen Platz finden.

Die Gänse zerstören das Ökosystem jedoch nicht durch Überweidung, denn in trockeneren Jahren, wenn den Marschen das Wasser fehlt, weichen die Tiere in andere Quartiere aus, und die Vegetation erholt sich. Laut Vera wechseln die Vögel mindestens zwischen Oostvaardersplassen, dem dänischen Saltholm und der schwedischen Insel Öland hin und her. Vor und nach der Mauser bevorzugen die Gänse statt der Feuchtgebiete trockenere Wiesen, auf denen sie sich versammeln. Damit diese Areale nicht zunehmend verbuschen und bewalden, schlug ein Teil der Projektmitarbeiter vor, dass Kühe dies durch Beweiden verhindern sollten. Andere – darunter Frans Vera – empfahlen Wildtiere beziehungsweise rückgezüchtete Haustiere, die ihren ursprünglichen Vorfahren sehr nahe kommen: Heckrinder und Konikponys. Sie sind Züchtungen, die äußerlich und vom Verhalten sehr stark den urtümlichen, aber ausgestorbenen Auerochsen und Tarpan-Wildpferden gleichen. Beide lebten einst in Mitteleuropa und wurden durch Jagd sowie Lebensraumzerstörung ausgerottet.

Ihre Ansiedlung und jene von Rotwild sollte zumindest die Pflanzen fressenden Lebensgemeinschaften der Säugetiere Mitteleuropas wieder herstellen, wie sie teilweise bis ins Mittelalter bestanden. Innerhalb des umzäunten Reservats können sich die Pferde, Rinder und Rothirsche frei bewegen und werden nicht zusätzlich gefüttert. Wie die Gänse in den Marschen erzeugen sie auf den trockeneren Arealen einen Flickenteppich unterschiedlichster Vegetationseinheiten aus kurzen Rasen oder Staudenfluren, von denen wiederum Vögel wie Reiher, Mäusebussard, Kiebitz oder Goldregenpfeifer profitieren. Und neben den Graugänsen überwintern auf diesen Flächen 14.000 Weißwangengänse und 10.000 Pfeifenten – alles auf nur 6000 Hektar Land wohlgemerkt!

Bislang fehlen große Beutegreifer in Oostvaardersplassen, dennoch zerstören die Tiere ihre Heimat nicht, denn die Futtermenge kontrolliert ihre Population: Im Wintern verhungert immer ein Teil der Pferde, Rinder und Rothirsche, die zum Teil einfach vor Ort belassen werden und von Aasfressern verspeist werden[3)]. Dieses Nahrungsangebot begünstigte die Ansiedlung des Seeadlers und dessen gelungene Bruten seit 2006 – ein Erfolg, den in den dicht besiedelten Niederlanden niemand für möglich gehalten hatte,

3) Aus Tierschutzgründen erschießt die Verwaltung Pferde und Rinder, deren körperliche Anzeichen auf einen nahen Tod hindeuten. Beim Rotwild unterbleibt dieses Management.

Kraniche sind heute im Nordosten Deutschlands wieder ein gängiger Anblick. Zur Zugzeit – wie hier bei Stralsund – versammeln sie sich in großer Zahl und locken viele Naturfreunde an.

meint Vera. Und 2005 besuchte sogar ein Mönchsgeier das Reservat für drei Monate und nutzte den reichlichen Aas – bis der Gast einem Zug zum Opfer fiel, dessen Strecke an der Grenze von Oostvaardersplassen vorbeiführt.

Dieses „Spektakel", das mit seinen Tierherden ein wenig an die Serengeti Ostafrikas erinnert, lockt zahlreiche Touristen an, die mit Beobachtungshütten und Wanderwegen, Führungen und einem Naturzentrum das Ganze hautnah erleben dürfen. Ein Aspekt, den Naturschützer nicht vergessen sollten: Sympathie und Unterstützung für derartige Projekte entwickeln sich nur, wenn die Menschen nicht ausgesperrt werden – zumal jene, die in unmittelbarer Nähe leben und, wie im Beispiel des Nationalparks Bayerischer Wald beschrieben, vielfach strikt gegen die „Wildnis" opponieren (siehe Kapitel 4). Nur wenn sie „mitgenommen" werden auf dem Weg und sich für sie auch neue Chancen wie etwa im Naturtourismus ergeben, können derartige Projekte gelingen. Der Blick auf monetäre Interessen mag vielleicht unter Ökologen verpönt sein, mit Idealismus allein können wir die Natur und damit unsere Vögel aber leider nicht retten. Dazu stehen ihnen wohl zu mächtige Gegner gegenüber, für die Naturschutz allein Fortschrittsverhinderung bedeutet.

## Kohlegruben zu Tierparadiesen

Umdenken müssen manch staatliche und private Naturschützer auch auf einem anderen Gebiet, wie der Münchner Zoologe Josef Reichholf in seinem Buch „Die Zukunft der Arten" schildert [16]. Sie orientierten sich seiner Meinung nach zu oft auf eine Art „heile Naturwelt", in der „Wunden" sofort verarztet werden müssten – zum Beispiel Kahlschläge in Wäldern, Sand- und Kiesgruben. Viel zu oft würden diese schnell wieder aufgeforstet oder verfüllt, um die Lücken zu schließen. Doch Störungen gehören zur Natur und erhöhen die Artenvielfalt (siehe Kapitel 4): Kahlschläge öffnen warme Lichtungen im Wald, in denen sich Blumen, Insekten und Reptilien einfinden, Kiesgruben schaffen sonnige, nährstoffarme Freiflächen, auf denen sich mediterrane Arten wohlfühlen und in deren spontan entstehenden Tümpeln seltene Amphibien siedeln.

Das lässt sich in aufgegebenen ostdeutschen Braunkohlegruben beobachten, die wie jene bei Luckau in der Lausitz von der Heinz-Sielmann-Stiftung aufgekauft wurden und sich nun natürlich entwickeln: Sie bilden ein Refugium für seltene Vögel wie Wiedehopf, Steinschmätzer oder Braun- und Schwarzkehlchen [17]. Je nach Bodentyp stellen sich steppenartige Heidelandschaften ein oder beginnen sich neue Wälder zu bilden. Tümpel und offene Sandflächen erhöhen die Landschafts- und damit die Artenvielfalt. Vertreter sandig-trockener, offener Kiefernwälder wie der Ziegenmelker, die andernorts durch zu dichten Baumbewuchs selten geworden sind, erreichen in den alten Tagebauen große Bestandsdichten [18]. Und wie in Oostvaardersplassen dürfen Besucher auch die entstehende neue Wildnis in den ehemaligen Bergbaugebieten erkunden.

Nicht möglich ist dies momentan natürlich in den großen deutschen Truppenübungsplätzen wie im oberpfälzischen Grafenwöhr oder Hohenfels, in denen aus naheliegenden Gründen Betretungsverbot herrscht. Beide gehören wohl zu den artenreichsten Gebieten Bayerns, in denen unter anderem Ziegenmelker oder Heidelerche Bestandsschwerpunkte aufweisen. Und in Grafenwöhr brütete wohl auch der Seeadler schon, lange bevor er sich am Altmühlsee ebenfalls niedergelassen hat. Feuer durch Schießübungen zerstören zwar immer wieder Wälder und Wiesen, und Panzer durchwühlen den Boden. Doch wie in den Kohlegruben nutzen licht- und wärmeliebende Tiere und Pflanzen diese Freiflächen, während der Gefechtslärm sie kaum stört: Die Tiere haben sich daran gewöhnt, dass er nicht ihnen gilt. Ohne Dünger und Pestizide aus der Landwirtschaft bleiben Heiden und Magerrasen erhalten, die außerhalb der Militäranlagen kaum mehr existieren. Diese Flächen gilt es vordringlich zu erhalten, sollten die Truppenübungsplätze eines Tages tatsächlich aufgelöst werden. Statt Feuer und Panzerketten könnten dann Heckrinder und Konikpferde, Wisents und Rothirsche ihre Rolle übernehmen.

Für sich genommen sind selbst diese Flecken Natur noch zu klein, um bestimmte Arten erfolgreich zu erhalten: Schreiadler oder Auerhuhn benötigen große Flächen mit vielfältiger Landschaft, in denen sie Nahrung finden, ihre Jungen aufziehen oder sich im Winter in Gunstlagen zurückziehen können. In unserer von Straßen, Eisenbahntrassen und Stromleitungen zerschnittenen, von Kulturland und Städten dominierten Landschaft sind solche Naturräume sehr selten geworden.

Um den Austausch einzelner Populationen zu gewährleisten, müssen diese vernetzt werden – durch Grünkorridore, in denen die Arten wandern können. Der Bund Naturschutz (BUND) versucht dies beispielsweise für die Wildkatze zu verwirklichen [19]. Sie kommt wie das Auer- und Haselhuhn nur mehr lückenhaft in Deutschlands Wäldern vor, und die einzelnen Teilpopulationen drohen genetisch zu verarmen, was letztlich zu ihrem Aussterben führen kann. Die Wildkatzen etwa im Thüringer Hainich – einem Buchenwald-Nationalpark – stehen nicht in Kontakt mit jenen des Pfälzer Waldes und diese nicht in Verbindung zu denen in der Eifel.

Um das zu ändern, versucht der BUND in den nächsten Jahren Korridore zwischen den einzelnen Vorkommen zu schaffen, in denen die Wildkatzen, und ebenso andere Tiere, sicher von einem Waldgebiet ins nächste kommen. Dazu gehören unter anderem so genannte Grünbrücken über Autobahnen und andere menschliche Schneisen, die für wenig mobile Arten unüberwindliche Hindernisse darstellen. Einmal unterwegs, benötigen die Tiere zudem Nahrung und sichere Zufluchten, was wiederum durch sichere „Trittsteine" gewährleistet wird – etwa Naturwaldreservate, in denen keine Nutzung stattfindet, oder jagdfreie Gewässer, an denen Wasservögel ungestört rasten können. 20.000 Kilometer will der BUND mit Büschen und Bäumen aufforsten, in denen die Wildkatze wandern kann – die ersten Kilometer vom Hainich in Richtung Thüringer Wald sind schon geschafft.

Ein sehr markantes und bekanntes Beispiel für derartige Biotopverbunde durchzieht schon heute die gesamte Bundesrepublik: das Grüne Band [20]. Während der deutschen Teilung verlief eine der am besten gesicherten und leider tödlichsten Grenzen von Oberfranken im Süden bis zur Ostsee im Norden durch die Bundesrepublik. Es herrschte Betretungsverbot und ostwärts an die Sperranlagen anschließend in einem breiten Band nur eingeschränkte Nutzung. Das Kerngebiet des heutigen Grünen Bandes ist der Streifen zwischen dem Kolonnenweg und der früheren innerdeutschen Staatsgrenze, der zwischen 50 und 200 Meter breit ist. So mörderisch diese Grenze mit Selbstschussanlagen und Minen war, so bildete sie doch auch den Zufluchtsort für Flora und Fauna, die andernorts wegen der intensiven Nutzung selten geworden war. Denn innerhalb des Kerns des Eisernen Vorhangs zwischen Ost und West entwickelte sich teilweise eine ungezähmte

Wildnis und hielten sich Arten, die auf nährstoffarme Lebensräume angewiesen sind.

Als die Mauer 1989 fiel und sich die Grenzen öffneten, mischte sich in die Freude der Ökologen über die wiedererlangte Freiheit im Osten auch die Sorge, dass diese Kleinode der Natur durch Infrastruktur und Landwirtschaft zerstört werden könnten. Vor allem der BUND ergriff rasch die Initiative, um unter dem Motto „Grünes Band" so viel wie möglich davon zu erhalten – mit Erfolg [zur Geschichte siehe vor allem 21]: Heute besteht noch immer ein fast völlig durchgängiges Biotopsystem zwischen Hof und Lübeck, in dessen Wäldern, Heiden, Mooren, Wiesen und Auen Braunkehlchen brüten, Störche nach Nahrung suchen und Fischotter von Süd nach Nord wandern.

## Stabile Netze

Was aber ist mit den Regionen abseits der ehemaligen Sperrwerke? Sie sollen – und zwar nicht nur deutschland-, sondern europaweit – ebenfalls miteinander verbunden werden: über das Schutzgebietsnetz „Natura 2000". Es vereint bestehende EU-Vogelschutzgebiete mit Flächen, die unter die so genannte Flora-Fauna-Habitat-Richtlinie (FFH) fallen und definierte Tier- oder Pflanzenarten beheimaten, für die ein besonderes Schutzinteresse besteht, zum Beispiel Wachtelkönige in niedersächsischen Feuchtwiesen oder Frauenschuhorchideen in bayerischen Kiefernwäldern [22]. Um sie zu erhalten, haben die einzelnen Gebiete jeweils eigene Schutzziele, die auf die Bedürfnisse der Zielarten und Biotope abgestimmt sind. Im Falle des Seggenrohrsängers gilt es beispielsweise ihr letztes (Ersatz)Biotop in Deutschland zu erhalten, indem niedrige und artenreiche Seggenwiesen durch Mahd frei von Schilf und Weiden gehalten werden.

Jedes Bundesland und jeder Mitgliedsstaat der Europäischen Union weist entsprechende Gebiete aus und meldet sie an Brüssel. Am Ende sollen dadurch mindestens zehn Prozent der Landesfläche so geschützt sein, dass die Zielarten weiter existieren. Natura-2000-Flächen können in Truppenübungsplätzen liegen, Nationalparks abdecken oder landwirtschaftlich genutzt werden, was keinen Widerspruch darstellt: Land- oder Forstwirte dürfen ihr Land weiterhin in gewohnter Manier nutzen, solange sich dessen Zustand nicht zum Nachteil der davon abhängigen Lebewesen verändert: das so genannte Verschlechterungsverbot. Bauern können als die vom Wachtelkönig genutzten Feuchtwiesen weiterhin beweiden lassen oder mähen, sofern sie den Viehbesatz nicht über ein schädliches Maß erhöhen, das Gras zu früh und zu oft abschneiden oder die Weide gar in einen Maisacker umwandeln. Finanzielle Verluste fängt die EU mit entsprechenden Fördermitteln

Vögel, die ursprünglich im Wald vorkamen und uns dann in die Städte gefolgt sind, gehören zu den Profiteuren wie diese Blaumeise: Sie wurden in den letzten Jahren zahlreicher.

ab. Am Ende des Prozesses sollen mindestens zehn Prozent des nationalen Territoriums als schützenswerte Natura-2000-Gebiete ausgewiesen und erhalten sein.

Das Verschlechterungsverbot hat gerade in Deutschland in der Vergangenheit vielfach die Ausweisung von Natura-2000-Flächen verzögert oder verhindert, da zu weit reichende Beschränkungen der wirtschaftlichen Nutzung befürchtet wurden. Mangels ausreichender Meldungen drohte die EU 1998 an, ein Bußgeld gegen die Bundesrepublik Deutschland zu verhängen, und mahnte die Nachnennung wichtiger Gebiete an. 2006 wurde die Bundesrepublik vor dem Europäischen Gerichtshof deswegen nochmals angeklagt und verurteilt, weil die EU-Gesetze zu schleppend in deutsches Recht umgesetzt wurden. Ende 2008 existierten hierzulande laut Bundesamt für Naturschutz 5263 Natura-2000-Gebiete, die mehr als 15 Prozent der Land- und 41 Prozent der marinen Fläche der Bundesrepublik bedeckten. Spanien hatte zu diesem Zeitpunkt knapp 20 und die Slowakei sogar 25 Prozent ihres Landes gemeldet, Großbritannien oder Dänemark dagegen nur knapp sechs Prozent.

Der Blick vieler Naturschützer muss aber noch weit über die Europäische Union hinausreichen, denn für unsere Zugvögel genügt es nicht, wenn sie nur zur Brutzeit bewahrt werden. Sie benötigen mindestens ebenso dringend sichere Refugien unterwegs und im Winterquartier. Auf dem Balkan, entlang des so genannten Adriatic Flyway[4], versuchen Gabriel Schwaderer und Martin Schneider-Jacoby von EuroNatur genau dies zu erreichen: Schutzgebiete, in denen die Vögel sicher rasten und Energie tanken können, bevor sie weiter gen Norden oder Süden fliegen. In Zusammenarbeit mit der lokalen Bevölkerung und Naturschützern vor Ort erarbeiten sie Konzepte, um wichtige Zwischenlandestellen für Knäk-, Pfeif- und Moorenten, Kraniche, Löffler, Brachvögel, Wiedehopfe oder Rallen zu schaffen.

EuroNatur konzentriert sich vor allem auf zwei Schwerpunkte: küstennahe Feuchtgebiete, welche Zugvögel nach ihrem Weg über die Adria als Erstes ansteuern, um sich von den Strapazen zu erholen, und das „Grüne Band Europas“. Hermetisch abgeriegelt war nicht nur die DDR, Ungarn, die damalige Tschechoslowakei, Bulgarien und Albanien schirmten sich ebenfalls vom Westen und dem unorthodoxen Jugoslawien ab. Und wie an der innerdeutschen Grenze dankte wenigstens die Natur mit Wildwuchs. Vieles davon steht heute als Nationalpark, Biosphärenreservat oder Naturreservat unter Schutz – auch auf die Initiative der Radolfzeller Organisation hin: die Donau-Drau-Mur-Auen zwischen Österreich, Slowenien, Ungarn und Kroatien, der Prespasee zwischen Griechenland, Mazedonien und Albanien oder das Jablanica-Shebenik-Gebirge zwischen Albanien und Mazedonien.

Um den Menschen selbst in den abgelegenen Gebirgen Albaniens eine Perspektive zu geben, entwickelt EuroNatur mit ihnen alternative Einkommensquellen wie beispielsweise den Anbau von Heilkräutern. Konzepte, die bislang aufgehen, wie Gabriel Schwaderer meint, denn die Anwohner der Parks akzeptieren diese nicht nur, sondern möchten zum Teil sogar, dass ihre Gemeinden Teil der Schutzgebiete werden dürfen: „Sie verbinden mit den neuen Parks in erster Linie die Hoffnung auf eine bessere Zukunft. Viele dieser Gebiete waren über Jahrzehnte vergessene Regionen an den Grenzen. Im neuen albanischen Shebenik-Jablanica-Nationalpark beispielsweise hat sich ein Bürgermeister sehr über das Engagement von EuroNatur gefreut. Er wäre überzeugt, dass wir es wirklich ernst meinen, da wir so oft kämen. Aus der Hauptstadt Tirana hätte sich dagegen die letzten zehn Jahre keiner bei ihm blicken lassen.“

Mit Problemen haben die Schutzgebiete dennoch zu kämpfen – allen voran mit der Jagd: „Die Jäger blockieren sämtliche lebensnotwendige

4) Die Adria-Zugroute hat offensichtlich enorme Bedeutung für viele mittel- und osteuropäische Wasservögel, die sich auf dieser Linie konzentrieren. Bedeutende Anteile der europäischen Moor- und Knäkentenbestände ziehen auf diesem Weg zwischen Europa und Afrika hin und her.

Feuchtgebiete an der östlichen Adriaküste – auch diejenigen, die auf dem Papier streng geschützt sind", beklagt Martin Schneider-Jacoby, der Projektleiter von EuroNatur. Selbst in Reservaten von internationalem Rang und immens hoher Bedeutung wie dem Skutarisee, dem kroatischen Neretva-Delta oder dem Bojana-Buna-Delta an der Grenze von Albanien zu Montenegro läuft die Schießerei völlig aus dem Ruder, so Schneider-Jacoby (siehe Kapitel 5): „Mittlerweile sind die Sümpfe nahezu leer gefegt. Und das, obwohl im Neretva-Delta zu früheren Zeiten selbst Pelikane brüteten, insgesamt über 300 Vogelarten beobachtet wurden und das Gebiet zu den wichtigsten Rastplätzen entlang der Adria-Zugroute gehört." Vielfach missachten die Waidmänner dazu nationales Recht: „Die montenegrinische Regierung hat mittlerweile die gesamte Küsten zur jagdfreien Zone erklärt. Doch solange es keine Kontrollen gibt, wird weiterhin hemmungslos geschossen", sagt Schneider-Jacoby.

Um hier Verbesserungen zu erreichen, dokumentiert EuroNatur die Verstöße vor Ort und betreibt anschließend Überzeugungsarbeit in den Ministerien. Da die Länder des Balkans in die EU wollen, ergibt sich hier ein Ansatzpunkt, denn mit europäischem Recht ist das Schützenfest nicht vereinbar. Zur Durchsetzung der Schutzziele muss vor allem entschiedener gegen die illegale Jagd vorgegangen werden: mit speziellen Eingreifgruppen, die sich gegen Wilderei wenden, wie dies die Italiener mit ihrer Forstpolizei erfolgreich praktizieren. Da viele der Jagdinspektoren selbst begeisterte Jäger sind, findet Kontrolle heute meist nicht statt und werden alle Augen zugedrückt, wenn außerhalb der Jagdzeit geschützte Arten wie Großtrappen, Zwergscharben oder Rotschenkel vom Himmel geholt werden. „Das Einzige, wovor sich die Vogeljäger verstecken, ist ihre Beute. Aber ansonsten werden die Jagdvergehen in den Balkanländern völlig offen begangen", fügt Martin Schneider-Jacoby noch an. Hier bleibt wohl noch viel für ihn zu tun.

Noch mehr gilt dies für die weiteren Zugstrecken im Nahen Osten und in Nordafrika, wo ebenfalls intensiv gejagt wird, ohne dass es dagegen breitere Opposition gibt. Und schließlich muss der Naturschutz in Afrika aktiv werden, wo unsere Zugvögel überwintern. Gerade in der Sahelzone, in der fatale Hungersnöte immer wieder die Menschen plagen, denkt man verständlicherweise zuerst ans Überleben und nicht an Tiere, die aus Europa zuziehen. Vom Naturschutz könnten aber beide Seiten profitieren: Ließe sich die um sich greifende Abholzung der Savannen reduzieren oder gar stoppen, nützt dies den Bewohnern langfristig ebenfalls. Heute leiden sie wie die Vögel unter der fortschreitenden Verwüstung ihrer Heimat.

Wie EuroNatur auf dem Balkan müssten sich auch andere große Organisationen dieser Herausforderung stellen und vor Ort aufklären, aufforsten oder Bauern und Nomaden unterrichten, wie sie ihren Lebensunterhalt be-

Der Buntspecht stellt sich mittlerweile gerne in Gärten ein, um an der Winterfütterung teilzuhaben. Er folgt damit vielen anderen Vögeln aus dem Wald, die es in die Siedlungen zieht.

streiten können, ohne sich der natürlichen Grundlagen zu berauben. Und vor allem gilt es, die Schutzgebiete, welche diese Staaten bereits eingerichtet haben, zu fördern – etwa durch Patenschaften. Die US-amerikanische The Nature Conservancy und American Bird Conservancy beispielsweise sind sehr aktiv in Lateinamerika, um Winterquartiere für nordamerikanische Zugvögel zu sichern. Sie kaufen dort entweder direkt Grund, unterstützen örtliche Organisationen oder treffen Vereinbarungen mit Landbesitzern, dass diese vogelfreundlich wirtschaften. Ein Ansatz, der in Afrika womöglich schwieriger umzusetzen ist als in Mittel- und Südamerika, der aber dennoch unabdingbar ist.

### Vor der Haustür

Bei all den Problemen, die unsere Vogelwelt in der Kulturlandschaft, an der Küste oder im Gebirge betreffen, dürfen wir eines nicht vergessen: die Natur in unseren Städten. Viele Menschen hierzulande haben keinen direkten Bezug mehr zur Natur, die sie allenfalls im Fernsehen bestaunen oder der sie nur noch im Stadtpark begegnen. Dabei lebt gerade in den großen Städten wie Berlin, Hamburg oder München eine beeindruckende Zahl an Vögeln, die man nicht unbedingt in der Stadt erwarten würde: Grün- und Mittelspecht, Habicht und Wanderfalke, Pirol oder Eisvogel. Sie gesellen sich zu Arten wie dem Mauersegler, Hausrotschwanz, Haussperling oder Turmfalken, die schon lange die Hochhausschluchten, Gründerzeitvillen und Kirchtürme als Ersatzbiotop auserkoren haben.

Urbane Räume gelten mittlerweile generell als Zentren der Artenvielfalt, was unter anderem schon an Vögeln, Käfern, Schmetterlingen oder Pflanzen belegt wurde [16, 23, 24, 25]. In München zum Beispiel brüten rund 120 Vogelarten, in Berlin sogar knapp 150 – mehr als die Hälfte aller deutschen Brutvogelarten. Am Münchner Stadtrand flattern über 600 Tag- und Nachtfalterspezies, in zentrumnahen Parks immerhin noch rund 400 – in der Ackerflur dagegen nach den Sammlungen von Josef Reichholf nur 38.

Das hat mehrere Gründe [26]: Beton und Asphalt heizen sich schneller auf und speichern die Wärme länger als Wälder oder Kulturland; die Städte sind also von den Temperaturen begünstigt, und Winter fallen in ihnen milder aus. Auf engem Raum liegen Parks, versiegelte Flächen, alte Gebäude oder Fabrikbrachen dicht an dicht und schaffen so eine Vielfalt unterschiedlichster Biotope mit jeweils eigenem Artbesatz, die stets aufs Neue von Störungen zurückgeworfen werden. Abgase und mineralhaltige Stäube sorgen für einen satten Nährstoffeintrag. Und schließlich bilden Städte mit ihren Häfen und Flughäfen das Einfallstor für exotische Tiere und Pflanzen wie

Der Hausrotschwanz profitiert vom menschlichen Handeln. Er folgt uns in die Städte, wo er sein Ersatzbiotop gefunden hat.

Halsbandsittich und Götterbaum, die sich hier zuerst etablieren, bevor sie sich ausbreiten.

Die Ansiedlung dieser Einwanderer ist vom Zufall gesteuert, doch auch bei den einheimischen Zuzüglern ist kein einheitliches Muster zu erkennen [27]. Ein Vogel, den viele heute als klassischen Bewohner unserer Städte und Dörfer betrachten, ist die Amsel. Sie begann ihre Verstädterung zwar schon im 19. Jahrhundert, doch bis nach dem Zweiten Weltkrieg hatte sie ihren Bestandsschwerpunkt im Wald. Das hat sich heute geändert, beide Teilpopulationen entwickeln sich auseinander. Und während jene des Waldes – die wesentlich scheuer sind als ihre städtischen Artgenossen – zahlenmäßig auf gleichbleibendem Niveau verharren, nehmen die Stadtamseln weiter zu: ein Trend, den Ornithologen als Indiz für die weitere Verstädterung der Art heranziehen [28]. Sie profitiert vor allem von der Vorliebe vieler Menschen für Ziergärten mit Büschen (in denen die Amsel nisten kann) und kurzen Rasen, wo sie ihre Nahrung findet. Ihr Weg in die Stadt begann daher in den Gartensiedlungen am Rande und folgte dann dem Grün von Parks und Friedhöfen bis hinein ins Zentrum.

Deutlich länger begleitet uns wohl der Mauersegler, der „draußen" in der Natur vor allem an Felsen nistet und von dort im Mittelalter in die Stadt gezogen ist[5)]. Burgen, Kirchen und später Fabriken und Backsteinhäuser erweiterten das Angebot an Nistplätzen ungemein. Die eleganten Segler wurden in den urbanen Raum gelockt. Ihnen entgegen steht die Elster, die vom Land regelrecht vertrieben wird: Ihre Bejagung führt – neben einem knapperen Nahrungsangebot – dazu, dass ihre Zahl in der Kulturlandschaft stark fällt. In der Stadt dagegen, wo die Jagd verboten und der Tisch reich gedeckt ist, fühlt sie sich zunehmend wohl und dankt es mit starken Zunahmen.

Wie genau so eine Übersiedlung ablaufen kann, hat Christian Rutz von der Universität Oxford am Habicht in Hamburg dokumentiert [29]. Seine Auswertung von mehr als 1,1 Millionen Vogelbeobachtungen zwischen 1946 und 2003 zeigt, dass der Greifvogel bereits kurz nach dem Zweiten Weltkrieg die norddeutsche Metropole regelmäßig besucht hat – wider Erwarten, denn der Habicht gilt im Allgemeinen als scheuer Waldvogel. Und doch tauchen über die Jahrzehnte einzelne Sichtmeldungen auf, lange bevor sich das erste Brutpaar in den 1980er Jahre in der Hafenstadt niederließ. Viele dieser Beobachtungen konzentrieren sich auf Stadtteile, in denen dann später tatsächlich Habichte heimisch wurden.

Warum die Greifvögel jahrzehntelang zwischen Stadt und Land pendelten, ohne sich dauerhaft aufzuhalten, bleibt fraglich. Doch Rutz bemerkte drei wesentliche Ereignisse, die wahrscheinlich die Ansiedlung förderten:

5) In Deutschland gibt es noch einige wenige Reliktvorkommen von Mauerseglern, die in den Höhlen alter Bäume im Wald brüten.

Zu diesem Zeitpunkt schossen Jäger verstärkt Habichte vor den Toren Hamburgs, innerhalb der Stadtgrenzen gab es einen markanten Zuwachs an Beutetieren, und eine Reihe harter Winter erschwerte das Überleben außerhalb der städtischen Wärmeinsel. Eine Kombination aus Lock- und Verdrängungseffekten führten den Habicht also in die Stadt.

Nach dieser Pionier- folgte in den 1990er Jahren eine rasche Expansionsphase, in der sich mehr und mehr Paare in den städtischen Parks niederließen und Junge aufzogen. Heute hat sich die Art in Hamburg etabliert und ihre Zahl stabilisiert, neue Territorien werden nur noch selten erschlossen: Alle optimalen Habitate sind offensichtlich besetzt. Wie Rutz anhand seiner Beringungen von etwa 220 Nestlingen zwischen 1996 und 2000 festgestellt hat, stehen die Vögel noch immer in regem Austausch mit dem Umland: Stadthabichte wandern in die Wälder des Umlandes ab, und Waldhabichte ziehen in die Metropole um[6]. Der Trend zur Stadt macht sich generell vor allem bei Vögeln der Wälder und Binnengewässer bemerkbar, die gerade in den Stadtparks und alten Friedhöfen optimale Ersatzlebensräume finden. Arten der Agrarlandschaft oder gar der Küsten bleiben dagegen überwiegend fern. Daneben spielt auch die Brutbiologie eine Rolle: Hecken-, Höhlen- und Halbhöhlenbrüter können auf ein großes Angebot an echten und künstlichen Nistplätzen zurückgreifen, Bodenbrüter finden andererseits kaum ungestörte Ecken, wo sie erfolgreich Junge aufziehen könnten. Dementsprechend boomen die städtischen Bestände von Kohl- und Blaumeise, Amsel, Mönchsgrasmücke, Zaunkönig und Grünfink, die zu den gängigsten Arten im Siedlungsbereich zählen.

### Städtische Sorgenkinder

So sehr der Zustrom von (ehemals) scheuen Arten wie Habicht, Wanderfalke, Eisvogel oder Graureiher in die Ballungszentren Vogelfreunden Freude bereitet, existieren doch auch in der Stadt Problemfälle für den Naturschutz. Die Haubenlerche, die nach dem Krieg zu den häufigen Vogelarten der Trümmer- und Schuttlandschaften gehörte und noch bis in die 1960er Jahre auf Industriebrachen regelmäßig zu finden war, ist heute aus unseren aufgeräumten Städten verschwunden. Sie gilt in ganz Deutschland als vom Aussterben bedroht.

Während diese Entwicklung mit der Beseitigung der Kriegsschäden absehbar war, traf es eine ganze Gruppe an Vögeln in den letzten Jahren hart,

6) Denkmalschützer und zahlreiche Passanten dürften sich über das Wirken des Habichts freuen: Wie Christian Rutz bei „seinen" Brutpaaren beobachtete, besteht die Beute der Tiere fast zur Hälfte aus Stadttauben. Erst mit deutlichem Abstand folgen Elstern und Amseln.

Haussperlinge leiden in vielen Städten unter Wohnungsnot und Insektenmangel. Ihr Bestand ist vielerorts rückläufig.

die eigentlich zu den Allerweltsarten gehören: Gebäudebrüter wie Mauersegler, Haussperling, Mehl- und Rauschschwalbe, die seit der Wiedervereinigung parallel im Bestand fallen. Vieles deutet daher auf gemeinsamen Ursache hin – und weil sie an Häusern nisten, fällt sofort das Stichwort Wohnungsnot. Der Mauersegler etwa, der in Spalten und Hohlräumen von Gebäuden brütet, nahm nach der Wende in Ostdeutschland markant ab: Die Sanierung von Alt- und Plattenbauten versiegelte die Nistplätze, und die Tiere wurden zur Abwanderung gezwungen.

Auch den Haussperling mangelte es in der Folge in Ostberlin an Wohnraum, doch unser treuer Begleiter seit Jahrhunderten hat in einer Reihe von Studien gezeigt, dass dies nicht der einzige Grund für den Rückgang sein kann [30, 31, 32]. Früher waren Haussperlinge ein gewöhnlicher Anblick in den Dörfern und Städten, wo sie beispielsweise Körner aus Pferdeäpfeln pickten oder sich in den Scheunen aufhielten, wo ebenfalls Getreide für sie abfiel. Bisweilen galten „Spatzen“ sogar als „Pest“, weil sie angeblich zu zahlreich in Feldern einfielen und dort das Korn plünderten.

Als die Pferde nach und nach von Automobilen als Transportmittel abgelöst wurden, bedeutete dies für die städtischen Haussperlinge eine erste Einschränkung. Pferdefutter und Kot fielen als Nahrungsquelle weg. Und das könnte erste Rückgänge in den Spatzenzahlen nach dem Ersten Weltkrieg erklären [32]. Richtig dramatisch ging es jedoch in vielen Städten – darunter London, Edinburgh, Hamburg und Berlin – erst ab den 1970er Jahren bergab. Ein Trend, der sich vielerorts ab Mitte der 1990er Jahre noch beschleunigte. Im Londoner Stadtzentrum steht die Art mittlerweile sogar schon vor dem völligen Aus, befürchtet der Brite Denis Summers-Smith, ein Ingenieur im Ruhestand und weltweit anerkannter Spatzenspezialist [30]. In Kensington Gardens, wo die Tiere seit über 80 Jahren gezählt werden, fiel der Bestand von 2603 Individuen 1925 auf 544 im Jahr 1975. Zur Jahrtausendwende kündeten dann die letzten acht Tiere vom Verschwinden der Haussperlinge – was zu einem Aufschrei in der Bevölkerung und sogar zu parlamentarischen Anfragen führte, wie man denn die Londoner Spatzen retten könnte.

Wohnungsnot ist dafür durchaus ein Grund, wie Vergleiche zwischen wohlhabenderen und ärmeren Stadtteilen gezeigt haben [31]: Sozial benachteiligte Viertel beherbergten mehr Haussperlinge als reiche Ecken, weil dort Häuser und Gärten weniger gut gepflegt waren. So bevorzugen zumindest britische Haussperlinge Gebäude, die vor 1919 gebaut wurden. Ersatzweise bezogen sie 1965 errichtete Häuser, sofern deren Dächer nicht geflickt oder saniert worden waren [33]. Sanierte Wohnblocks und neue Häuser sowie Ziergärten boten den Vögeln dagegen weder Nahrung noch Unterkunft. Und vielleicht schädigen Dämmstoffe wie Steinwolle die Tiere zusätzlich, weil sie Partikel über die Luft im Nestumfeld einatmen.

Der Einsatz von Pestiziden im privaten und öffentlichen Raum, der Insekten und Wildpflanzen vernichtet, kann wiederum nicht durch die Winterfütterung ausgeglichen werden (zu Pestiziden siehe Kapitel 3). Vor allem während der Aufzucht der Küken brauchen die Sperlinge ein reichhaltiges Angebot an eiweißhaltiger Kost, die vor allem Insekten liefern. Möglicherweise spielt diesbezüglich eine Errungenschaft des Umweltschutzes ebenfalls eine Rolle, spekuliert Summers-Smith: das Verbot von bleihaltigem Benzin und der Ersatz des Schwermetalls durch tert-Butylmethylether (MTBE).

Das Antiklopfmittel wirkt toxisch auf Insekten, und sein vermehrter Einsatz geht parallel einher mit dem großen Sperlingsschwinden. Die Vögel verfüttern in den ersten Tagen nach dem Schlüpfen ihres Nachwuchses vor allem Blattläuse, deren Menge eventuell durch das MTBE reduziert wurde [34, 35]. Meisen, die ebenfalls auf Blattläuse für ihre Küken angewiesen sind, zeigen jedoch keine Tendenzen zum Rückgang – im Gegenteil. Ob das MTBE daher einer der Haupt- oder doch nur einer von vielen Gründen ist, muss erst die weitere Forschung zeigen[7]. Eindeutiger ist dagegen der Zusammenhang mit der zunehmenden Lichtverschmutzung in den Städten, wegen der jährlich Milliarden Insekten verglühen und damit den Vögeln fehlen (siehe Kapitel 7).

Weil Mauersegler und die Schwalben ebenso Insekten fressen, liegt die Ursache für den Rückgang vielleicht wirklich eher in diesem Bereich als in der Wohnungsnot – zumal sich mit der langfristigen Verwitterung der Häuser neue Bruträume ergeben. Und bei der Sanierung von Altbauten können Hausbesitzer darauf achten, dass sie nicht alle Hohlräume versiegeln oder zumindest Ersatz schaffen – entsprechende Nistkästen bieten die Naturschutzverbände jedenfalls an.

Eine Ebene höher muss die Stadtplanung ansetzen: Sie muss auf jeden Fall zukünftig darauf achten, dass auch Platz für Tiere bleibt – und sei es nur durch das Anpflanzen einzelner Bäume oder die Anlage kleiner Grünflächen. Ein Negativbeispiel ist die Hamburger Hafencity, in der kein einziger Baum steht und nur Beton, Stahl und Asphalt dominieren. Sie ging sogar durch die Presse, weil sie Millionen Brückenspinnen angelockt hat, die praktisch ungehindert durch gefiederte Fressfeinde ihre Netze aufspannen und durch das Licht angelockte Insekten in Massen verzehren [34]. Bis auf vereinzelte Stadttauben und gelegentliche Möwen ist das Viertel so gut wie vogelfrei – und eine Paradebeispiel für die völlige Naturentfremdung mancher Architekten.

Ausreichend große Parks, die mindestens zehn Hektar umfassen, bieten dagegen einem Großteil der städtischen Avifauna eine sichere Heimat – zumindest den ursprünglich Wald bewohnenden Arten [35, 36]. Lässt man in einigen Ecken darin ein wenig Wildwuchs zu, hängt Nistkästen auf oder bietet Winterfütterung an, fördert man diese Arten zusätzlich. Begrünte Straßenzüge zwischen den einzelnen Parks sowie dem Stadtrand verbessern den Austausch untereinander und helfen so, die biologische Vielfalt der Städte zu bewahren.

## Nur was man kennt, schützt man

Obwohl die Metropolen sich europaweit zu einem großen Teil in ihrer Vogelwelt ähneln, gerade im unmittelbaren Zentrum praktisch identisch sind und

7) Eine britische Studie nennt Katzen als einen sehr bedeutenden Einflussfaktor, weil sie sehr viele Haussperlinge erbeuten. Da die Zahl der Hauskatzen in westeuropäischen Städten so stark zugenommen hat, wie die Sperlinge verschwunden sind, ist dieser Verdacht durchaus nicht unbegründet (siehe Kapitel 8). Natürliche Fressfeinde wie Sperber beeinflussen den Bestand dagegen kaum – in Hamburg leben nur rund 60 Brutpaare des Vogeljägers, aber immer noch knapp 30.000 Haussperlinge (verglichen mit 100.000 Paaren 1980) [31].

kaum besondere Seltenheiten beherbergen [37, 38] – in allen europäischen Städten leben Haussperlinge, Amseln, Stadttauben, Mauersegler und Turmfalken –, sollte der Naturschutz sie nicht aus den Augen verlieren. Vieles was den Vögeln hilft, nützt auch dem Menschen: Städtisches Grün filtert die Luft und verbessert deren Qualität, lindert etwas die Hitze der Wärmeinseln, verringert den oberflächlichen Wasserabfluss und erhöht die Neubildung von Grundwasser unterhalb der Städte [39].

Wichtiger ist aber vielleicht noch der psychologische Effekt: Etwas Natur in der Stadt steigert das Wohlbefinden der Menschen und wirkt beruhigend auf das Gemüt [40]. Richard Fuller von der Universität Sheffield konnte mit seinen Kollegen belegen, dass Städter sich umso zufriedener und glücklicher zu ihrer Umgebung äußerten, je grüner und vielfältiger die Natur in ihrem Viertel war – vor allem galt dies für Pflanzen und zu einem etwas geringeren Anteil auch für Vögel. Die Forscher bemerkten allerdings ebenfalls, dass Vogelspezies noch zu einem gewissen Grad auseinander gehalten werden können, Schmetterlinge waren für die meisten Befragten dagegen kaum unterscheidbar.

Turmfalken sind neben Mäusebussarden die häufigsten Greifvögel Deutschlands und in Städten ein gewohnter Anblick.

Das deckt sich mit Ergebnissen aus Deutschland, wo viele städtische Erwachsene und Kinder mittlerweile einen Großteil ihres Lebens innerhalb von vier Wänden – zuhause, in der Schule oder am Arbeitsplatz – oder in virtuellen Welten verbringen und keinen Bezug mehr zur freien Natur haben. Das zeigt sich in der bayerischen „Vogelpisastudie“, bei der mehr als 3200 Schulkindern die Bilder der 12 häufigsten Gartenvögel vorgelegt wurden – mit erschreckenden Ergebnissen: Im Schnitt erkannten die Schülerinnen und Schüler nur 4,2 Arten. Und gerade einmal ein Prozent war in der Lage alle zwölf zu benennen, acht Prozent wussten nicht eine einzige Art [41][8)]. Vor allem in der Pubertät bröckelte das Interesse an den Vögeln ab, während sich Grundschüler durchaus noch für die Tiere begeistern konnten. Und Kinder aus Großstädten kannten weniger Arten als ihre Altersgenossen vom Land.

Eine Entwicklung, die wenig Gutes für den Naturschutz erhoffen lässt. Denn Menschen sind vor allem dann bereit, etwas zu schützen, wenn sie es kennen und schätzen. Eine Studie aus den USA hat gezeigt, dass Touristen, die in den Nationalparks ausgiebig wandern, später viel eher bereit sind, Geld für den Naturschutz zu spenden oder aktiv in einem Verband zu werden [42]. Andere, die bevorzugt auf dem Sofa bleiben, waren dagegen eher desinteressiert und förderten den Naturschutz kaum. Auf Grund des veränderten Freizeitverhaltens in den USA – weg vom Naturerlebnis hin zu elektronischen Vergnügungen – könnten den Naturschutzorganisationen in den Vereinigten Staaten in einigen Jahren also viele Einnahmen wegbrechen.

Diese Wertschätzung beginnt bereits im Kindesalter: Wer in jungen Jahren durch Hecken stöbert oder das bunte Treiben am Futterhäuschen beobachtet, bewahrt sich die Liebe zur Natur eher bis in das Erwachsenenalter. Wer die ökologischen Zusammenhänge im eigenen Garten studieren und erkennen kann, versteht vielleicht eher, warum wir die biologische Vielfalt erhalten müssen. Und wer sich am Gesang von Singdrossel und Co im Stadtpark erfreut, ist leichter dafür zu sensibilisieren, dass dieses Konzert „draußen in der freien Natur“ auch bewahrt werden muss. Die Chancen dafür stehen prinzipiell gut, wie der Erfolg von so genannten Waldkindergärten zeigt, in denen die Kleinen quasi den ganzen Tag draußen unterwegs sind und mit natürlichen Materialien spielen. Die Kindergruppen von LBV oder NABU erfreuen sich ebenfalls großer Beliebtheit. Das Hobby Vogelbeobachtung wächst an Bedeutung[9)]. Und Wolf und Bär schlägt in den (fernen)

8) Am bekanntesten war die Amsel, am Ende der Reihe standen die Finken.

9) Auch wenn Deutschland in dieser Hinsicht noch weit von Großbritannien, den Niederlanden oder den USA entfernt ist. Dort gilt Vogelbeobachten längst als Volkssport, der vom Vogelfutter über verschiedene Zeitschriften und optische Geräte bis hin zu speziellen Vogelreisen enorme wirtschaftliche Bedeutung hat.

Städten ungemein viel Sympathie entgegen, wenn sie nach Deutschland einwandern, und entrüsten sich viele Bürger, wenn die Tiere abgeschossen werden.

Wenn es uns gelingt, diese Mehrheit der städtischen Bevölkerung weiterhin mitzunehmen und neue Kreise für die Interessen des Vogelschutzes zu gewinnen, haben wir eine Chance, die Natur für kommende Generationen zu schützen. Vielfach müssen wir dafür noch einen Bewusstseinswandel erreichen, dass Natur mehr ist als die Kulisse, vor der Nahrungsmittel und Holz erzeugt werden, oder das freie Land, das man ungestört bebauen kann. Nur wenn wir das schaffen, können wir die Erosion der Artenvielfalt stoppen. Und nur dann ertönt auch noch in 20 Jahren der Gesang der Feldlerche über dem Acker, singt der Seggenrohrsänger aus dem Ried oder kreist der Schreiadler über den Wäldern. Wir haben es selbst in der Hand!

## Literatur


[1] http://www.lbv.de/artenschutz/voegel/seeadler.html (05.10.2009)

[2] http://www.oamv.de/Hauff_Seeadler_2008.pdf (05.10.2009)

[3] Hauff, P., Wölfel, P. (2002) Seeadler (*Haliaeetus albicilla*) in Mecklenburg-Vorpommern im 20. Jahrhundert, Corax 19, Sonderheft 1, S. 15–22.

[4] Kollmann, R., Neumann, T., Struwe-Juhl, B. (2002) Bestand und Schutz des Seeadlers (*Haliaeetus albicilla*) in Deutschland und seinen Nachbarländern, Corax 19, Sonderheft 1, S. 1–14.

[5] Hauff, P., Mizera, T. (2006) Verbreitung und Dichte des Seeadlers *Haliaeetus albicilla* in Deutschland und Polen: eine aktuelle Atlas-Karte, Vogelwarte 44, S. 134–136.

[6] Thiede, W. (2008) Warum kam es zur Massenvermehrung des Kormorans in der Ostsee?! Ornithologische Mitteilungen 60, S. 364–372.

[7] Südbeck, P., Bauer, H.-G., Boschert, M., Boye, P. und Knief, W. (2008) Rote Liste der Brutvögel Deutschlands. 4., überarbeitete Fassung. Berichte zum Vogelschutz 44, S. 23–81.

[8] Bauer, H.-G., Bezzel, E., Fiedler, W. (2005$^2$) Das Kompendium der Vögel Mitteleuropas. Band 1: Nonpasseriformes – Nichtsperlingsvögel, Aula, Wiesbaden.

[9] http://www.waldrapp-burghausen.de/waldrapp/index.php (05.10.2009).

[10] http://www.birdlife.ch/pdf/bartgeier.pdf (05.10.2009).

[11] Robin, K. (2001) Die Wiederansiedlung des Bartgeiers in den Alpen: ein Positivbeispiel, Forest Snow and Landscape Research 76, S. 41–51.

[12] Fremuth, W., Frey, H., Walter, W. (2008) Der Bartgeier in den Alpen zurück. 30 Jahre Zucht und Wiederansiedlung, Naturschutz und Landschaftsplanung 40, S. 120–127.

[13] http://www.zgf.de/download/504/Microsoft_Word__Projektsteckbrief_832_BartgeierStand2008.pdf (05.10.2009).

[14] http://gemeinde.davos.ch/pdf/drb/75.pdf (05.10.2009).

[15] Vera, F. (2009) Large-scale nature development – the Oostvaardersplassen, British Wildlife 6/2009, S. 28–36.

[16] Reichholf, J. (2006) Die Zukunft der Arten: Neue ökologische Überraschungen, Beck, München.

[17] http://www.sielmann-stiftung.de/index.php (11.10.2009)

[18] Raab, B. (2007) Lebensraumnutzung des Ziegenmelkers (*Caprimulgus euro-

*paeus*) im Manteler Forst, Berichte zum Vogelschutz 44, S. 139–149.
[19] http://vorort.bund.net/wildkatzen/component/option,com_frontpage/Itemid,54/ (11.10.2009)
[20] http://www.bund.net/bundnet/themen_und_projekte/gruenes_band/ (11.10.2009)
[21] Bundesamt für Naturschutz (Hrsg., 2009) Das Grüne Band. 20 Jahre nach dem Fall des Eisernen Vorhangs, Natur und Landschaft 84, Sonderheft.
[22] http://www.ffh-gebiete.de/ (11.10.2009)
[23] Araújo, M.B. (2003) The coincidence of people and biodiversity in Europe, Global Ecology and Biogeography 12, S. 5–12.
[24] Kühn, I., Brandl, R., Klotz, S. (2004) The flora of German cities is naturally species rich, Evolutionary Ecology Research 6, S. 749–764.
[25] Wania, A., Kühn, I., Klotz, S. (2006) Biodiversity patterns of plants in agricultural and urban landscapes in Central Germany – spatial gradients of species richness. Landscape and Urban Planning 75, S. 97–110.
[26] Sukopp, H., Wittig, R. (1998) Stadtökologie. Ein Fachbuch für Studium und Praxis. Gustav Fischer, Stuttgart.
[27] Jedicke, E. (2000) Stadt- und Dorfökosysteme: Umweltfaktoren, Siedlungsbindung von Vogelarten, Avizönosen, Verstädterungsprozesse und Naturschutz – ein Überblick, Vogelwelt 121, S. 57–86.
[28] Schwarz, J., Flade, M. (2000) Ergebnisse des DDA-Monitoringprogramms. Teil I: Bestandsänderungen von Vogelarten der Siedlungen seit 1989, Vogelwelt 121, S. 87–106.
[29] Rutz, C. (2008) The establishment of an urban bird population, Journal of Animal Ecology 10.1111/j.1365-2656.2008.01420.x.
[30] Summers-Smith, D. (2003) Decline of the House Sparrow: a Review, British Birds 96, S. 439–446.
[31] Mitschke, A., Mulsow, R. (2003) Düstere Aussichten für einen häufigen Stadtvogel – Vorkommen und Betsandsentwicklung des Haussperlings in Hamburg, Artenschutzreport 14, S. 4–12.
[32] Robinson, R., Siriwardena, G.M., Crick, H.Q.P. (2005) Size and trends of the House Sparrow *Passer domesticus* population in Great Britain, Ibis 147, S. 552–562.
[33] Wotton, S.R., Field, R., Langston, R.H.W., Gibbons, D.W. (2002) Homes for birds: the use of houses for nesting by birds in the UK, British Birds 95, S. 586–592.
[34] Fromme, C. (2009) Hamburgs neue Hausbesetzer, Süddeutsche Zeitung vom 10.09.2009, S. 16.
[35] Fernández-Juricic, E., Jokimäki, J. (2001) A habitat island approach to conserving birds in urban landscapes: case studies from southern and northern Europe, Biodiversity and Conservation 10, S. 2023–2043.
[36] Sandström, U.G., Angelstam, P., Mikusinski, G. (2006) Ecological diversity of birds in relation to the structure of urban green space, Landscape and urban Planning 77, S. 39–53.
[37] Clergeau, P., Croci, S., Jokimäki, J., Kaisanlahti-Jokimäki, M.-L., Dinetti, M. (2006) Avifauna homogenisation by urbanisation: Analysis at different European latitudes, Biological Conservation 127, S. 336–344.
[38] McKinney, M.L. (2006) Urbanization as a major cause of biotic homogenization, Biological Conservation 127, S. 27–260.
[39] Knapp, S. (2008) Vielfalt vor der Haustür. Biodiversität in der Stadt, Forum der Geoökologie 19, S. 28–31.
[40] Richard A Fuller, R., Irvine, K.N., Devine-Wright, P., Warren, P.H. Gaston, K.J. (2007) Psychological benefits of greenspace increase with biodiversity, Biology Letters 3, S. 390–394.
[41] Zahner, V. (2008) Die „Vogel-Pisa-Studie", Der Falke 55, S. 136–141.
[42] Zaradic, P.A., Pergams, O.R.W., Kareiva, P. (2009) The Impact of Nature Experience on Willingness to Support Conservation, PloS One 4(10), e7367.

# Anhang

## Tipps

Jeder Vogelfreund kann selbst etwas zum Erhalt seiner gefiederten Freunde beitragen – selbst kleine Maßnahmen können in der Summe gewaltige Fortschritte für unsere Arten bedeuten.

- **Vogelfreundlicher Garten:** Einheimische Blumen, Sträucher und Bäume bieten Deckung und Nistplätze, locken Insekten an und helfen mit Beeren oder Samen den Tieren über den Winter. Ein Gartenteich bietet eine willkommene Vogeltränke und ein erfrischendes Bad. Mangelt es an Platz, hilft auch eine flache Tonschale, die mit Wasser gefüllt wird. Torf und Pestizide sind dagegen ein absolutes Tabu, da sie Naturräume und Nahrungsgrundlagen zerstören. Selbst wer keinen Garten hat, kann auf dem Balkon die Vögel indirekt fördern, indem statt Geranien Wildblumenwiesen in die Kästen gepflanzt werden. Sie helfen Insekten, die wiederum von Vögeln erbeutet werden. Weitere Tipps für einen grüneren Garten gibt es unter http://www.wildvogelhilfe.org/garten/garten.html.

- **Nistkästen im Garten und am Haus:** Selbst gebaut oder im Handel erworben – mittlerweile gibt es eine Vielzahl unterschiedlicher Bruthilfen, die von Meisen bis zum Gartenrotschwanz oder der Eule keine Wünsche offen lassen. Auch wer sein Haus saniert und isoliert, muss dadurch Haussperlinge oder Mauersegler nicht heimatlos machen, da für sie entsprechende Bauten ebenfalls entwickelt wurden. Gute Tipps und Bauanleitungen bietet das Buch „Nisthilfen für Vögel" von Klaus Richarz und Martin Hormann [1].

- **Füttern erlaubt:** Selbstverständlich dürfen Vögel im Winter gefüttert werden. Man sollte aber auf eine ausgewogene Futtermischung (im Fachhandel oder bei Naturschutzorganisationen erhältlich) und saubere Futterplätze achten. Risiken wie Vogelschlag oder Attacken durch Katzen lassen sich durch eine geeignete Ortswahl reduzieren. Das Futterhäuschen sollte frei stehen, dass sich Räuber nicht anschleichen können und die

Vögel nicht in Panik gegen Glasscheiben fliegen. Das Buch „Vögel füttern – aber richtig“ von Peter Berthold liefert wertvolle Informationen [2].

- **Das vogelsichere Haus:** Große Glasfassaden haben schon vielen Vögeln das Leben gekostet, dabei lässt sich dies einfach durch Vorhänge vermeiden. Schwarze Greifvogelsilhouetten nützen dagegen wenig – besser sind weiße Versionen, die unbedingt außen am Glas angebracht werden sollten. Noch kräftiger wirken sie, wenn sie mit Sonnencreme bestrichen werden: Diese reflektiert kurzwelliges Sonnenlicht, das Vögel gut erkennen. Die Broschüre „Vogelfreundliches Bauen mit Glas und Licht“ der Schweizerischen Vogelwarte Sempach kann als Leitfaden dienen [3].

- **Busse, Bahn und Fahrrad:** Nutzen Sie öffentliche Verkehrsmittel oder das Fahrrad, wenn Sie zum Vogelbeobachten wollen und die Ziele damit erreichbar sind. Bücher wie „Vögel beobachten in...“ von Christian Wagner und Christoph Moning bieten Hinweise für eine autofreie Anfahrt zu ausgewählten Gebieten [4].

- **Kaufen Sie Bioware oder vor Ort:** Fleisch von Weiderindern und Saft aus Streuobstwiesen – Lebensmittel wie diese helfen, eine vielfältig strukturierte Landschaft mit ihrem Artenreichtum zu erhalten. Sie vermeiden Emissionen und kommen ohne Futtermittelimporte aus Übersee aus, die wie Soja riesige Regenwald- und Savannenflächen zerstören. Viele Landwirte bieten ihre Erzeugnisse bereits im eigenen Hofladen an. Fragen Sie nach, ob in diesen Betrieben noch Heu gemacht wird, Lerchenfenster im Acker ausgespart bleiben oder der Bauer Wiesenbrütern eine Chance gibt. Im persönlichen Gespräch können Sie die beste Überzeugungsarbeit für den Naturschutz leisten. Und auch bei importierten Genussmitteln wie Kaffee lässt sich der Vogelwelt helfen: Der Landesbund für Vogelschutz zum Beispiel bietet einen biologisch angebauten, „vogelfreundlichen“ Kaffee an, der unter Schattenbäumen wächst. Diese Plantagen ähneln dem Regenwald und bieten Zugvögeln zumindest eine Ersatzheimat. Gleiches gilt für Kakaoprodukte.

- **Vogelschutzorganisationen:** Der Landesbund für Vogelschutz (LBV), der NABU, das Bonner Komitee gegen Vogelmord, EuroNatur oder Birdlife International setzen sich für den Schutz der Vögel und Umwelt ein. Sie kaufen Biotope, kämpfen gegen die Vogeljagd und finanzieren Artenschutzprogramme. Zum Teil kann man selbst in den Ortsgruppen aktiv werden, Biotope pflegen und an geführten Exkursionen teilnehmen. Je mehr Mitglieder in diesen Organisationen sind, desto stärker können sie Einfluss auf die Politik nehmen – etwas, das aber jeder auch noch selbst in die Hand nehmen kann. Starke Proteste haben schon so manchen Politiker zum Umdenken gebracht, Straßen oder Abholzungen verhindert und Gesetzesänderungen in die Wege geleitet. Jahrelange Überzeugungsarbeit vor Ort und zahlreiche Beschwerdebriefe können auch international helfen: Der Unmut der europäischen Öffentlichkeit führte zu schärferen Jagdgesetzen in Italien und auf Malta oder dem Stopp von Autobahnbauten mitten durch wertvollste Feuchtgebiete in Polen. Engagement lohnt sich!

## Literatur


[1] Richarz, K., Hormann, M. (2008) Nisthilfen für Vögel und andere heimische Tiere, Aula, Wiesbaden.

[2] Berthold, P., Mohr, G. (2008) Vögel füttern – aber richtig. Das ganze Jahr füttern, schützen und sicher bestimmen, Kosmos, Stuttgart.

[3] http://www.vogelglas.info/public/leitfaden-voegel-und-glas_dt.pdf (26. Oktober 2009)

[4] Wagner, C., Moning, C. (2009) Vögel beobachten in Süddeutschland, Kosmos, Stuttgart.

# Wichtige Adressen

**NABU – Naturschutzbund Deutschland**
10108 Berlin
Tel. 030-2849840
E-Mail: NABU@NABU.de
http://www.nabu.de/

**Landesbund für Vogelschutz (LBV)**
Eisvogelweg 1
91161 Hilpoltstein
Tel. 09174 -47750
E-Mail: info@lbv.de
www.lbv.de

**Komitee gegen den Vogelmord**
Auf dem Dransdorferberg 98
53121 Bonn
Tel. 0228-665521
E-Mail: info@komitee.de
http://www.komitee.de/

**EuroNatur**
Konstanzerstr. 22
D-78315 Radolfzell
Tel. 07732-92720
info@euronatur.org
http://www.euronatur.org/

**Birdlife International**
Wellbrook Court
Girton Road
Cambridge CB3 0NA
United Kingdom
Tel. +44 (0)1223 277 318
birdlife@birdlife.org
http://www.birdlife.org/

**Royal Society for the Protection of Birds (RSPB)**
The Lodge
Potton Road
Sandy
Bedfordshire SG19 2DL
United Kingdom
http://www.rspb.org.uk/

**Bund Naturschutz (BN)**
Dr.-Johann-Maier-Str. 4
93049 Regensburg
Tel. 0941-297200
info@bund-naturschutz.de
http://www.bund-naturschutz.de/

**Bund für Natur- und Umweltschutz (BUND)**
Bundesgeschäftsstelle
Am Köllnischen Park 1,
10179 Berlin
Tel. 030-2758640
bund@bund.net
http://www.bund.net/

**Max-Planck-Institut für Ornithologie**
Eberhard-Gwinner-Straße
82319 Seewiesen
http://www.orn.mpg.de/

**Vogelwarte Radolfzell**
Schloß Möggingen 1
78315 Radolfzell
Tel.: 07732-15010
http://www.orn.mpg.de/~vwrado/index_d.html

**Schweizerische Vogelwarte Sempach**
CH-6204 Sempach
Tel. 041-4629700
www.vogelwarte.ch/

**Birdlife Österreich**
Gesellschaft für Vogelkunde
Museumsplatz 1/10/8
A-1070 Wien,
Österreich
Tel. 01-5234651
office@birdlife.at

**WWF**
Rebstöcker Str. 55
60326 Frankfurt
Tel. 069-791440
info@wwf.de
www.wwf.de

**Heinz-Sielmann-Stiftung**
Gut Herbigshagen
37115 Duderstadt
Telefon: 05527-9140
info@sielmann-stiftung.de
http://www.sielmann-stiftung.de

**Dachverband Deutscher Avifaunisten (DDA) e.V.**
Geschäftsstelle
Zerbster Str. 7
39264 Steckby
Tel. 039244 -940918
info@dda-web.de
http://www.dda-web.de/index.php5

# Glossar

**Aue:** Unmittelbar von Hoch- und Niedrigwasser geprägte Landschaft entlang von Fließgewässern.

**Aushagerung:** Reduzierung des Nährstoffgehaltes von Böden, indem ihnen beispielsweise durch wiederholte Ernte Substanz entzogen wird, ohne dass Düngung folgt.

**Biotop:** Lebensraum einer bestimmten Lebensgemeinschaft von Pflanzen und Tieren, z.B. ein Teich oder ein Auwald.

**Blei:** Schwermetall, das sich im Körper anreichert und chronische Vergiftungen auslösen kann. Es schädigt u.a. das Nervensystem und die Blutbildung. Stammt häufig aus Gewehrmunition.

**Brache:** Zeitweise unbestellter Acker oder Wiese, die aus wirtschaftlichen oder ökologischen Gründen aus der Produktion genommen werden.

**Carbofuran:** Insektizid, das als Fraß- und Kontaktgift wirkt. Es hemmt den Stoffwechsel vieler Tierarten und gilt als sehr giftig – unter anderem auch gegen Bienen. Mehrere tödliche Vergiftungsfälle von Vögeln sind bekannt, zum Teil wurden sie absichtlich damit getötet. Seit Dezember 2008 ist es in der EU verboten.

**DDT:** Dichlordiphenyltrichlorethan, ein Insektizid, das ab den 1940er Jahren großflächig und massiv als Fraß- und Kontaktgift gegen Schadinsekten eingesetzt wurde. Es reichert sich in der Nahrungskette an und wirkt in Säugetieren und Vögeln wie ein Hormon. Viele Greifvögel legten deshalb Eier mit dünneren Schalen, was zu teils drastischen Bestandseinbußen führte. Zudem steht DDT im Verdacht, Krebs auszulösen. In den meisten Ländern ist es seit den 1970er Jahren verboten und darf heute nur noch gegen Malariamücken eingesetzt werden.

**Domestikation:** Über Generationen anhaltende Zuchtauslese, die aus ehemaligen Wildtieren durch genetische Isolierung Haustiere macht. Dabei gehen Körper- und Wesensmerkmale verloren, was die Tiere zahmer und geeigneter für die Haltung macht.

**Drainage:** Entwässerung eines Gebietes mittels Gräben und/oder Pumpen.

**Extensivierung:** Verringerter Einsatz von Düngemitteln und Pestiziden oder seltenere Mahd in einem landwirtschaftlichen Betrieb.

**FFH-Richtlinie:** Flora-Fauna-Habitat-Richtlinie; eine Naturschutz-Richtlinie der Europäischen Union, die die rechtliche Grundlage für Natura 2000 bildet.

**Flurbereinigung:** Verfahren, mit dem der bäuerliche Grundbesitz neu geordnet wurde. Sie sollte Flächen zusammenlegen und leichter nutzbar machen. Daneben sollten in ihrem Rahmen landwirtschaftliche Wege, Straßen und andere Infrastrukturen geschaffen werden.

**Gewölle:** Von Eulen und Greifvögeln ausgewürgte Nahrungsreste.

**Glyphosate:** Biologisch wirksame Hauptkomponente eines breit wirkenden Pflanzenschutzmittels, das der Chemiekonzern Monsanto unter dem Markennamen Roundup™ verkauft.

**Isotope:** Elemente, deren Atomkerne genauso viele Protonen, aber unterschiedlich viele Neutronen besitzen. Sie haben also abweichende Massezahlen, verhalten sich chemisch jedoch praktisch gleich.

**Megaherbivoren:** Große Pflanzenfresser wie Rothirsche, Wildrinder und -pferde, die durch ihre Ernährungsgewohnheiten offenes Land erhalten und Baumwuchs unterdrücken.

**Langstreckenzieher:** Zugvögel, die nach Afrika in Regionen südlich der Sahara ziehen.

**Limikolen:** Watvögel oder auch Regenpfeiferartige – eine Ordnung der Vögel.

**Magnetsinn:** Fähigkeit von Tieren, das Magnetfeld der Erde wahrzunehmen und für die Ortsbestimmung zu nutzen.

**Muladares:** Traditioneller Ablageplatz von Aas in Spanien, wurde durch neue Hygieneverordnungen verboten.

**Natura 2000:** Offizielle Bezeichnung für ein europaweites Schutzgebietssystem, das gefährdete Pflanzen- und Tierarten sowie ihre Lebensräume erhalten soll. Gilt nicht nur für Wildnisgebiete, sondern umfasst auch Kulturland. Sie unterliegen dem Verschlechterungsverbot – es dürfen keine Maßnahmen ergriffen werden, die den Gebieten schaden.

**Neozoen:** Tierarten, die während der letzten Jahrzehnte aktiv durch Menschen in Regionen gebracht wurden, in denen sie zuvor nie heimisch waren, zum Beispiel asiatische Halsbandsittiche in Köln.

**Nordatlantische Oszillation (NAO):** Sie beschreibt die Schwankung der Druckverhältnisse zwischen dem Islandtief und dem Azorenhoch im Atlantik. Bei einem positiven Wert sind beide sehr stark ausgebildet, und Westeuropa bekommt milde Winter. Schwache Luftdruckgegensätze dagegen bewirken einen negativen Indexwert und führen zu kalten Wintern.

**Passat:** Vor allem auf dem Meer konstant wehender, meist trockener Wind in den Tropen, der auf der Nordhalbkugel von Nordost nach Südost bläst.

**Pestizide:** Sammelbegriff für eine Vielzahl von chemischen Pflanzenschutzmitteln, die sich gegen unerwünschte Tiere, Pflanzen oder Pilze in Kulturfrüchten richten.

**Prädatoren:** Beutegreifer wie Katze, Fuchs, Wolf, aber auch Adler oder Falke, die Jagd auf andere Tiere machen.

**Rezeptor:** Spezialisierte Zelle, die bestimmte äußere und innere chemische oder physikalische Reize in eine für das Nervensystem verständliche Form bringt.

**Rodentizid:** Pflanzenschutzmittel, das gegen Nager eingesetzt wird.

**Standvögel:** Vogelarten, die den Winter über vor Ort bleiben und allenfalls lokal umherziehen.

**Silage:** Auch Gärfutter genanntes, durch Milchsäuregärung konserviertes Grünfutter für Nutztiere wie vor allem Rinder.

**Striegeln:** Mechanische Bekämpfung von Wildkräutern im Ökolandbau durch Ausreißen und/oder Überdecken mit frischer Erde.

**Vogelschutzrichtlinie:** Europaweit geltende Regelung zum Schutz von Vogelarten und ihrer Lebensräume. Mit ihr haben sich die unterzeichnenden Länder zur Einschränkung und Kontrolle der Jagd verpflichtet. Außerdem sollen sie Vogelschutzgebiete als wesentliche Maßnahme zur Erhaltung, Wiederherstellung beziehungsweise Neuschaffung der Lebensräume wildlebender Vogelarten einrichten.

# Vogelarten

Die Benennung und Systematik der einzelnen Vogelarten richtet sich nach der „Roten Liste der Brutvögel Deutschlands" von Peter Südbeck und seinen Kollegen aus dem Jahr 2007 bzw. dem „Kompendium der Vögel Mitteleuropas" von Hans-Günther Bauer, Einhard Bezzel und Wolfgang Fiedler aus dem Jahr 2005.

| | |
|---|---|
| **Nichtsperlingsvögel** | *Nonpasseriformes* |
| | |
| **Straußenvögel** | *Rheidae* |
| Nandu | *Rhea americana* |
| | |
| **Entenvögel** | *Anseriformes* |
| Weißkopf-Ruderente | *Oxyura leucocephala* |
| Zwergschwan | *Cygnus bewickii* |
| Kanadagans | *Branta canadensis* |
| Ringelgans | *Branta bernicla* |
| Weißwangengans | *Branta leucopsis* |
| Saatgans | *Anser fabilis* |
| Zwerggans | *Anser erythropus* |
| Blässgans | *Anser albifrons* |
| Schwanengans | *Anser cygnoides* |
| Graugans | *Anser anser* |
| Nilgans | *Alopochen aegyptiaca* |
| Brandgans | *Tadorna tadorna* |
| Pfeifente | *Anas penelope* |
| Krickente | *Anas crecca* |
| Stockente | *Anas platyrhynchos* |
| Spießente | *Anas acuta* |
| Knäkente | *Anas querquedula* |
| Kolbenente | *Netta rufina* |
| Moorente | *Aythya nyroca* |
| Tafelente | *Aythya ferina* |
| Schellente | *Bucephala clangula* |

| | |
|---|---|
| Trauerente | *Melanitta nigra* |
| Eiderente | *Somateria mollissima* |
| Gänsesäger | *Mergus merganser* |
| **Hühnervögel** | *Galliformes* |
| Wachtel | *Coturnix coturnix* |
| Steinhuhn | *Alectoris graeca* |
| Jagdfasan | *Phasianus colchicus* |
| Rebhuhn | *Perdix perdix* |
| Haselhuhn | *Tetrastes bonasia* |
| Alpenschneehuhn | *Lagopus muta* |
| Birkhuhn | *Tetrao tetrix* |
| Auerhuhn | *Tetrao urogallus* |
| **Lappentaucher** | *Podicipediformes* |
| Zwergtaucher | *Tachybaptus ruficollis* |
| **Röhrennasen** | *Procellariiformes* |
| Eissturmvogel | *Fulmarus glacialis* |
| **Kormoranvögel** | *Phalacrocoraciformes* |
| Basstölpel | *Sula bassana* |
| Kormoran | *Phalacrocorax carbo* |
| Zwergscharbe | *Phalacrocorax pygmeus* |
| **Ibisvögel** | *Threskiornithiformes* |
| Waldrapp | *Geronticus eremita* |
| Löffler | *Platalea leucorodia* |
| **Reiher** | *Ardeiformes* |
| Rohrdommel | *Botaurus stellaris* |
| Zwergdommel | *Ixobrychus minutus* |
| Graureiher | *Ardea cinerea* |
| **Störche** | *Ciconiiformes* |
| Schwarzstorch | *Ciconia nigra* |
| Weißstorch | *Ciconia ciconia* |
| **Greifvögel** | *Accipitriformes* |
| Fischadler | *Pandion haliaetus* |
| Schmutzgeier | *Neophron percnopterus* |
| Wespenbussard | *Pernis apivorus* |

| | |
|---|---|
| Schlangenadler | *Circaetus gallicus* |
| Mönchsgeier | *Aegypius monachus* |
| Bartgeier | *Gypaetus barbatus* |
| Gänsegeier | *Gyps fulvus* |
| Schreiadler | *Aquila pomarina* |
| Steinadler | *Aquila chrysaetos* |
| Spanischer Kaiseradler | *Aquila adalberti* |
| Wiesenweihe | *Crcus pygargus* |
| Rohrweihe | *Circus aeruginosus* |
| Habicht | *Accipiter gentilis* |
| Sperber | *Accipiter nisus* |
| Rotmilan | *Milvus milvus* |
| Schwarzmilan | *Milvus migrans* |
| Seeadler | *Haliaetus albicilla* |
| Raufußbussard | *Buteo lagopus* |
| Mäusebussard | *Buteo buteo* |
| | |
| **Falken** | *Falconiformes* |
| Eleonorenfalke | *Falco eleonora* |
| Baumfalke | *Falco subbuteo* |
| Wanderfalke | *Falco peregrinus* |
| Turmfalke | *Falco tinnunculus* |
| Rötelfalke | *Falco naumanni* |
| | |
| **Kranichvögel** | *Gruiformes* |
| Kranich | *Grus grus* |
| Zwergtrappe | *Tetrax tetrax* |
| Großtrappe | *Otis tarda* |
| Wasserralle | *Rallus aquaticus* |
| Wachtelkönig | *Crex crex* |
| Tüpfelsumpfhuhn | *Porzana porzana* |
| Kleines Sumpfhuhn | *Porzana parva* |
| Zwergsumpfhuhn | *Porzana pusilla* |
| Blässhuhn | *Fulica atra* |
| | |
| **Wat-, Alken- und Möwenvögel** | *Charadriiformes* |
| Triel | *Burhinus oedicnemus* |
| Austernfischer | *Haematopus ostralegus* |
| Stelzenläufer | *Himantopus himantopus* |
| Säbelschnäbler | *Recurvirostra avosetta* |
| Kiebitzregenpfeifer | *Pluvialis squatarola* |
| Goldregenpfeifer | *Pluvialis apricaria* |

| | |
|---|---|
| Kiebitz | *Vanellus vanellus* |
| Flussregenpfeifer | *Charadrius dubius* |
| Sandregenpfeifer | *Charadrius hiaticula* |
| Mornellregenpfeifer | *Charadrius morinellus* |
| Seeregenpfeifer | *Charadrius alexandrinus* |
| Großer Brachvogel | *Numenius arquata* |
| Regenbrachvogel | *Numenius phaeopus* |
| Dünnschnabel-Brachvogel | *Numenius tebuirostris* |
| Uferschnepfe | *Limosa limosa* |
| Pfuhlschnepfe | *Limosa lapponica* |
| Waldschnepfe | *Scolopax rusticola* |
| Doppelschnepfe | *Gallinago media* |
| Bekassine | *Gallinago gallinago* |
| Flussuferläufer | *Actitis hypoleucos* |
| Rotschenkel | *Tringa totanus* |
| Grünschenkel | *Tringa nebularia* |
| Waldwasserläufer | *Tringa ochrups* |
| Bruchwasserläufer | *Tringa glareola* |
| Kampfläufer | *Philomachus pugnax* |
| Knutt | *Calidris canutus* |
| Sanderling | *Calidris alba* |
| Alpenstrandläufer | *Calidris alpina* |
| | |
| Papageitaucher | *Fratercula arctica* |
| Gryllteiste | *Cephus grylle* |
| Trottellumme | *Uria aalge* |
| Dreizehenmöwe | *Rissa tridactyla* |
| Lachmöwe | *Larus ridibundus* |
| Silbermöwe | *Larus argentatus* |
| Mittelmeermöwe | *Larus michahellis* |
| | |
| Zwergseeschwalbe | *Sternula albifrons* |
| Lachseeschwalbe | *Gelochelidon nilotica* |
| Weißflügel-Seeschwalbe | *Chlidonias leucopterus* |
| Flussseeschwalbe | *Sterna hirundo* |
| Küstenseeschwalbe | *Sterna paradisaea* |
| | |
| **Tauben** | *Columbiformes* |
| Straßentaube | *Columba livia f. domestica* |
| Hohltaube | *Columba oenas* |
| Ringeltaube | *Columba palumbus* |
| Türkentaube | *Streptopelia decaocto* |

| | |
|---|---|
| Turteltaube | *Streptopelia turtur* |
| | |
| **Papapgeien** | *Psittaciformes* |
| Halsbandsittich | *Psittacula krameri* |
| | |
| **Kuckucke** | *Cuculiformes* |
| Kuckuck | *Cuculus canorus* |
| | |
| **Eulen** | *Strigiformes* |
| Schleiereule | *Tyto alba* |
| Raufußkauz | *Aegolius funereus* |
| Sperlingskauz | *Glaucidium passerinum* |
| Steinkauz | *Athene noctua* |
| Sumpfohreule | *Asio flammeus* |
| Uhu | *Bubo bubo* |
| Waldkauz | *Strix aluco* |
| Habichtskauz | *Strix uralensis* |
| | |
| **Schwalmvögel** | *Caprimulgiformes* |
| Ziegenmelker | *Caprimulgus europaeus* |
| | |
| **Segler** | *Apodiformes* |
| Alpensegler | *Apus melba* |
| Mauersegler | *Apus apus* |
| | |
| **Rackenvögel** | *Coraciiformes* |
| Blauracke | *Coracias garrulus* |
| Eisvogel | *Alcedo atthis* |
| Bienenfresser | *Merops apiaster* |
| | |
| **Hopfvögel** | *Upupiformes* |
| Wiedehopf | *Upupa epops* |
| | |
| **Spechtvögel** | *Piciformes* |
| Wendehals | *Jynx torquilla* |
| Grauspecht | *Picus canus* |
| Grünspecht | *Picus viridis* |
| Schwarzspecht | *Dryocopus martius* |
| Dreizehenspecht | *Picoides tridactylus* |
| Buntspecht | *Dendrocopos major* |
| Mittelspecht | *Dendrocopos medius* |
| Weißrückenspecht | *Dendrocopos leucotos* |

| | |
|---|---|
| Kleinspecht | *Dryobates minor* |
| | |
| **Singvögel** | *Passeriformes* |
| | |
| **Pirole** | *Oriolidae* |
| Pirol | *Oriolus oriolus* |
| | |
| **Würger** | *Laniidae* |
| Rotkopfwürger | *Lanius senator* |
| Schwarzstirnwürger | *Lanius minor* |
| Neuntöter | *Lanius collurio* |
| | |
| **Krähenverwandte** | *Corvidae* |
| Alpenkrähe | *Pyrrhocorax pyrrhocorax* |
| Elster | *Pica pica* |
| Eichelhäher | *Garrulus glandarius* |
| Dohle | *Coloeus monedula* |
| Rabenkrähe | *Corvus corone* |
| Nebelkrähe | *Corvus cornix* |
| Kolkrabe | *Corvus corax* |
| | |
| **Meisen** | *Paridae* |
| Blaumeise | *Parus caeruleus* |
| Kohlmeise | *Parus major* |
| Haubenmeise | *Parus cristatus* |
| Tannenmeise | *Parus ater* |
| Sumpfmeise | *Parus palustris* |
| | |
| **Lerchen** | *Alaudidae* |
| Haubenlerche | *Galerida cristata* |
| Heidelerche | *Lullula arborea* |
| Feldlerche | *Alauda arvensis* |
| Ohrenlerche | *Eremophila alpestris* |
| | |
| **Schwalben** | *Hirundinidae* |
| Uferschwalbe | *Riparia riparia* |
| Felsenschwalbe | *Ptyonoprogne rupestris* |
| Rauchschwalbe | *Hirundo rustica* |
| Mehlschwalbe | *Delichon urbicum* |
| | |
| **Bartmeisen** | *Panuridae* |
| Bartmeise | *Panurus biarmicus* |

| | |
|---|---|
| **Laubsänger** | *Phylloscopidae* |
| Waldlaubsänger | *Phylloscopus sibilatrix* |
| Fitis | *Phylloscopus trochilus* |
| Zilpzalp | *Phylloscopus collybita* |
| Grünlaubsänger | *Phylloscopus trochiloides* |
| | |
| **Rohrsängerverwandte** | *Acrocephalidae* |
| Seggenrohrsänger | *Acrocephalus paludicola* |
| Schilfrohrsänger | *Acrocephalus schoenobaenus* |
| Sumpfrohrsänger | *Acrocephalus palustris* |
| Teichrohrsänger | *Acrocephalus scirpaceus* |
| Gelbspötter | *Hippolais icterina* |
| Orpheusspötter | *Hippolais polyglotta* |
| | |
| **Grasmücken** | *Sylviidae* |
| Mönchsgrasmücke | *Sylvia atricapilla* |
| Gartengrasmücke | *Sylvia borin* |
| Sperbergrasmücke | *Sylvia nisoria* |
| Dorngrasmücke | *Sylvia communis* |
| Schuppengrasmücke | *Sy,via melanothorax* |
| Provencegrasmücke | *Sylvia undata* |
| Weißbartgrasmücke | *Sylvia cantillans* |
| | |
| **Goldhähnchen** | *Regulidae* |
| Wintergoldhähnchen | *Regulus regulus* |
| Sommergoldhähnchen | *Regulus ignicapilla* |
| | |
| **Seidenschwänze** | *Bombycilidae* |
| Seidenschwanz | *Bombycilla garrulus* |
| | |
| **Kleiber** | *Sittidae* |
| Kleiber | *Sitta europaea* |
| | |
| **Baumläufer** | *Certhiidae* |
| Waldbaumläufer | *Certhia familiaris* |
| | |
| **Zaunkönige** | *Troglodytidae* |
| Zaunkönig | *Troglodytes troglodytes* |
| | |
| **Stare** | *Sturnidae* |
| Star | *Sturnus vulgaris* |

| | |
|---|---|
| **Wasseramseln** | *Cinclidae* |
| Wasseramsel | *Cinclus cinclus* |
| | |
| **Drosseln** | *Turdidae* |
| Misteldrossel | *Turdus viscivorus* |
| Ringdrossel | *Turdus torquatus* |
| Amsel | *Turdus merula* |
| Wacholderdrossel | *Turdus pilaris* |
| Singdrossel | *Turdus philomelos* |
| | |
| **Schnäpperverwandte** | *Muscicapidae* |
| Grauschnäpper | *Muscicapa striata* |
| Zwergschnäpper | *Ficedula parva* |
| Trauerschnäpper | *Ficedula hypoleuca* |
| Halsbandschnäpper | *Ficedula albicollis* |
| Steinrötel | *Monticola saxatilis* |
| Braunkehlchen | *Saxicola rubetra* |
| Schwarzkehlchen | *Saxicola rubicola* |
| Rotkehlchen | *Erithacus rubicola* |
| Nachtigall | *Luscinia megarhynchos* |
| Blaukehlchen | *Luscinia svecica* |
| Hausrotschwanz | *Phoenicurus ochruros* |
| Gartenrotschwanz | *Phoenicurus phoenicurus* |
| Steinschmätzer | *Oenanthe oenanthe* |
| Zypern-Steinschmätzer | *Oenanthe cypriaca* |
| | |
| **Braunellen** | *Prunellidae* |
| Heckenbraunelle | *Prunella modularis* |
| | |
| **Sperlinge** | *Passeridae* |
| Haussperling | *Passer domesticus* |
| Feldsperling | *Passer montanus* |
| | |
| **Stelzenverwandte** | *Motacillidae* |
| Brachpieper | *Anthus campestris* |
| Baumpieper | *Anthus trivialis* |
| Wiesenpieper | *Anthus pratensis* |
| Zitronenstelze | *Motacilla citreola* |
| Wiesenschafstelze | *Motacilla flava* |
| Gelbkopf-Schafstelze | *Motacilla flavissima* |
| Bachstelze | *Motacilla alba* |
| Trauerbachstelze | *Motacilla yarrellii* |

| | |
|---|---|
| **Finken** | *Fringillidae* |
| Fichtenkreuzschnabel | *Loxia bifascicata* |
| Schottischer Kreuzschnabel | *Loxia scotica* |
| Grünfink | *Carduelis chloris* |
| Stieglitz (Distelfink) | *Carduelis carduelis* |
| Zitronenzeisig (Zitronengirlitz) | *Carduelis citrinella* |
| Erlenzeisig | *Carduelis spinus* |
| Bluthänfling | *Carduelis cannabina* |
| Buchfink | *Fringilla coelebs* |
| Bergfink | *Fringilla montifringilla* |
| Kernbeißer | *Coccothraustes coccothraustes* |
| Gimpel (Dompfaff) | *Pyrrhula pyrrhula* |
| Karmingimpel | *Carpodacus erythrinus* |
| Girlitz | *Serinus serinus* |
| **Ammernverwandte** | *Emberizidae* |
| Schneeammer | *Calcarius nivalis* |
| Grauammer | *Emberiza calandra* |
| Goldammer | *Emberiza citrinella* |
| Zaunammer | *Emberiza cirlus* |
| Zippammer | *Emberiza cia* |
| Ortolan | *Emberiza hortulana* |
| Rohrammer | *Emberiza schoeniclus* |
| **Außereuropäische Vogelarten** | |
| Weißkopfseeadler | *Haliaeetus leucocephalus* |
| Präriebussard | *Buteo swainsoni* |
| Rußseeschwalbe | *Onychoprion fuscatus* |
| Socorro-Taube | *Zenaida graysoni* |
| Rubinkehlkolibri | *Archilochus colubris* |
| Stephen-Island-Schlüpfer | *Traversia lyalli* |
| Rotkehl-Hüttensänger | *Sialia sialis* |

# Abbildungsnachweis

S. 3: Martin Schneider-Jacoby/EuroNatur; S. 4: Mike Schwarzenbeck/Pixelio; S. 6: Dieter Haas; S. 9: Martin Schneider-Jacoby/EuroNatur; S. 11: Richard Zinken; S. 14: Richard Zinken; S. 20: filev/Fotolia; S. 22: Tim Caspary/Pixelio; S. 24: Martin Schneider-Jacoby/EuroNatur; S. 26: Rolf van Melis/Pixelio; S. 27: Peter B./Fotolia; S. 29: Kaphoto/Fotolia; S. 31: Martin Schneider-Jacoby/EuroNatur; S. 33: Martin Schneider-Jacoby/EuroNatur; S. 35: Jan Wattjes/Pixelio; S. 37: DirkR/Fotolia; S. 39: Alexander Wihlidal/Pixelio; S. 41: Helmut J. Salzer/Pixelio; S. 42: Dieter Haas; S. 43: Dieter Haas; S. 46: Rainer Sturm/Pixelio; S. 48: John Barber/Fotolia; S. 50: SarahC./Pixelio; S. 52: Komitee gegen Vogelmord e.V.; S. 55: Kerstin Ziebandt/Pixelio; S. 56: Lars Lachmann/Fotolia; S. 58: Dieter Schütz/Pixelio; S. 60: Komitee gegen Vogelmord e.V.; S. 62: Martin Schneider-Jacoby/EuroNatur; S. 69: Dieter Haas; S. 71: Dieter Haas; S. 73: Dieter Haas; S. 76: Dieter Haas; S. 78: Dieter Haas; S. 81: W. D. Heeren/Pixelio; S. 85: Dieter Haas; S. 93: Dieter Haas; S. 95: Xaver Klaußner/Fotolia; S. 97: Löwenzahn/Pixelio; S. 100: Angelika Wolter/Pixelio; S. 103: Rainer Sturm/Pixelio; S. 106: Martin Schneider-Jacoby/EuroNatur; S. 108: Peashooter/Pixelio; S. 110: Daniel Lingenhöhl; S. 114: Richard Zinken; S. 116: Kaphoto/Fotolia; S. 122: Richard Zinken; S. 125: Borut Stumberger/EuroNatur; S. 127: GOEF/Fotolia; S. 128: X-Ray-Andi/Pixelio; S. 130: Hans-Christian Hein/Pixelio; S. 132: Regina Kaute/Pixelio; S. 134: Martin Schneider-Jacoby/EuroNatur; S. 143: Borut Stumberger/EuroNatur; S. 145: Martin Schneider-Jacoby/EuroNatur; S. 147: Martin Schneider-Jacoby/EuroNatur; S. 149: Komitee gegen Vogelmord e.V.; S. 153: Komitee gegen Vogelmord e.V.; S. 155: Komitee gegen Vogelmord e.V.; S. 157: Martin Schneider-Jacoby/EuroNatur; S. 159: Daniel Lingenhöhl; S. 164: Martin Schneider-Jacoby/EuroNatur; S. 166: ornitholog82/Fotolia; S. 168: Richard Zinken; S. 172: Richard Zinken; S. 174: Andrew Shlykoff/Fotolia; S. 177: Alexander Hauk/Pixelio; S. 180: filev/Fotolia; S. 189: NASA; S. 193: Hans Schmid, Schweizerische Vogelwarte Sempach; S. 195: Hans Schmid, Schweizerische Vogelwarte Sempach; S. 196: Dieter Haas; S. 199: Dieter Haas; S. 201: Dieter Haas; S. 203: Dieter Haas; S. 212: Dieter Haas; S. 216: mdalla/Fotolia; S. 221: Anita Huszti/Fotolia; S. 226: Bergringfoto/Fotolia; S. 229: Dieter Haas; S. 231: Dieter Haas; S. 234: Ralf Luczyk/Pixelio; S. 238:

Richard Zinken; **S. 241:** Kurt Bouda/Pixelio; **S. 242:** Richard Zinken; **S. 245:** Susanne Schmich/Pixelio; **S. 248:** Peter Kirschner/Pixelio.

# Sachregister

## g



## h



## i



## j

***o***



***p***



***r***



***s***